高职高专国家示范性院校机电类专业课改教材

荣获"第三届全国高校优秀教材一等奖"

工控组态技术及应用

——组态王

（第三版）

U0169866

主　　编　李红萍

副主编　蔡丽清　张顺星　李　健　贾秀明

参　　编　王聪慧　袁　勇　马　莉　张婧瑜

主　　审　王银锁

西安电子科技大学出版社

内 容 简 介

　　本书为自动控制类理实一体化教材，主要介绍工控组态软件——组态王在各种控制系统中的具体应用，以实用、易用为主线，采用项目化的编写方式对多种控制系统进行详细的讲解，力求使读者能够有所借鉴。全书共分为四个模块，模块一为计算机控制基础知识及部分组态设备概述；模块二为组态王组态基本知识；模块三为开关量组态工程，介绍了多种开关量组态王监控系统的构建方法；模块四为模拟量组态工程，介绍了多种模拟量组态王监控系统的构建方法。

　　本书不仅可作为自动化、机电、电子、计算机控制技术等专业的自动控制、计算机控制等课程的教材，还可作为化工、电工、能源、冶金等专业的自动控制类课程的教材。各专业可根据本专业特点选做其中的项目。本书也可作为相关专业工程技术人员的自学参考用书。

图书在版编目(CIP)数据

工控组态技术及应用：组态王/李红萍主编. —3 版. —西安：
西安电子科技大学出版社，2021.6(2022.10 重印)
ISBN 978 - 7 - 5606 - 6085 - 1

Ⅰ.①工…　Ⅱ.①李…　Ⅲ.①工业控制系统—应用软件—教材　Ⅳ.①TP273

中国版本图书馆 CIP 数据核字(2021)第 100672 号

策　　划	秦志峰
责任编辑	秦志峰
出版发行	西安电子科技大学出版社(西安市太白南路 2 号)
电　　话	(029)88202421　88201467　　　邮　编　710071
网　　址	www.xduph.com　　　　电子邮箱　xdupfxb001@163.com
经　　销	新华书店
印刷单位	陕西天意印务有限责任公司
版　　次	2021 年 6 月第 3 版　　2022 年 10 月第 8 次印刷
开　　本	787 毫米×1092 毫米　1/16　　印　张　17.5
字　　数	414 千字
印　　数	18 001～20 000 册
定　　价	45.00 元

ISBN 978 - 7 - 5606 - 6085 - 1 / TP

XDUP 6387003-8

＊＊＊ 如有印装问题可调换 ＊＊＊

前　　言

随着工业自动化水平的迅速提高和计算机在工业领域的广泛应用，人们对工业自动化的要求越来越高。把计算机技术应用于工业控制具有成本低、可用资源丰富、易开发等优点。本书编写的目的是为读者提供能够根据具体的控制对象和控制目的任意组态所需的相关知识，为小型企业利用 PLC 或智能仪表组建计算机控制系统提供更多的帮助。

本书采用理实一体化教学方式，通过项目教学法，将控制系统的理论教学与实践教学有机地结合在一起。通过从感性认识入手，加大直观教学的力度，将理论教学融入技能训练中，并在技能训练中加深对理论知识的理解和掌握。这种方式有助于激发学生的学习兴趣和积极性，提高学生的动脑和动手能力，使学生真正掌握控制系统的组成、工作原理和调试方法，实现了将学校所学的知识与工厂实际有机结合起来，为学生走上工作岗位后能够迅速掌握工厂的控制系统奠定了基础。

本书的绝大部分内容都是作者根据多年实验、实训项目开发经验总结编写而成的。全书分为四个模块，模块一主要介绍了计算机控制系统的软硬件组成、计算机控制系统的常用类型以及组态过程中的一些常用设备的调试方法；模块二以单容液位定值控制系统为例，分别对组态王工程的组成、组态软件应用程序的开发过程、I/O 设备连接、数据词典的创建方法、窗口界面编辑、动画连接、实时曲线、历史曲线、报表、用户权限管理、按钮、命令语言程序等内容都作了非常详细的介绍，使读者对组态王的组态有一个全面的了解；模块三主要介绍了多种开关量组态王监控系统的构建方法，分别对按钮指示灯控制、抢答器控制、交通灯控制、两种液体混合装置控制、四层电梯监控、三菱 PLC 灯塔控制的系统组成、工作原理、组态王组态方法及统调等实操项目进行了详细的介绍；模块四主要介绍了多种模拟量组态王监控系统的构建方法，分别对单容液位定值控制、温度控制、百特仪表液位控制、风机变频控制、液位串级控制、西门子 S7-300 PLC 液位控制的系统组成、工作原理、组态王组态方法及统调等作了详细的介绍。

本书在原第二版的基础上进行了修订，在模块一项目四中用最新的 S7-200 SMART PLC 替换了原西门子 S7-200 PLC 内容。

另外，本书还提供了丰富的电子资源，其中有各类应用软件安装包及其软件的安装与使用视频、组态王工程文件和 PLC 工程文件以及工程的组态及调试视频等，可为读者组态工程提供帮助。在这些资料中，有部分内容以二维码形式呈现于书中，还有部分专业工程文件可在出版社网站"本书详情"处免费下载阅读。

本书由兰州石化职业技术学院李红萍担任主编，拟订大纲并统稿；由兰州石化职业技术学院王银锁担任主审。其中，武汉职业技术学院李健编写了模块一中的项目一、项目二；武汉职业技术学院袁勇编写了模块一中的项目三；陕西工业职业技术学院张顺星编写了模块三中的项目二至项目五；陕西工业职业技术学院王聪慧编写了模块一中的项目五和模块四中的项目六；兰州石化职业技术学院张婧瑜编写了模块二中的项目一和项目二；兰州石化职业技术学院的马莉编写了模块二中的项目三至项目五；兰州石化职业技术学院的贾秀明编写了模块三中的项目一和模块四中的项目一；蔡丽清编写了模块四中的项目二至项目四；其余内容均由李红萍编写。

在此，特别感谢相关企业和兄弟院校的老师在教材编写过程中提供的素材及支持。另外，兰州石化职业技术学院童克波老师在书稿的编写过程中提供了很多帮助，其他相关老师也提出了很多宝贵意见，在此深表感谢。

由于作者水平有限，书中难免存在不足之处，恳请读者批评指正。

编　者

2021 年 4 月

第 二 版 前 言

随着工业自动化水平的迅速提高和计算机在工业领域中的广泛应用,人们对工业自动化的要求越来越高。把计算机技术应用于工业控制具有成本低、可用资源丰富、易开发等优点。本书编写的目的是为读者提供能够根据具体的控制对象和控制目的任意组态所需的相关知识,为小型企业利用 PLC 或智能仪表组建计算机控制系统提供更多的帮助。

本书采用理实一体化教学方式,通过项目教学法,将控制系统的理论教学与实践教学有机地结合在一起。从感性认识入手,加大直观教学的力度,将理论教学过程融入到技能训练中,在技能训练中加深对理论知识的理解和掌握,有助于激发学生的学习兴趣和积极性,提高学生的动脑和动手能力,使学生真正掌握控制系统的组成、工作原理和调试方法,实现了将学校所学的知识与工厂实际有机结合起来,为学生走上工作岗位后能够迅速掌握工厂的控制系统奠定了基础。

在全书的编写过程中,极少部分理论知识参考了相关书籍,绝大部分内容都是编者们根据多年的实验、实训项目开发经验总结编写而成的。全书分为四个模块,模块一主要介绍了计算机控制系统的软、硬件组成,计算机控制系统的常用类型以及组态过程中的一些常用设备的调试方法;模块二以单容液位定值控制系统为例,分别对组态王工程的组成、组态软件应用程序的开发过程、I/O 设备连接、数据词典的创建方法、窗口界面编辑、动画连接、实时曲线、历史曲线、报表、用户权限管理、按钮、命令语言程序等内容都作了非常详细的介绍,使读者对组态王软件的组态有了一个全面的了解;模块三主要介绍了多种开关量组态王监控系统的构建方法,分别对按钮指示灯控制系统、抢答器控制系统、交通灯控制系统、两种液体混合装置控制系统、四层电梯监控系统、三菱 PLC 灯塔控制系统的组成、工作原理、组态王组态方法及统调等实操项目进行了详细叙述;模块四讲述了多种模拟量组态王监控系统的构建方法,分别对单容液位定值控制系统、温度控制系统、百特仪表液位控制系统、风机变频控制系统、液位串级控制系统、西门子 S7-300 PLC 液位控制系统的组成、工作原理、组态王组态方法及统调等作了详细的介绍。

本书由兰州石化职业技术学院李红萍教授担任主编,拟订大纲并统稿;由兰州石化职业技术学院王银锁担任主审。其中,武汉职业技术学院李健编写了模块一中的项目一、项目二;武汉职业技术学院袁勇编写了模块一中的项目三;陕西工业职业技术学院的张顺星编写了模块三中的项目二至项目五;陕西工业职业技术学院王聪慧编写了模块一中的项目五和模块四中的项目六;兰州石化职业技术学院张婧瑜编写了模块一中的项目四、模块二中的项目一和项目二;兰州石化职业技术学院马莉编写了模块二中的项目三至项目五;兰州石化职业技术学院贾秀明编写了模块三中的项目一和模块四中的项目一;其余内容均由李红萍编写。

在此，特别感谢相关企业和兄弟院校的老师在教材编写过程中提供的素材及支持。另外，兰州石化职业技术学院的童克波老师在书稿的编写过程中提供了很多帮助，其他相关老师也提出了很多宝贵意见，在此深表感谢。

由于作者水平有限，书中难免存在不足之处，恳请读者批评指正。

编　者

2016 年 5 月

目　录

模块一　计算机控制基础知识及部分组态设备概述 ……………………………………… 1
　项目一　计算机控制系统的组成及类型 ………………………………………………… 1
　项目二　I/O 通道与典型控制算法 ……………………………………………………… 10
　项目三　三菱 FX2N 系列 PLC 简介 …………………………………………………… 22
　项目四　西门子 S7-200 SMART PLC 简介 …………………………………………… 37
　项目五　西门子 S7-300 PLC 简介 …………………………………………………… 51
模块二　组态王组态基本知识 …………………………………………………………… 81
　项目一　组态王工控组态软件概述 …………………………………………………… 81
　项目二　组态王组态工程液位控制系统概述 ………………………………………… 91
　项目三　液位系统数据库与设备组态 ………………………………………………… 95
　项目四　液位控制系统监控界面组态 ………………………………………………… 103
　项目五　液位的报警与报表 …………………………………………………………… 115
模块三　开关量组态工程 ……………………………………………………………… 127
　项目一　按钮指示灯控制系统 ………………………………………………………… 127
　项目二　抢答器控制系统 ……………………………………………………………… 145
　项目三　交通灯控制系统 ……………………………………………………………… 154
　项目四　两种液体的混合装置控制系统 ……………………………………………… 164
　项目五　四层电梯监控系统 …………………………………………………………… 173
　项目六　三菱 FX2N 系列 PLC 灯塔控制系统 ……………………………………… 185
模块四　模拟量组态工程 ……………………………………………………………… 193
　项目一　单容液位定值控制系统(泓格 7000 系列智能模块) ……………………… 193
　项目二　温度控制系统 ………………………………………………………………… 202
　项目三　百特仪表液位控制系统 ……………………………………………………… 215
　项目四　风机变频控制系统 …………………………………………………………… 228
　项目五　液位串级控制系统 …………………………………………………………… 242
　项目六　西门子 S7-300 PLC 液位控制系统 ………………………………………… 253
附录　百特仪表操作指南 ……………………………………………………………… 267
参考文献 ………………………………………………………………………………… 272

模块一　计算机控制基础知识及部分组态设备概述

计算机控制系统是以计算机为核心部件的自动控制系统。在工业控制系统中，计算机承担着数据采集与处理、顺序控制与数值控制、直接数字控制与监督控制、最优控制与自适应控制、生产管理与经营调度等任务。在现代工业控制中，计算机已取代常规的信号检测、控制、显示、记录等仪器设备和大部分操作管理的职能，并具有较高级的计算方法和处理方法，使生产过程按规定方式和技术要求运行，以完成各种过程控制、操作管理等任务。计算机控制系统广泛应用于生产现场，并深入到各个行业的许多领域。

本模块主要介绍计算机控制系统的软硬件组成、计算机在工业控制中的常用类型，以及一些在组态王软件组态过程中常用的设备，并为模块二、模块三和模块四的学习奠定基础。

项目一　计算机控制系统的组成及类型

本项目主要讨论计算机控制系统的基本概念、组成、工作原理、类型及组态软件在计算机控制系统中所处的地位等内容，使学生掌握计算机控制系统的基本概念、基本组成、结构及常用类型。

一、学习目标

1. 知识目标
(1) 掌握计算机控制系统的基本概念。
(2) 掌握计算机控制系统的基本组成结构。
(3) 掌握计算机控制系统的常用类型。
(4) 掌握组态软件在计算机控制系统中的作用。

2. 能力目标
(1) 初步具备计算机控制系统的整体分析能力。
(2) 初步具备简单计算机控制系统的构建能力。
(3) 初步具备独立分析、综合开发研究、解决具体问题的能力。
(4) 初步具备对组态软件在控制系统中所处地位的理解与分析能力。

二、必备知识与技能

1. 必备知识
(1) 计算机原理与组成的基本知识。
(2) 模拟电子技术与数字电子技术的基本知识。

(3) 常用传感器的基本知识。

(4) 可编程逻辑控制器(Programmable Logic Controller，PLC)的基本知识。

(5) 计算机通信的基本知识。

2. 必备技能

(1) 熟练的计算机操作技能。

(2) 常用传感器的使用与接线能力。

(3) 常用 PLC 的接线与编程能力。

三、教学任务

理实一体化教学任务见表 1-1-1。

表 1-1-1　理实一体化教学任务

任务一	计算机控制系统的基本概念与组成
任务二	计算机控制系统的常用类型
任务三	计算机控制系统与组态软件的概述

四、理实一体化学习内容

1. 计算机控制系统的基本概念与组成

1) 计算机控制系统的基本概念

计算机控制系统(Computer Supervisory Control System，CSCS)是自动控制理论、自动化技术与计算机技术紧密结合的产物。控制理论的发展，尤其是现代控制理论的发展，与计算机技术息息相关。利用计算机快速强大的数值计算、逻辑判断等信息加工能力，计算机控制系统可以实现常规控制以外更复杂、更全面的控制方案。计算机为现代控制理论的应用提供了有力的工具。同时，计算机控制系统应用于工业控制实践所提出来的一系列理论与工程上的问题，又进一步促进和推动了控制理论和计算机技术的发展。计算机控制系统的应用领域非常广泛，控制对象和控制任务可从小到大、从简单到复杂，小到控制单个电机的运转或阀门的开关，大到可以控制和管理一条生产线、一个车间乃至整个企业；既包括单回路控制系统，也包括串级、前馈等复杂控制系统，还包括自适应控制、最优控制、模糊控制和神经控制等智能控制系统。

2) 计算机控制系统的基本组成结构

计算机在控制领域中的应用，有力地推动了自动控制技术的发展，扩大了控制技术在工业生产中的应用范围，为大规模的工业生产自动化系统发展奠定了物质基础。控制系统随着控制对象、控制规律、执行机构的不同而不同，但其基本结构可用图 1-1-1 来表示。

在控制系统中为了得到控制信号，要将被控参数与给定值进行比较，然后形成偏差信号。控制器根据偏差信号进行 PID 运算，送出控制信号去控制现场的执行机构，使系统趋向减小偏差，最终使偏差为零，从而达到使被控参数趋于或等于给定值的目的。在这种控制系统中，被控参数是系统的输出，同时又反馈到输入端，与输入量(给定值)相减，所以称之为按偏差进行控制的闭环控制系统，如图 1-1-1(a)所示。

图 1-1-1(b)是开环控制系统。与闭环控制系统不同的是，它不需要被控对象的反馈信号，

控制器直接根据给定值去控制执行机构工作。这种控制系统不能自动消除被控参数与给定值之间的误差。与闭环控制系统相比，其控制性能显然要差一些。

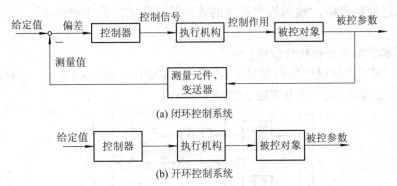

图 1-1-1　控制系统的基本组成结构框图

由图 1-1-1 可见，自动控制系统的基本功能是对被控参数进行信号的采集、运算和控制。这些功能是由测量元件及变送器、控制器和执行机构来完成的。其中，控制器是控制系统的关键部分，它决定了控制系统的控制性能和应用范围。若将自动控制系统中控制器的功能用计算机或数字控制装置来实现，并用计算机来监控，这样的控制系统称为计算机控制系统。简单来说，计算机控制系统就是由计算机参与监视或控制的过程控制系统。

在一般的模拟控制系统中，控制规律是由硬件电路产生的，要改变控制规律就要更改硬件电路。而在计算机控制系统中，控制规律是用软件实现的，计算机执行预定的控制程序，就能实现对被控参数的控制。因此，若要改变控制规律，只要改变控制程序即可，这可使控制系统的设计更加灵活方便。特别是可以利用计算机强大的计算、逻辑判断、记忆和信息传递等功能，实现更为复杂的控制规律，如非线性控制、逻辑控制、自适应控制、自学习控制及智能控制等。

在计算机控制系统中，计算机的输入和输出信号都是数字量，因此这样的系统需要将模拟量变成数字量的 A/D 转换器和将数字量转换成模拟量的 D/A 转换器。

3) 计算机控制系统的控制过程

计算机控制系统的控制过程一般可归纳为以下两个步骤：

(1) 实时数据采集。实时采集被控参数的瞬时值，并送入计算机。

(2) 实时控制。对采集到的被控参数进行分析，并按已确定的控制规律进行运算，适时地向执行机构发出控制信号。

以上过程不断重复，使整个系统能按照一定的动态品质指标工作。此外，计算机控制系统还应该能对被控参数和设备本身可能出现的异常状态进行及时的监督和处理。

4) 计算机在控制系统中的作用

在计算机控制系统中，计算机不但要完成原来由模拟控制器完成的控制任务，而且还应充分发挥其优势，完成更多模拟控制器不可能完成的任务，从而使控制系统的功能更趋于完善。一般地，计算机在控制系统中应至少起到以下三个作用中的一个：

(1) 实时数据处理。对测量变送装置传来的被控变量数据的瞬时值进行巡回采集、分析、处理、计算以及显示、记录、制表等。

(2) 实时监督决策。对系统中的各种数据进行越限报警、事故预报与处理，根据需要进行设备自动启停控制，对整个系统进行诊断与管理等。

(3) 实时控制及输出。根据被控生产过程的特点和控制要求，选择合适的控制规律，包括复杂的先进控制策略，然后按照给定的控制策略和实时的生产情况，实现在线、实时控制。

5) 计算机控制系统的硬件组成

计算机控制系统的硬件组成如图 1-1-2 所示，主要由控制对象(或生产过程)、执行机构、测量变送环节、输入/输出通道和数字控制器等组成。

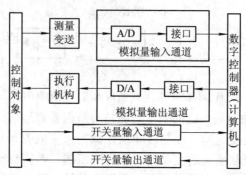

图 1-1-2　　计算机控制系统的硬件组成框图

控制对象是指所要控制的生产装置或设备。执行机构是控制系统中的重要部分，其作用是根据控制器的控制信号，改变输出的角或直线位移，并改变被调介质的大小，使生产过程满足预定的要求。测量变送环节通常由传感器和测量电路组成，其功能是将被控参数转换成某种形式的电信号。传感器通常有温度传感器、压力传感器、流量传感器、液位传感器、力传感器等。生产现场的过程参数一般是非电物理量，需经传感器、变送器转换为等效的电信号。为了实现计算机对生产过程的控制，必须在计算机和生产过程之间架设信息传递和变换的连接桥梁，这就是过程输入/输出通道，简称过程通道。过程通道一般分为模拟量输入通道、模拟量输出通道、开关量输入通道、开关量输出通道等。计算机由模拟量输入通道获得被控对象的实时信息，通过执行程序，完成对数据的处理及控制运算，最后通过模拟量输出通道输出控制信息给执行器。开关量输入通道用于输入开关量信号或数字量信号，而开关量输出通道用于输出开关量信号或数字量信号。数字控制器的核心是计算机，其控制规律是通过编制的计算机程序来实现的。

6) 计算机控制系统的软件组成

计算机控制系统的硬件只是控制系统的躯体，还必须要有相应的软件才能构成完整的控制系统。软件是指能够完成各种功能的计算机控制系统的程序系统，它是系统的神经中枢，整个系统的动作都是在软件的协调指挥下进行工作的。它通常由系统软件和应用软件组成。

(1) 系统软件是为提高计算机使用效率，扩大功能，为用户使用、维护和管理计算机提供方便的程序的总称。系统软件通常包括操作系统、语言加工系统、数据库系统、通信网络软件和诊断系统。它具有一定的通用性，一般随硬件一起由计算机生产厂家提供或购买。

(2) 应用软件是系统设计人员根据要解决的具体问题而编写的各种控制和管理程序，其优劣直接影响到系统的控制品质和管理水平，是控制计算机在特定环境中完成某种控制功能及相关任务所必需的程序，如过程控制程序、人机接口程序、打印显示程序、数据采集及处理程序、巡回检测和报警程序及各种公共子程序等。应用软件的编写涉及生产工艺、控制理论、控制设备等相关领域的知识，一般由用户自行编制或根据具体情况在商品化软件的基础上自行组态和做少量特殊应用的开发。

2. 计算机控制系统的常用类型

计算机在工业过程控制中的应用有各种各样的结构和形式，能实现各自不同的功能。若只按照计算机参与控制的形式，计算机控制系统可分为开环控制与闭环控制两大类；若根据系统采用的控制规律，可分为顺序控制、常规控制(如 PID 控制)、智能控制 (如最优控制、自适应控制、预测控制)等若干类；若根据系统的应用及结构特点，则可将计算机控制系统大致分成计算机巡回检测和操作指导系统、计算机直接数字控制系统、计算机监督控制系统、集散控制系统、现场总线控制系统以及工业过程计算机集成制造系统等几类，下面主要简述此分类方式下的各控制系统。

1) 计算机巡回检测和操作指导系统

生产过程中有大量的过程参数需要测量和监视，用计算机以巡回的方式周期性地检测这些参数，并完成必要数据处理任务的控制系统称为计算机巡回检测和操作指导系统。这是计算机应用于工业生产过程最早和最简单的一类系统。若在此基础上，系统能根据反映生产过程工况的各种数据，由某种给定的性能指标与控制策略，通过对现场数据的处理、分析与计算，相应地给出操作指导信息供操作人员参考，便称之为操作指导系统，其结构如图 1-1-3 所示。

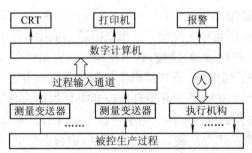

图 1-1-3　计算机巡回检测和操作指导系统结构框图

从图 1-1-3 中可以看出，这种系统是一种开环系统。过程参数经测量变送器和过程输入通道定时地被送入计算机，由计算机对来自现场的数据进行分析和处理后，根据一定的控制规律或管理方法进行计算，然后通过显示器或打印机输出操作指导信息。

这种系统的优点是可以用于试验新方案、新系统。如在实施计算机闭环控制之前，先进行这种开环控制的试运行，可以考核计算机工作的正误，还可以用于试验新的数学模型和调试新的控制程序。其缺点是仍需要人工操作，速度受到限制，不能同时控制多个回路。

2) 计算机直接数字控制系统

在计算机直接数字控制系统(Direct Digital Control，DDC)中，计算机通过过程输入通道(模拟量输入通道 AI 或开关量输入通道 DI)对多个被控生产过程进行巡回检测，根据给定值及控制规律计算出控制信号，经过程输出通道直接去控制执行机构，使被控变量保持在给定值内。计算机直接数字控制系统结构框图如图 1-1-4 所示。

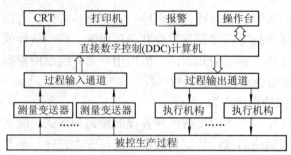

图 1-1-4 计算机直接数字控制系统结构框图

在该系统中，计算机不仅完全取代了模拟控制器而直接参与闭环控制，而且只要通过改变程序即可实现一些较复杂的控制规律；它还可以与计算机监督控制系统结合起来构成分级控制系统，实现最优控制；同时也可作为计算机集成制造系统的最底层(直接过程控制层)，与过程监控层、生产调度层、企业管理层、经营决策层等一起实现工厂综合自动化。计算机直接数字控制系统是计算机控制系统的一种最典型的形式，在工业生产过程中得到了非常广泛的应用。

还有一种常见的系统是计算机顺序控制，即计算机按照预先确定的操作顺序和操作方法，根据生产工艺流程的进程(或在满足某些规定的条件时)依次地输出操作信息。比如发电厂的锅炉、汽轮机、发电机的启动阶段和停止阶段，冶金工业中高炉炼铁、转炉炼钢以及各种轧制过程都是十分复杂的顺序操作过程。

3) 计算机监督控制系统

计算机监督控制系统(Supervisory Computer Control，SCC)通常采用两级控制形式，其结构框图如图 1-1-5 所示。所谓监督控制，是指根据原始的生产工艺数据和现场采集到的生产工况信息，一方面按照描述被控过程的数字模型和某种最优目标函数，计算出被控过程的最优给定值，输出给下一级 DDC 系统或模拟控制器；另一方面对生产状况进行分析，作出故障的诊断与预报。所以 SCC 系统并不直接控制执行机构，而是给下一级控制系统输出最优的给定值，由它们去控制执行机构。当下一级采用 DDC 系统时，其计算机(称为下位机)完成前面所述的直接数字控制功能。SCC 计算机(称为上位机)则着重于满足某个最优性能指标(包括控制规律和在线优化条件等)的修正与实现，它可以看作是操作指导与 DDC 系统的综合与发展。

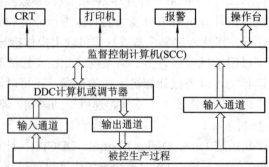

图 1-1-5 计算机监督控制系统结构框图

SCC 控制系统的主要优点：它在计算时可以考虑许多常规控制器不能考虑的因素，如环境温度和湿度对生产过程的影响；可以进行过程操作的在线优化，始终如一地使生产过程在最优状态下运行；可以实现先进复杂的控制规律，满足产品的高质量控制要求；可以进行故障的诊断与预报，可靠性高。值得注意的是，生产过程的数学模型往往是监督控制系统能否实现以及运行好坏的关键因素之一。目前，这种控制方式已越来越多地被应用于较为复杂的工业过程及设备的控制中。

由于 DDC 系统中的计算机直接与生产过程相连并承担控制任务，一台计算机往往要控制几个或几十个回路，而工业现场环境恶劣，干扰多，因而一方面要求 DDC 计算机可靠性高，实时性好，抗干扰能力强，能独立工作；另一方面必须采取抗干扰措施来提高整个系统的可靠性，使之能适应各种工业环境，并合理设计应用软件。因此，一般选用微型机和工控机作为 DDC 级的计算机。而 SCC 级承担先进控制、过程优化与部分管理的任务，信息存储量大，计算任务繁重，要求有较大的内存与外存和较为丰富的软件，故一般要选用高档微型机或小型机作为 SCC 级的计算机。

4) 集散控制系统

集散控制系统(Distributed Control System，DCS)以微机为核心，把过程控制装置、数据通信系统、显示操作装置、输入/输出通道、控制仪表等有机地结合起来，构成分布式结构系统。这种系统不仅实现了地理上和功能上分散的控制，还通过通信系统把各个分散的信息集中起来，进行集中的监视和操作，以实现高级复杂规律的控制。其结构如图 1-1-6 所示。

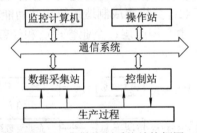

图 1-1-6 集散控制系统结构框图

集散控制系统是一种典型的分级分布式控制结构。监控计算机通过协调各控制站的工作，以达到过程的动态最优化。控制站则完成过程的现场控制任务。操作站是人机接口装置，它可以完成操作、显示和监视任务。数据采集站用来采集非控制过程信息。集散控制系统既有计算机控制系统控制算法先进、精度高、响应速度快的优点，又有仪表控制系统安全可靠、维护方便的优点。集散控制系统是积木式结构，结构灵活，可大可小，易于扩展，容易实现复杂的控制规律。

5) 现场总线控制系统

现场总线控制系统(Fieldbus Control System，FCS)是新一代分布式控制结构，如图 1-1-7 所示。该系统改进了 DCS 系统成本高、各厂商的产品通信标准不统一而造成的不能互联的缺点，其采用工作站-现场总线智能仪表的二层结构模式，实现了 DCS 中三层结构模式的功能，降低了成本，提高了可靠性。国际标准统一后，它可实现真正的开放式互联体系结构。

近年来，由于现场总线的发展，智能传感器和执行器也向数字化方向发展，用数字信号取代 4～20 mA DC 的模拟信号，为现场总线的应用奠定了基础。现场总线是连接工业现场仪表和控制装置之间的全数字化、双向、多站点的串行通信网络。现场总线被称为 21 世纪的工业控制网络标准。

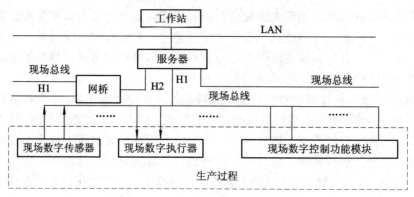

图 1-1-7　现场总线控制系统结构框图

6) 工业过程计算机集成制造系统

随着工业生产过程规模的日益复杂与大型化，现代化工业要求计算机系统不仅要完成直接面向过程的控制和优化任务，而且要在获取尽可能多的生产全部过程信息的基础上，进行整个生产过程的综合管理、指挥调度和经营管理。由于自动化技术、计算机技术、数据通信技术等的迅速发展，满足这些要求已不是梦想，能实现这些功能的系统称之为计算机集成制造系统(Computer Integrated Manufacturing System，CIMS)，当 CIMS 用于流程工业时，简称为流程 CIMS。流程工业计算机集成制造系统按其功能可以自下而上地分为若干层，如直接控制层、过程监控层、生产调度层、企业管理层和经营决策层等，其结构框图如图 1-1-8 所示。

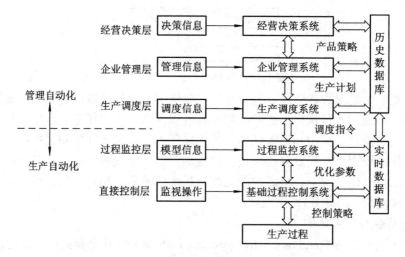

图 1-1-8　计算机集成制造系统结构框图

这类系统除了常见的过程直接控制、先进控制与过程优化功能之外，还具有生产管理、收集经济信息、计划调度和产品订货、销售、运输等非传统控制的诸多功能。因此，计算机集成制造系统所要解决的不再是局部最优问题，而是一个工厂、一个企业乃至一个区域的总目标或总任务的全局多目标最优，也即企业综合自动化问题。最优化的目标函数包括产量最高、质量最好、原料和能耗最小、成本最低、可靠性最高、对环境污染最小等指标，它反映了技术、经济、环境等多方面的综合性要求，是工业过程自动化及计算机控制系统发展的一个方向。

3. 计算机控制系统与组态软件的概述

计算机控制系统作为生产过程和管理自动化最为有效的计算机软硬件系统之一，它从总体上可分成两大部分：一是现场分布式的数据 I/O 系统，也就是通常所说的下位机；另一个是数据处理显示和管理系统，即上位机人机界面(Human Machine Interface，HMI)系统。下位机与生产过程和管理的设备或仪表相结合，感知设备各种参数的状态，并将这些状态信号转换成数字信号，通过特定数字通信网络传递到上位机 HMI 系统中。必要时，下位机也可以向设备发送控制信号。上位机 HMI 系统在接收到这些信息后，以适当的形式如文字、声音、图形、图像等方式显示给用户，以达到监视、监测的目的，同时数据经过处理后，告知用户设备各种参数的状态(报警、正常或报警恢复等)，这些处理后的数据可能会保存到数据库中，也可能通过网络系统传输到不同的监控平台上，还可能与别的系统结合形成功能更加强大的系统。同时，HMI 还可以接受操作人员的指示，将控制信号发送到下位机中，以达到控制的目的。

上位机 HMI 系统的功能主要靠上位机程序来完成，现在编制上位机程序可采用以下两种方法：一是采用 Visual Basic、Visual C 等基于 Windows 平台的开发程序来编制；二是采用监控组态软件来编制。前者程序设计灵活，可以设计出风格各异的 HMI 系统，但设计工作量大，开发调试周期长，软件通用性较差，对于每个不同的应用对象都要重新设计或修改程序，软件功能可靠性较低，对程序设计员要求较高。监控组态软件是标准化、规模化、商品化的通用开发软件，只需进行标准功能模块的软件组态和简单的编程，就可设计出标准化、专业化、通用性强、可靠性高的上位机监控程序(HMI 系统)，且工作量较小，开发调试周期较短，对程序设计员要求也低一些。因此，监控组态软件是性能优良的软件产品，它将成为开发上位机监控程序的主流开发工具。

集散控制系统的组态软件是指一些包括数据采集与过程控制的专用软件，它们是属于自动控制系统监控层一级的软件平台和开发环境，以灵活多样的组态方式提供良好的用户开发界面和简捷的使用方法，可以非常容易地实现和完成监控层的各项功能，并能同时支持各种硬件厂家的计算机和 I/O 设备，向控制层和管理层提供软、硬件的全部接口，进行系统集成。

组态软件产品大约在 20 世纪 80 年代中期在国外出现，在中国也已有 20 多年的历史，早在 20 世纪 80 年代末 90 年代初，有些国外的组态软件如 ONSPEC、PARAGON 等就开始进入中国。目前中国市场上的组态软件产品按厂商划分大致可以分为两类，一类是国外专业软件厂商提供的产品，如美国 Wonderware 公司的 INTOUCH、美国 Intellution 公司的 FIX 以及德国西门子公司的 WINCC；另一类是国内自行开发的产品，有 Synall、组态王、力控、MCGS、Controlx 等。

组态软件的特点是实时多任务，包括数据采集与输出、数据处理与算法实现、图形显示及人机对话、实时数据的存储、检索管理、实时通信等，这些任务要在同一台计算机上同时运行。

组态软件的使用者是自动化工程技术人员。组态软件主要解决的问题如下：

(1) 计算机如何与采集、控制设备间进行数据交换。

(2) 使来自设备的数据与计算机图形画面上的各元素关联起来。

(3) 处理数据报警及系统报警。

(4) 存储历史数据，并支持历史数据的查询。

(5) 各类报表的生成和打印输出。

(6) 为使用者提供灵活、多变的组态工具，可以适应不同应用领域的需求。

(7) 保证最终生成的应用系统运行稳定可靠。

(8) 具有与第三方程序的接口能力，方便数据共享。

自动化工程技术人员在组态软件中只需填写一些事先设计好的表格，再利用图形功能把被控对象(如反应罐、温度计、锅炉、趋势曲线、报表等)形象地画出来，通过内部数据连接把被控对象的属性与 I/O 设备的实时数据进行逻辑连接。由组态软件生成的应用系统投入运行后，与被控对象相连的 I/O 设备数据发生变化会直接带动被控对象的属性发生变化。若要对应用系统进行修改，也十分方便。

由此可以看出，组态软件具有实时多任务、接口开放、使用灵活、功能多样、运行可靠等优点。

五、项目考核

本项目以理论知识为主，考核采用思考题方式，考核内容见思考题。

六、思考题

(1) 计算机控制系统的基本工作原理是什么？如何区分开环控制系统和闭环控制系统？

(2) 计算机控制系统的硬件组成包含哪些元素？软件组成又包含哪些元素？

(3) 根据系统的应用及结构特点，计算机控制系统应该如何进行分类？简述各系统的基本特点。

(4) 组态软件在计算机控制系统中起什么作用？

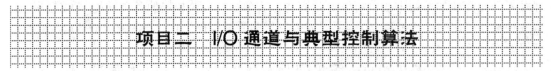

项目二　I/O 通道与典型控制算法

本项目主要讨论在计算机控制系统中过程输入/输出通道的基本概念，分别介绍了数字量输入/输出通道和模拟量输入/输出通道的基本组成及工作原理，并详细介绍了自动控制系统中的比例积分微分(Proportion Integration Differentiation，PID)控制算法。

一、学习目标

1. 知识目标

(1) 掌握 I/O 通道的基本概念。

(2) 掌握数字量输入/输出通道的基本组成及工作原理。

(3) 掌握模拟量输入/输出通道的基本组成及工作原理。

(4) 掌握数字滤波的基本知识。

(5) 掌握 PID 控制算法的基本概念。

2. 能力目标

(1) 具备数字量与模拟量的区别能力。

(2) 具备输入通道与输出通道的选用能力。

(3) 初步具备常用输入通道与输出通道的设计能力。

(4) 初步具备使用 PID 算法进行控制的系统设计能力。

二、必备知识与技能

1. 必备知识

(1) 计算机组成原理的基本知识。

(2) 模拟电子技术与数字电子技术的基本知识。

(3) 常用传感器的基本知识。

(4) 可编程逻辑控制器(PLC)的基本知识。

(5) 自动控制系统的基本知识。

2. 必备技能

(1) 熟练的计算机操作技能。

(2) 常用传感器的使用与接线能力。

(3) 常用 PLC 的接线与编程能力。

三、教学任务

理实一体化教学任务见表 1-2-1。

表 1-2-1　理实一体化教学任务

任务一	I/O 通道概述
任务二	数字量输入、输出通道
任务三	模拟量输入、输出通道
任务四	数字滤波
任务五	自动控制系统

四、理实一体化学习内容

1. I/O 通道概述

在计算机控制系统中，计算机需要从生产过程中采集现场的信息，接受操作人员的控制，向操作人员反馈现场的情况和操作结果，还要把相应的控制信息传送给生产设备，有时还需要通过其他外部设备输入相关的信息，从而实现对过程的控制。因此在计算机和生产过程之间，必须设置信息的传递和变换装置，这个装置称为过程输入/输出通道，也称之为 I/O 通道。过程输入/输出通道由模拟量输入/输出通道和数字量输入/输出通道组成。

由于在计算机控制系统中，通常被调参数(如电压、温度、流量、压力、速度、液位等)

都是随时间作连续变化的模拟量,这些参数经传感器检测后,要传送给计算机,而计算机内部只能处理数字信号,因而需要模拟量输入通道,把模拟信号转换成数字信号后再传送给计算机。

在计算机控制系统中,多数控制信号是以模拟量的形式出现的,这就需要计算机先将输出的数字量控制信号转换成模拟电压或电流信号,再传送给相应的执行机构,完成这一任务的就是模拟量输出通道。

在系统中还有一些输入量是以数字信号的形式出现的,但是通常它们也不能直接输入计算机,一般还需要先用数字量输入通道完成隔离、电平转换等任务,然后再把转换后的数字量输入计算机。

以数字形式输出的控制信号,通常也需要由数字量输出通道完成隔离、电平转换等任务,然后再去控制执行部件。

由此可见,过程输入、输出通道在计算机与工业生产过程之间起着信号传递与变换的纽带作用。

2. 数字量输入、输出通道

在计算机控制系统中,当需要对生产过程进行自动控制时,必须要处理一类最基本的输入、输出信号,即数字量(开关量)信号,这些信号包括开关的闭合与断开,指示灯的亮与灭,继电器或接触器的吸合与释放,马达的启动与停止,可控硅的通和断等,这些信号的共同特征是它们都是以二进制的逻辑"1"和"0"形式出现的,所以可把这些信号统称为数字信号。能将生产过程中的数字信号传送给计算机,将计算机输出的数字信号转换成能对生产过程进行控制的驱动信号的通道称为数字量的输入、输出通道。

1) 数字量输入通道

数字量输入通道主要由输入调理电路、输入缓冲器、地址译码器等组成,如图 1-2-1 所示。

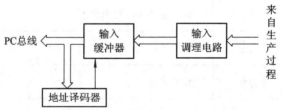

图 1-2-1 数字量输入通道结构框图

对生产过程的控制,常常要先了解生产过程的状态信息,然后根据状态信息决定如何输出控制量。要获得状态信息则必须通过输入接口来完成。输入接口一般都是通过专用输入缓存器芯片来实现的,如三态门缓冲器 74LS244。三态门缓冲器 74LS244 可用来隔离输入和输出电路,在两者之间起缓冲作用。另外,74LS244 有 8 个通道可输入 8 个开关状态。

数字量(开关量)输入通道的基本功能就是接收外部装置或生产现场的数字信号。这些信号极有可能引入各种干扰,如过电压、瞬态尖峰和反极性输入等。因此,外部信号需经过电平转换、滤波、隔离和过电压保护等处理后,才能传送给计算机,这些功能称为信号调理。常用电路有直流输入信号调理电路和交流输入信号调理电路两种。

输入地址译码电路主要是对输入缓冲器进行操作,通过端口地址译码得到片选信号。

2) 数字量输出通道

数字量输出通道主要由输出锁存器、输出驱动电路、地址译码器等组成，如图 1-2-2 所示。

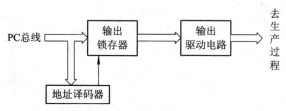

图 1-2-2　数字量输出通道结构框图

当对生产过程进行控制时，一般应对计算机送出的控制状态进行保持，直到重新刷新为止，此时便需利用输出接口对其进行锁存。输出接口一般都是通过专用输出锁存器芯片来实现的，如 8D 锁存器 74LS273。74LS273 有 8 个通道，可输出 8 个开关状态，并可驱动 8 个输出装置。

要把计算机输出的微弱数字信号转换成能对生产过程进行控制的驱动信号，关键在于输出通道中的功率驱动电路。根据现场开关器件功率的不同，可有多种数字量驱动电路的构成方式，如大/中/小功率晶体管、可控硅、达林顿阵列驱动器、固态继电器等。

输出地址译码电路主要对输出锁存器进行操作，通过端口地址译码得到片选信号。

3. 模拟量输入、输出通道

模拟量输入通道是向计算机输入模拟量的装置。由于计算机只能处理数字信号，因而模拟量输入通道必须进行 A/D 转换(把模拟量转换成数字量)，其中最核心的是 A/D 转换器(ADC)。模拟量输出通道是在计算机控制系统中，实现控制输出的主要手段，其任务是把计算机输出的数字形式的控制信号转换成模拟电压、模拟电流信号，驱动相应的执行部件，从而完成相应的控制。

1) 模拟量输入通道

模拟量输入通道(简称 AI 通道)的一般结构如图 1-2-3 所示。过程参数由传感元件和变送器测量并转换为电流后送至多路采样开关；在微机的控制下，由多路采样开关将各个过程参数依次地切换到后级，进行放大、采样和 A/D 转换，以实现过程参数的巡回检测。

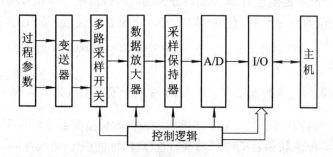

图 1-2-3　模拟量输入通道的一般结构框图

从模拟信号到数字信号的转换包含信号的采样和量化两个过程。信号的采样过程如图 1-2-4 所示。执行采样动作的是采样器(采样开关)K，K 每隔一个时间间隔 T 闭合一个时间 r。T 称为采样周期，r 称为采样宽度。时间和幅值上均连续的模拟信号 $y(t)$ 通过采样器后，被变换为时间上离散的采样信号 $y*(t)$。模拟信号到采样信号的变换过程称为采样过程或离散过程。

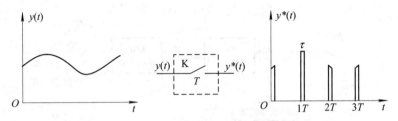

图 1-2-4　信号的采样过程

采样信号 $y*(t)$ 是否能如实地反映模拟信号 $y(t)$ 的所有变化与特征呢？采样定理指出：如果模拟信号(包括噪声干扰在内)频谱的最高频率为 f_{max}，只要按照采样频率 $f \geqslant 2f_{max}$ 进行采样，那么采样信号 $y*(t)$ 就能唯一地复现 $y(t)$。采样定理给出了 $y*(t)$ 唯一地复现 $y(t)$ 所必需的最低采样频率。在实际应用中，常取 $5f_{max} \leqslant f \leqslant 10f_{max}$。

采样信号在时间轴上是离散的，但在函数轴上仍然是连续的，因为连续信号 $y(t)$ 幅值上的变化也反映在采样信号 $y*(t)$ 上，所以，采样信号仍不能进入微机，微机只能接收在时间上离散、幅值上变化也不连续的数字信号。将采样信号转换为数字信号的过程称为量化过程，执行量化动作的装置是 A/D 转换器。字长为 n 的 A/D 转换器将在 $y_{min} \sim y_{max}$ 范围内变化的采样信号变换为数字 $0 \sim 2^n - 1$，其最低有效位(LSB)所对应的模拟量 q 称为量化单位：

$$q = \frac{y_{max} - y_{min}}{2^n}$$

量化过程实际上是一个用 q 去度量采样值幅值高低的小数规整过程，因而存在量化误差，量化误差为 $\pm\frac{1}{2}q$。在 A/D 转换器的字长 n 足够长时，若量化误差足够小，可以认为数字信号近似于采样信号。在这种假设下，数字系统便可沿用采样系统理论分析、设计。

A/D 转换器是将模拟量转换为数字量的器件，这个模拟量泛指电压、电阻、电流、时间等参量，但在一般情况下，模拟量是指电压而言的。A/D 转换器常用以下几项技术指标来评价其质量水平：

(1) 分辨率。分辨率是衡量 A/D 转换器分辨输入模拟量最小变化程度的技术指标。分辨率通常用数字量的位数 n(字长)来表示，如 8 位、12 位、16 位等。分辨率为 n 位，表示它能对满量程输入的 $\frac{1}{2^n}$ 的增量作出反应，即数字量的最低有效位(LSB)对应于满量程输入的 $\frac{1}{2^n}$。若 $n = 8$，满量程输入为 5.12 V，则 LSB 对应于模拟电压为 $\frac{5.12}{2^8}$ V $= 20$ mV。

(2) 转换时间。转换时间是指 A/D 转换器完成一次模拟到数字转换所需要的时间。

(3) 线性误差。A/D 转换器的理想转换特性(量化特性)应该是线性的，但实际转换特性并非如此，而是存在一些误差，这个误差就是线性误差。在满量程输入范围内，偏移理想转换特性的最大误差定义为线性误差。线性误差通常用 LSB 的分数来表示，如 $\frac{1}{2}$LSB 或 ±1LSB。

常用的 A/D 转换器有 8 位 A/D 转换器 ADC0809 和 12 位 A/D 转换器 ADC574A。ADC0809

是一种带有 8 通道模拟开关的 8 位逐次逼近式 A/D 转换器，转换时间约为 100 μs，线性误差为 ±0.5LSB，其结构如图 1-2-5 所示。ADC0809 由 8 通道模拟开关、通道选择逻辑(地址锁存与译码)、8 位 A/D 转换器以及三态输出锁存缓冲器组成。

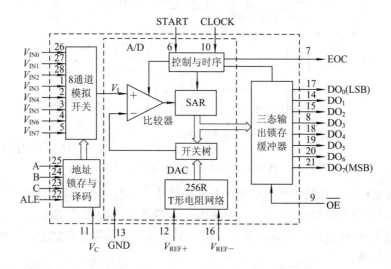

图 1-2-5　8 位 A/D 转换器 ADC0809 的结构图

ADC574A 是一种高性能的 12 位逐次逼近式 A/D 转换器，转换时间约为 25 μs，线性误差为 ±0.5LSB，其结构如图 1-2-6 所示。其内部有时钟脉冲源和基准电压源。ADC574A 由 12 位 A/D 转换器、逻辑控制、三态输出锁存缓冲器、10 V 基准电压源四部分组成。

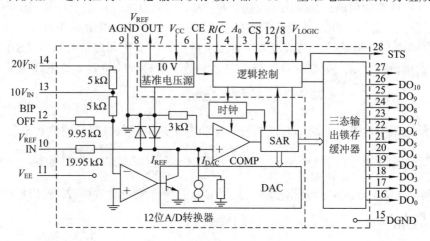

图 1-2-6　12 位 A/D 转换器 ADC574A 的结构图

2) 模拟量输出通道

模拟量输出通道(简称 AO 通道)的两种基本结构形式如图 1-2-7 所示。

多 D/A 结构模拟量输出通道中的 D/A 转换器除承担数字信号到模拟信号转换的任务外，还兼有信号保持作用，即把微机在 $t = kT$ 时刻对执行机构的控制作用维持到下一个输出时刻 $t = (k + 1)T$。这是一种数字保持方式，若传送给 D/A 转换器的数字信号不变，则其模拟输出信号便保持不变。

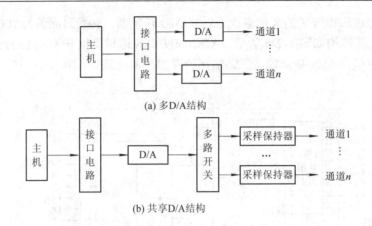

图 1-2-7　模拟量输出通道的两种基本结构形式框图

共享 D/A 结构的模拟量输出通道中的 D/A 转换器只起数字信号到模拟信号的转换作用，信号保持功能靠采样保持器完成。这是一种模拟保持方式，微机对通道 $i(i = 1，2，\cdots，n)$ 的控制信号被 D/A 转换器转换成模拟信号后，由采样保持器将其记忆下来，并保持到下一次控制信号的到来。

多 D/A 结构形式输出速度快、工作可靠、精度高，是工业控制领域普遍采用的形式。

模拟量输出通道的核心部件是 D/A 转换器。D/A 转换器是指将数字量转换成模拟量的元件或装置，它输出的模拟量(电压或电流)与参考电压和二进制数成比例。D/A 转换器品种繁多，但在集成 D/A 产品中多按 T 形和倒 T 形电阻解码网络的 D/A 转换原理进行转换。D/A 转换器主要由四部分组成：基准电压 V_{REF}，$R-2R$ T 形电阻网络，电子开关 $K_i(i = 0，1，\cdots，n-1)$和运算放大器 A。D/A 转换器常用以下几项技术指标来评价其质量水平。

(1) 分辨率。分辨率是指当输入数字量发生单位数码变化即最低有效位 LSB 产生一次变化时，输出模拟量对应的变化量。分辨率 $\varDelta$ 与数字量输入的位数 n 呈下列关系：

$$\varDelta = \frac{V_{REF}}{2^n}$$

在实际应用中，表示分辨率高低的较常用的方法是用输入数字量的位数来表示。例如，8 位二进制 D/A 转换器，其分辨率为 8 位，或者 $\varDelta = \frac{1}{256}$。显然，位数越多，分辨率越高。

(2) 建立时间。建立时间是指当输入数字信号的变化量是满量程时，输出模拟信号达到离终值 $\pm\frac{1}{2}$ LSB 所需的时间一般为几十纳秒到几秒。

(3) 线性误差。理想转换特性(量化特性)应该是线性的，但实际转换特性并非如此。在满量程输入范围内，偏离理想转换特性的最大误差定义为线性误差。线性误差常用 LSB 的分数来表示，如 $\frac{1}{2}$ LSB，或 ±1LSB。

常用的 D/A 转换器有 8 位 D/A 转换器 DAC0832 和 12 位 D/A 转换器 DAC1208/1209/1210。DAC0832 的结构如图 1-2-8 所示，它主要由两部分组成，即由 $R-2R$ 电阻网络构成的 8 位 D/A 转换器以及两个 8 位寄存器和相应的选通控制逻辑。在实际应用中，通常采用外加运算放大器的方法，把 DAC0832 的电流输出转换为电压输出。

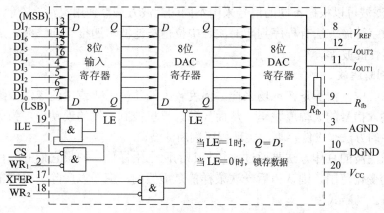

图 1-2-8　8 位 D/A 转换器 DAC0832 的结构框图

图 1-2-9 是 12 位 D/A 转换器 DAC1210 的结构图，其原理和引脚与 DAC0832 基本相同，不同之处仅在于其输入寄存器和 DAC 寄存器均为 12 位，数据输入线为 12 条。一个 12 位的待转换数据 D 必须在装入输入级后，才能送至 DAC 寄存器。

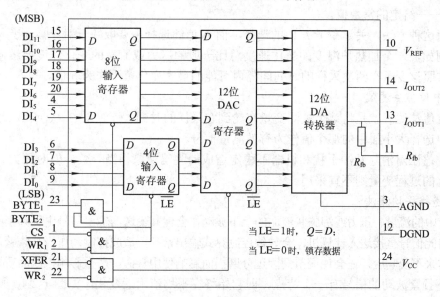

图 1-2-9　12 位 D/A 转换器 DAC1210 的结构框图

通常对 D/A 转换器而言，都只能完成一路数字量到模拟量的转换。而实际的控制系统，往往需要将多路的数字量转换成模拟量，这就需要使用 D/A 转换模板。

4. 数字滤波

计算机控制系统的过程输入信号中，常常包含着各种各样的干扰信号。为了准确地进行测量和控制，必须设法消除这些干扰。对于高频干扰，可采用 *RC* 低通滤波网络进行模拟滤波，而对于中低频干扰分量(包括周期性、脉冲性和随机性的)采用数字滤波是一种有效方法。数字滤波是通过编制一定的计算或判断程序，减少干扰在有用信号中的比重，提高信号真实性的滤波方法。与模拟滤波方法相比，其具有以下优点：

(1) 数字滤波是用程序实现的，不需要硬件设备，所以可靠性高、稳定性好。

(2) 数字滤波可以滤除频率很低的干扰，这一点是模拟滤波难以实现的。

(3) 数字滤波可以根据不同的信号采用不同的滤波方法，使用灵活、方便。

常用的数字滤波方法有程序判断滤波、中位值法滤波、递推平均滤波、加权递推平均滤波和一阶惯性滤波等。

1) 程序判断滤波

在控制系统中，由于是在现场采样，幅度较大的随机干扰或由变送器故障所造成的失真，将引起输入信号的大幅度跳码，从而导致计算机控制系统的误动作。为此，通常采用编制判断程序的方法来去伪存真，实现程序判断滤波。

程序判断滤波的具体方法是通过比较相邻的两个采样值，如果它们的差值过大，超出了变量可能的变化范围，则认为后一次采样值是虚假的，应予以废除，而将前一次采样值传送至计算机。判断式为

当 $|y(n) - y(n-1)| \leqslant b$ 时，则取 $y(n)$ 输入计算机；

当 $|y(n) - y(n-1)| > b$ 时，则取 $y(n-1)$ 输入计算机。

式中：$y(n)$——第 n 次采样值；

$\qquad y(n-1)$——第 $(n-1)$ 次的采样值；

$\qquad b$——给定的常数值。

应用这种方法，关键在于 b 值的选择，而 b 值的选择主要取决于对象被测变量的变化速度。例如，一个加热炉温度的变化速度总比一般的压力或流量的变化速度要缓慢些，因此可以按照该变量在两次采样的时间间隔内可能的最大变化范围作为 b 值。

2) 中位值法滤波

中位值法滤波就是将某个被测变量在轮到它采样的时刻，连续采 3 次(或 3 次以上)的值，从中选择大小居中的那个值作为有效测量信号。

中位值法对消除脉冲干扰和机器不稳定造成的跳码现象相当有效，但对压力、流量等快速变化的过程变量则不宜采用。

3) 递推平均滤波

管道中的流量、压力或沸腾状液面的上下波动，会使其变送器输出信号出现频繁的振荡现象。若将此信号直接送入计算机，会导致控制算式输出紊乱，造成控制动作极其频繁，甚至执行器根本来不及响应，还会使调节阀因过分磨损而影响使用寿命，严重影响控制品质。

上下频繁波动的信号有一个特点，即它始终在平均值附近变化，如图 1-2-10 所示。

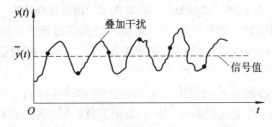

图 1-2-10 上下频繁波动的信号波形图

图 1-2-10 中的黑点表示各个采样值。对于此类信号，仅仅依靠一次采样值作为控制依据是不正确的，通常采用递推平均的方法，即第 n 次采样的 N 项递推平均值是 $n, (n-1), \cdots,$ $(n-N+1)$ 次采样值的算术平均。递推平均算式为

$$\overline{y}(n) = \frac{1}{N} \sum_{I=0}^{N-1} y(n-i) \tag{1-2-1}$$

式中：$\overline{y}(n)$——第 n 次 N 项的递推平均值；

$\quad\quad y(n-i)$——往前递推第 i 项的测量值；

$\quad\quad N$——递推平均的项数。

也就是说，第 n 次采样的 N 项递推平均值的计算，应该由 n 次采样往前递推$(N-1)$项。N 值的选择对采样平均值的平滑程度与反应灵敏度均有影响。在实际应用中，可通过观察不同 N 值下递推平均的输出响应来决定 N 值的大小。目前在工程上，流量常用 12 项平均值，压力取 4 项平均值，温度没有显著噪声时可以不加平均值。

4) 加权递推平均滤波

递推平均滤波法的每一次采样值，在结果中的比重都是均等的，这会使时变信号产生滞后。为增加当前采样值在结果中所占的比重，提高系统对本次采样的灵敏度，可采用加权递推平均方法。一个 N 项加权递推平均算式为

$$\overline{y}(n) = \frac{1}{N} \sum_{I=0}^{N-1} C_i y(n-i) \tag{1-2-2}$$

式中：C_i——加权系数。各项系数应满足下列关系：

$$0 \leqslant C_i \leqslant 1 \quad \text{且} \quad \sum_{i=0}^{N-1} C_i = 1$$

5) 一阶惯性滤波

一阶惯性滤波的动态方程式为

$$T \frac{\mathrm{d}\overline{y}(t)}{\mathrm{d}t} + \overline{y}(t) = y(t) \tag{1-2-3}$$

式中：T——滤波时间常数；

$\quad\quad \overline{y}(t)$——输出值；

$\quad\quad y(t)$——输入值。

令 $\mathrm{d}\overline{y}(t) = \overline{y}(n) - \overline{y}(n-1)$，$\mathrm{d}t = T_s$(采样周期)，$\overline{y}(t) = \overline{y}(n)$，$y(t) = y(n)$，则有

$$\frac{T}{T_s} \left[\overline{y}(n) - \overline{y}(n-1) \right] + \overline{y}(n) = y(n)$$

$$\frac{T + T_s}{T_s} \overline{y}(n) = y(n) + \frac{T}{T_s} \overline{y}(n-1) \tag{1-2-4}$$

$$\overline{y}(n) = \frac{T_s}{T + T_s} y(n) + \frac{T}{T + T_s} \overline{y}(n-1) \tag{1-2-5}$$

令 $a = \dfrac{T}{T + T_s}$，则有

$$\overline{y}(n) = (1-a)y(n) + a\overline{y}(n-1) \tag{1-2-6}$$

式中：a——滤波常数，$0 < a < 1$；

$\overline{y}(n)$——第 n 次滤波输出值；

$\overline{y}(n-1)$——第 $(n-1)$ 次滤波输出值；

$y(n)$——第 n 次滤波输入值。

一阶惯性滤波对周期性干扰具有良好的抑制作用，适用于波动频繁的变量滤波。

在实际应用上述几种数字滤波方法时，往往先对采样信号进行程序判断滤波，然后再用递推平均、加权递推平均或一阶惯性滤波等方法来处理，以保持采样的真实性和平滑度。

5. 自动控制系统

1) 自动控制系统分类

自动控制系统一般可分为开环控制系统和闭环控制系统。

(1) 开环控制系统(Open-loop Control System)：被控对象的输出(被控制量)对控制器(Controller)的输出没有影响。

(2) 闭环控制系统(Closed-loop Control System)：其特点是系统被控对象的输出(被控制量)会反送回来影响控制器的输出，形成一个或多个闭环。

闭环控制系统有正反馈和负反馈，若反馈信号与系统给定值信号相反，则称为负反馈(Negative Feedback)；若极性相同，则称为正反馈。一般闭环控制系统均采用负反馈，又称负反馈控制系统。闭环控制系统的例子很多，一个简单的控制系统包括被控对象、测量变送器、控制器、执行机构等(如图 1-2-11 所示)。

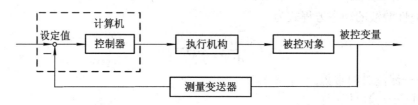

图 1-2-11   闭环控制系统结构框图

2) 自动控制系统的控制规律

在工程实际中，应用最为广泛的控制规律为比例(proportion)、积分(intergration)、微分(differentiation)控制，简称 PID 控制。PID 控制器是根据系统的误差，利用比例、积分、微分计算出控制量进行控制的。

(1) 比例控制：是一种最简单的控制方式。其控制器的输出与输入误差信号成比例关系。当仅有比例控制时系统输出存在稳态误差。

(2) 积分控制：控制器的输出与输入误差信号的积分成正比关系。对一个自动控制系统，如果在进入稳态后存在稳态误差，则称这个控制系统是有稳态误差的或简称有差系统。为了消除稳态误差，在控制器中必须引入"积分项"。积分项的误差取决于时间的积分，随着时间的增加，积分项会增大。这样，即便误差很小，积分项也会随着时间的增加而加大，它推动控制器的输出增大使稳态误差进一步减小，直到等于零。因此，比例 + 积分(Proportion Integration，PI)控制器可以使系统在进入稳态后无稳态误差。

(3) 微分控制：控制器的输出与输入误差信号的微分(即误差的变化率)成正比关系。自动控制系统在克服误差的调节过程中可能会出现振荡甚至失稳，其原因是由于存在有较大惯性组件(环节)或有滞后(delay)组件，具有抑制误差的作用，其变化总是落后于误差的变化。解决的办法是"超前"调节，即在误差接近零时，抑制误差的作用就应该是零。这就是说，在控制器中仅引入"比例"项往往是不够的，比例项的作用仅是放大误差的幅值，而目前需要增加的是"微分项"，它能预测误差变化的趋势，这样，具有比例 + 微分的控制器就能够提前使抑制误差的控制作用等于零，甚至为负值，从而避免了被控量的严重超调。所以对有较大惯性或滞后的被控对象，比例 + 微分(Proportion Differential，PD)控制器能改善系统在调节过程中的动态特性。

3) 各类控制规律的应用

(1) 比例控制规律(P)：采用 P 控制规律能较快地克服扰动的影响。它的优点是输出值变化较快，缺点是虽较能有效地克服扰动的影响，但有余差出现。它适用于控制通道滞后较小、负荷变化不大、控制要求不高、被控参数允许在一定范围内有余差的场合，如水泵房冷、热水池的水位控制，油泵房中间油罐的油位控制等。

(2) 比例积分控制规律(PI)：在实际工程中，比例积分控制规律是应用最广泛的一种控制规律。积分能在比例的基础上消除余差，它适用于控制通道滞后较小、负荷变化不大、被控参数不允许有余差的场合。如油泵房供油管流量控制系统，退火窑各区温度调节系统等。

(3) 比例微分控制规律(PD)：微分具有超前作用，对于具有容量滞后的控制通道引入微分参与控制，在微分项设置得当的情况下，对提高系统的动态性能指标有着显著效果。因此，对于控制通道的时间常数或容量滞后较大的场合，为了提高系统的稳定性，减小动态偏差等可选用比例微分控制规律，如加热型温度控制、成分控制。需要说明一点：在那些纯滞后较大的区域里，微分项是无能为力的，而在测量信号有噪声或周期性振动的系统里，也不宜采用微分控制。

(4) 比例积分微分控制规律(PID)：PID 控制规律是一种较理想的控制规律，它在比例的基础上引入积分，可以消除余差，再加入微分作用，又能提高系统的稳定性。它适用于控制通道时间常数或容量滞后较大、控制要求较高的场合，如温度控制、成分控制等。

理想 PID 控制器的理想算式为

$$u(t) = K_P \left[e(t) + \frac{1}{T_I} \int_0^t e(t)\mathrm{d}t + T_D \frac{\mathrm{d}e(t)}{\mathrm{d}t} \right] \tag{1-2-7}$$

式中：$u(t)$——控制量(控制器输出)；

$e(t)$——被控量与给定值的偏差，即 $e(t) = y(t) - r(t)$；

K_P——比例增益常数；

T_I——积分时间常数；

T_D——微分时间常数。

将上式写成传递函数形式为

$$D(s) = \frac{U(s)}{E(s)} = K_P\left(1 + \frac{1}{T_{I}s} + T_{D}s\right) \tag{1-2-8}$$

其控制框图如图 1-2-12 所示。

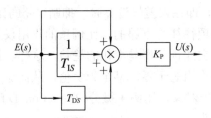

图 1-2-12　PID 控制器控制框图

五、项目考核

本项目以理论知识为主，考核采用思考题方式，考核内容见思考题。

六、思考题

(1) I/O 通道由哪四类主要通道组成？请简述各自的功能。

(2) 数字量输入通道由哪些部分组成？请简述各组成部分的基本功能。

(3) 数字量输出通道由哪些部分组成？请简述各组成部分的基本功能。

(4) A/D 转换器的主要性能指标有哪些？D/A 转换器的主要性能指标有哪些？

(5) 请简述 PID 控制算法的基本概念。

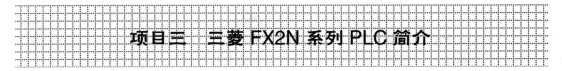

项目三　三菱 FX2N 系列 PLC 简介

本项目以日本三菱公司的 FX2N 系列 PLC 为例，从实际应用出发，对小型可编程控制器的基本组成、编程元件、编程软件的安装使用、工程的下载与调试等作了详细的介绍，使学生具备对三菱 PLC 进行综合调试的能力。

一、学习目标

1. 知识目标

(1) 掌握可编程控制器(PLC)的构成。

(2) 掌握三菱 FX2N 系列可编程控制器编程软件的使用。

(3) 掌握三菱编程软件的安装。

(4) 掌握工程的下装及调试方法。

2. 能力目标

(1) 初步具备 PLC 编程软件安装的基本技能。

(2) 初步具备 PLC 控制系统构建的基本技能。

(3) 初步具备 PLC 控制系统工程的下装及调试技能。

二、必备知识与技能

1. 必备知识

(1) 计算机控制的基本知识。

(2) 电气检测工具及仪表的基本知识。

(3) 电工电子技术的基本知识。

(4) 自动控制原理的基本知识。

(5) 电气控制的基本知识。

(6) PLC 编程的基本技能。

2. 必备技能

(1) 熟练操作计算机，初步具备 PLC 控制系统构建的基本技能。

(2) 熟练的电气设备接线及调试技能。

(3) 熟练的自动控制系统构建技能。

三、教学任务

理实一体化教学任务见表 1-3-1。

表 1-3-1 理实一体化教学任务

任务一	三菱 FX2N 系列 PLC 的基本构成
任务二	三菱 FX2N 系列 PLC 的编程软元件
任务三	三菱 FX2N 系列 PLC 系统的组成
任务四	三菱编程软件的安装
任务五	编程软件的使用
任务六	工程的下装
任务七	工程的调试

四、理实一体化学习内容

1. 三菱 FX2N 系列 PLC 的基本构成

三菱 FX2N 系列 PLC 采用一体化的箱体式结构，所有的电路都装在一个箱体内，其体积小，结构紧凑，安装方便。为了便于输入/输出点数的灵活配置，三菱 FX2N 系列 PLC 系列的产品由基本单元(主机)和扩展单元构成。三菱 FX2N 系列 PLC 还有许多专用的特殊功能单元，例如模拟量 I/O 单元、高速计数单元、位置控制单元等，大多数单元都是通过单元的扩展口与 PLC 主机相连接的。

三菱 FX2N 系列 PLC 的硬件系统可以分为硬件基本单元、扩展单元、扩展模块、特殊功能模块和相关辅助设备。

1) 硬件基本单元

硬件基本单元包括 CPU、存储器、基本输入/输出点和电源等，是 PLC 的主要组成部分。三菱 FX2N 基本单元的最大输入/输出点数为 256，见表 1-3-2。

表 1-3-2　三菱 FX2N 系列的基本单元

AC 电源，24 V 直流输入		DC 电源，24 V 直流输入		输入点数	输出点数
继电器输出	晶体管输出	继电器输出	晶体管输出		
FX2N-16MR-001	FX2N-16MT-001	—	—	8	8
FX2N-32MR-001	FX2N-32MT-001	FX2N-32MR-D	FX2N-32MT-D	16	16
FX2N-48MR-001	FX2N-48MT-001	FX2N-48MR-D	FX2N-48MT-D	24	24
FX2N-64MR-001	FX2N-64MT-001	FX2N-64MR-D	FX2N-64MT-D	32	32
FX2N-80MR-001	FX2N-80MT-001	FX2N-80MR-D	FX2N-80MT-D	40	40
FX2N-128MR-001	FX2N-128MT-001			64	64

2) 扩展单元

扩展单元由内部电源、内部输入/输出电路组成，需要和基本单元一起使用。在基本单元的 I/O 点数不够时，可采用扩展单元来扩展 I/O 点数。

3) 扩展模块

扩展模块由内部输入/输出电路组成，自身不带电源，由基本单元、扩展单元供电，需要和基本单元一起使用。在基本单元的 I/O 点数不够时，可采用扩展模块来扩展 I/O 点数。

4) 特殊功能模块

三菱 FX2N 系列 PLC 提供了各种特殊功能模块，当需要完成某些特殊功能的控制任务时，就需要用到特殊功能模块。这些模块包括：

- 模拟量输入/输出模块(如 FX2N-2AD、FX2N-DA 等)；
- 数据通信模块(如 FX2N-422-DB，FX2N-485-DB 等)；
- 高速计数器模块(如 FX2N-1HC)；
- 运动控制模块(如 FX2N-1PG-E、FX2N-10GM 等)。

5) 相关辅助设备

(1) 编程器。三菱 FX2N 系列 PLC 的专用编程器分为手持编程器和台式编程器两种。手持编程器只有简单的操作键及小面积的液晶显示屏，可以完成用户程序输入、编辑、检索等功能，也可以在线进行系统程序监控及故障检测，简单实用，价格低廉，是现场使用的好工具，但由于其体积小，显示内容受限，所以使用不是很方便。台式编程器是一个装有所需软件的工业现场便携式计算机，程序编辑、管理的功能极强，可以把它挂在可编程控制器网络上，对网络上的各个站点进行监控、调试和管理，但台式编程器价格较高。

另外，现在普遍采用在通用计算机上编程，把通用计算机作为智能型编程器来使用。三菱 FX2N 系列 PLC 的专用编程软件有 SWOPC-FXGP/WIN-C 编程软件等，可以编辑梯形图和指令表，并可以在线监控用户程序的执行情况。

(2) 文本显示器。三菱 FX2N 系列 PLC 可以配文本显示器，它是操作控制单元，可以在执行程序的过程中修改某个量的数值，也可以直接设置输入量或输出量，最多可以显示80条信息，每条信息最多有 4 个变量的状态，过程参数可以在显示器上显示，并可以随时修改。

2. 三菱 FX2N 系列 PLC 的编程软元件

PLC 在软件设计中需要各种各样的逻辑器件和运算器件，称为编程元件。编程元件用来完成程序所赋予的逻辑运算、算术运算、定时、计数等功能。这些器件的工作方式和使用概念与硬件继电器类似，具有线圈和常开、常闭触点。为了便于区别，称 PLC 的编程元件为软元件。

当有多个同类软元件时，在字母的后面加以数字编号，该数字也是元件的存储地址。其中输入继电器和输出继电器用八进制数字编号，其他均采用十进制数字编号。

1) 输入继电器(X)

输入继电器一般都有一个 PLC 的输入端子与之对应，是专门用来接收 PLC 外部开关信号的元件。PLC 将外围输入设备的状态转换成输入接口等效电路中输入继电器的线圈的通电、断电状态，并存储在输入映像寄存器中。

输入继电器线圈由外部输入信号所驱动，只有当外部信号接通时，对应的输入继电器才得电，不能用指令来驱动，所以在程序中只能用其触点，而不可用其线圈。由于输入继电器为输入映像寄存器中的状态，因而其触点的使用次数不限。另外输入继电器的触点只能用于内部编程，无法驱动外部负载。

三菱 FX2N 系列 PLC 输入继电器的编号范围为 X000～X267(184 点)。基本单元输入继电器的编号是固定的，扩展单元和扩展模块按离基本单元最近的数开始编号。

2) 输出继电器(Y)

输出继电器用来将 PLC 内部程序运算结果输出给外部负载。输出继电器线圈由 PLC 内部程序的指令驱动，其线圈状态传送给输出单元，再由输出单元对应的硬触点来驱动外部负载。

每个输出继电器在输出单元中都对应有唯一一个常开硬触点，其硬触点可以是继电器触点、可控硅触点、晶体管等输出元件。但在程序中供编程的输出继电器，不论是常开触点还是常闭触点，都可以无数次使用。三菱 FX2N 系列 PLC 编号范围为 Y000～Y267(184 点)。基本单元的编号是固定的，扩展单元和扩展模块的编号按与基本单元最近的数开始编号。

3) 辅助继电器(M)

三菱 FX2N 系列 PLC 内部有很多辅助继电器，与输出继电器一样，只能由程序驱动，每个辅助继电器也有无数对常开、常闭触点以供编程使用。

三菱 FX2N 系列 PLC 共有 500 个通用辅助继电器，取址范围是 M0～M499。通用辅助继电器在 PLC 中运行时，如果电源突然断电，则全部线圈均为"OFF"。当电源再次接通时，除了因外部输入信号而变为"ON"的以外，其余的线圈仍将保持"OFF"状态，它们没有断电保护功能。通用辅助继电器常在逻辑运算中作辅助运算、状态暂存、移位等功能使用。

特殊辅助继电器用来存储系统的状态变量、有关的控制参数和信息，是具有特殊功能的辅助继电器。特殊辅助继电器存取的地址范围是 M8000～M8255，共 256 个点。常用的特殊辅助继电器元件见表 1-3-3。

表 1-3-3　三菱 FX2N 系列 PLC 的常用特殊辅助继电器元件

编　号	功　能　描　述
M8000	RUN 监控，PLC 为 "RUN" 时为 "ON"
M8002	初始脉冲，"RUN" 后一个扫描周期为 "ON"
M8011	10 ms 时钟脉冲
M8012	100 ms 时钟脉冲
M8013	1 ms 时钟脉冲
M8014	1 min 时钟脉冲
M8020	加运算结果为零时置位
M8021	减运算结果小于负数值时置位
M8022	加运算在进位或结果溢出时置位
M8039	M8039 接通后，PLC 以定时扫描的方式运行

4) 状态继电器(S)

状态继电器是使用步进指令的基本元件，它与步进梯形图指令配合使用。常用的状态继电器有以下 5 种类型：

(1) 初始状态继电器：地址范围是 S0～S9，共 10 个点。

(2) 回零状态继电器：地址范围是 S10～S19，共 10 个点。

(3) 通用状态继电器：地址范围是 S20～S499，共 480 个点。

(4) 断电保持继电器：地址范围是 S500～S899，共 400 个点。

(5) 报警用状态继电器：地址范围是 S900～S999，共 100 个点。

状态继电器的触点使用次数不限。不用步进指令时，状态继电器 S 可以像辅助继电器一样在程序中使用。

5) 定时器(T)

定时器用于时间控制，其根据设定时间值与当前时间值的比较，使定时器触点动作。不使用的定时器可用作数据寄存器。

定时器对 PLC 内部的 1 ms、10 ms 和 100 ms 等时钟进行计数，并将计数值存储于当前时间值寄存器中，当其数值等于或大于时间设定值寄存器中的设定值时，该定时器触点动作。

定时器的地址号见表 1-3-4。

表 1-3-4　三菱 FX2N 系列 PLC 的定时器的地址号

三菱 FX2N 系列 PLC		定时器的地址号
通用型	100 ms 定时器	T0～T199，T192～T199
	10 ms 定时器	T200～T245
积算型	1 ms 定时器	T246～T249
	100 ms 定时器	T250～T255

6) 计数器(C)

计数器用于对 X、Y、M、S 和 T 等变量元件的触点通断次数进行计数。计数器与定时器相同,可以根据设定计数值与当前计数值的比较结果输出触点信号,也可以将计数器的当前值读取用于控制。不使用的计数器,可用作数据寄存器。16 位寄存器表示数值的有效范围是 −32 768～+32 767,32 位寄存器表示数值的有效范围是 −2 147 483 648～+2 147 483 647。计数器的地址号见表 1-3-5。

表 1-3-5 三菱 FX2N 系列 PLC 的计数器的地址号

计数器类型	计数器数量及地址号
16 位通用计数器	C0～C99
16 位电池后备/锁存计数器	C100～C199
32 位通用双向计数器	C200～C219
32 位电池后备/锁存双向计数器	C220～C234
高速计数器	C235～C255

三菱 FX2N 系列 PLC 计数器分为内部计数器和高速计数器两类。

(1) 内部计数器。内部计数器在执行扫描操作时对内部信号(如 X、Y、M、S、T 等)进行计数。16 位增计数器(C0～C199)共 200 点。这类计数器为递加计数,应用前先对其设置一设定值,当输入信号(上升沿)个数累加到设定值时,计数器动作,即其常开触点闭合、常闭触点断开。计数器的设定值为 1～32 767(16 位二进制)。设定值除了用常数 K 设定外,还可间接通过指定数据寄存器设定。

32 位增/减计数器(C200～C234)共有 35 点。其中,C200～C219(共 20 点)为通用型,C220～C234(共 15 点)为断电保持型。

C200～C234 是增计数还是减计数,分别由特殊辅助继电器 M8200～M8234 来设定。对应的特殊辅助继电器被置为"ON"时为减计数,被置为"OFF"时为增计数。

(2) 高速计数器(C235～C255)。高速计数器与内部计数器相比,除允许输入频率高之外,应用也更为灵活。高速计数器均有断电保持功能,通过参数设定也可变成非断电保持。三菱 FX2N 系列 PLC 有 C235～C255 共 21 点高速计数器。适合用来作为高速计数器输入的 PLC 输入端口有 X000～X007。X000～X007 不能重复使用,即若某一个输入端已被某个高速计数器占用,则不能再用于其他高速计数器,也不能作它用。

7) 数据寄存器(D)

PLC 在进行 I/O 处理、模拟量控制、位置控制时,需要许多数据寄存器存储数据和参数。数据寄存器为 16 位,最高位为符号位。数据寄存器有以下几种类型:

(1) 通用数据寄存器(D0～D199)。通用数据寄存器共 200 点。当 M8033 为"ON"时,D0～D199 有断电保护功能;当 M8033 为"OFF"时则无断电保护功能,即当 PLC 由"RUN"→"STOP"或停电时,数据将全部清零。

(2) 断电保持数据寄存器(D200～D7999)。断电保持数据寄存器共 7800 点。其中,D200～D511(共 312 点)有断电保持功能,可以利用外部设备的参数设定改变通用数据寄存器与有断电保持功能数据寄存器的分配;D490～D509 供通信用;D512～D7999 的断电保持功能不能用软件改变,但可用指令清除其内容。根据参数设定可以将 D1000 以上的数据寄存器作为文件寄存器。

(3) 特殊数据寄存器(D8000~D8255)。特殊数据寄存器共 256 点。特殊数据寄存器的作用是用来监控 PLC 的运行状态，如扫描时间、电池电压等。未加定义的特殊数据寄存器，用户不能使用。

8) 指针(P/I)

指针(P/I)包括分支和子程序用的指针(P)及中断用的指针(I)。分支和子程序用的指针从 P0~P127，共 128 点。中断用的指针从 I0~I8，共 9 点。

9) 常数(K/H)

常数也作为编程元件对待，它在存储器中占有一定的空间，十进制常数用 K 表示，十六进制常数用 H 表示。

3. 三菱 FX2N 系列 PLC 系统的组成

三菱 FX2N 系列 PLC 系统主要由硬件系统和软件系统组成。

1) 硬件系统

硬件系统由中央处理器(CPU)、存储器、输入单元、输出单元、通信接口、扩展接口电源等部分组成。其中，CPU 是 PLC 的核心，输入单元与输出单元是连接现场输入/输出设备与 CPU 之间的接口电路，通信接口用于与编程器、上位计算机等外设连接，如图 1-3-1 所示。

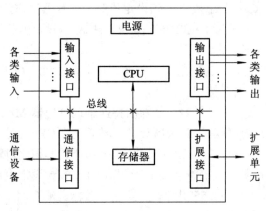

图 1-3-1　PLC 的基本结构框图

(1) 中央处理单元(CPU)。同一般的微机一样，CPU 是 PLC 的核心。在 PLC 中，CPU 按系统程序赋予的功能指挥 PLC 有条不紊地进行工作，归纳起来主要有以下几个方面：

① 接收从编程器输入的用户程序和数据。

② 诊断电源、PLC 内部电路的工作故障和编程中的语法错误等。

③ 通过输入接口接收现场的状态或数据，并存入输入映像寄存器或数据寄存器中。

④ 从存储器逐条读取用户程序，经过解释后执行。

⑤ 根据执行的结果，更新有关标志位的状态和输出映像寄存器的内容，通过输出单元实现输出控制。有些 PLC 还具有制表打印或数据通信等功能。

(2) 存储器。存储器主要有两种：一种是可读/写操作的随机存储器 RAM，另一种是只读存储器 ROM、PROM 、EPROM 和 EEPROM。在 PLC 中，存储器主要用于存放系统程序、用户程序及工作数据。

① 系统程序：由 PLC 的制造厂家编写的，与 PLC 的硬件组成有关，完成系统诊断、

命令解释、功能子程序调用管理、逻辑运算、通信及各种参数设定等功能，提供 PLC 运行的平台。系统程序由制造厂家直接固化在只读存储器 ROM、PROM 或 EPROM 中，用户不能访问和修改。

② 用户程序：随 PLC 的控制对象而定的，由用户根据对象生产工艺的控制要求而编制的应用程序。为了便于读出、检查和修改，用户程序一般存储于 CMOS 静态 RAM 中，用锂电池作为后备电源，以保证掉电时不会丢失信息。为了防止干扰对 RAM 中程序的破坏，当用户程序经运行正常，不需要改变时，可将其固化在只读存储器 EPROM 中。现在有许多 PLC 直接采用 EEPROM 作为用户存储器。

③ 工作数据：是 PLC 运行过程中经常变化、经常存取的一些数据，存放在 RAM 中，以适应随机存取的要求。在 PLC 的工作数据存储器中，设有存放输入/输出继电器、辅助继电器、定时器、计数器等逻辑器件的存储区，这些器件的状态都是由用户程序的初始设置和运行情况而确定的。根据需要，部分数据在掉电时用后备电池维持其现有的状态，这部分在掉电时可保存数据的存储区域称为保持数据区。

(3) 输入/输出单元。输入/输出单元通常也称 I/O 单元或 I/O 模块，是 PLC 与工业生产现场之间的连接部件。PLC 通过输入接口可以检测被控对象的各种数据，以这些数据作为 PLC 对被控制对象进行控制的依据；同时 PLC 又通过输出接口将处理结果传送给被控制对象，以实现控制目的。

由于外部输入设备和输出设备所需的信号电平是多种多样的，而 PLC 内部 CPU 处理的信息只能是标准电平，因而 I/O 接口要实现这种转换。I/O 接口一般都具有光电隔离和滤波功能，以提高 PLC 的抗干扰能力。另外，I/O 接口上通常还有状态指示，工作状况直观，便于维护。

PLC 提供了多种操作电平和驱动能力的 I/O 接口，有各种各样功能的 I/O 接口供用户选用。I/O 接口的主要类型有数字量(开关量)输入、数字量(开关量)输出、模拟量输入、模拟量输出等。

常用的开关量输入接口按其使用的电源不同有直流输入接口、交流输入接口和交/直流输入接口三种类型。

常用的开关量输出接口按输出开关器件的不同有继电器输出、晶体管输出和双向晶闸管输出三种类型。继电器输出接口可驱动交流或直流负载，但其响应时间长，动作频率低；晶体管输出和双向晶闸管输出接口的响应速度快，动作频率高，但前者只能用于驱动直流负载，后者只能用于驱动交流负载。

PLC 的 I/O 接口所能接收的输入信号个数和输出信号个数称为 PLC 输入/输出(I/O)点数。I/O 点数是选择 PLC 的重要依据之一。当系统的 I/O 点数不够时，可通过 PLC 的 I/O 扩展接口对系统进行扩展。

(4) 通信接口。PLC 配有各种通信接口，这些通信接口一般都带有通信处理器。PLC 通过这些通信接口可与监视器、打印机、其他 PLC、计算机等设备实现通信。

(5) 智能接口模块。智能接口模块是一个独立的计算机系统，它有自己的 CPU、系统程序、存储器以及与 PLC 系统总线相连的接口。它作为 PLC 系统的一个模块，通过总线与 PLC 相连进行数据交换，并在 PLC 的协调管理下独立地进行工作。

PLC 的智能接口模块种类很多，如高速计数模块、闭环控制模块、运动控制模块、中断控制模块等。

(6) 编程装置。编程装置的作用是编辑、调试、输入用户程序，也可在线监控 PLC 内部状态和参数，与 PLC 进行人机对话。它是开发、应用、维护 PLC 不可缺少的工具。编程装置可以是专用编程器，也可以是配有专用编程软件包的通用计算机系统。

(7) 电源。PLC 的电源是指把外部供应的交流电源经过整流、滤波、稳压处理后转换成满足 PLC 内部的 CPU、存储器和 I/O 接口等电路工作所需要的直流电源的电路或电源模块。

(8) 外围设备接口及特殊模块。外围设备接口是可编程控制器主机实现人机对话、机机对话的通道。通过它，可编程控制器可以和编程器、彩色图形显示器、打印机等外围设备相连，也可以与其他可编程控制器或上位计算机连接。

PLC 还具有许多特殊功能模块。主要包括模拟量 I/O 单元、远程 I/O 单元、高速计数模块、中断输入模块和 PID 调节模块等。随着 PLC 的进一步发展，特殊功能单元的种类也越来越多。

2) 软件系统

PLC 除了硬件系统外，还需要有软件系统的支撑，两者缺一不可。PLC 的软件系统由系统程序(又称系统软件)和用户程序(又称应用软件)两大部分组成。

(1) 系统程序。系统程序由生产厂家设计，由管理程序(运行管理、生成用户元件、内部自检)、用户指令解释程序、编辑程序、功能子程序以及调用管理程序组成。它和 PLC 的硬件系统相结合，完成系统诊断、命令解释、功能子程序的调用管理、逻辑运算、通信及各种参数设定等功能，提供了 PLC 运行的平台。

(2) 用户程序。PLC 的用户程序是用户利用 PLC 厂家提供的编程语言，根据工业现场的控制目的来编制的程序。它存储在 PLC 的用户存储器中，用户可以根据系统的不同控制要求，对原有的应用程序进行改写或删除。用户程序包括开关量逻辑控制程序、模拟量运算程序、闭环控制程序和操作站系统应用程序等。

4. 三菱编程软件的安装

三菱 FX 系列 PLC 软件(FX-PCS/WIN-C)的运行对计算机要求不高，现今普通计算机都可以运行。安装步骤如下。

(1) 找到 FX-PCS/WIN-C 的安装源程序，双击"SETUP32.EXE"，屏幕将会弹出"设置"对话框，如图 1-3-2 所示。

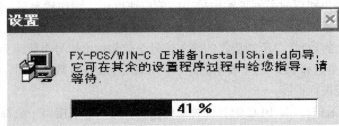

三菱 PLC 编程软件的安装　　　　　　　图 1-3-2　"设置"对话框

准备工作完成后，将进入 FX-PCS/WIN-C 的设置程序对话框，如图 1-3-3 所示。

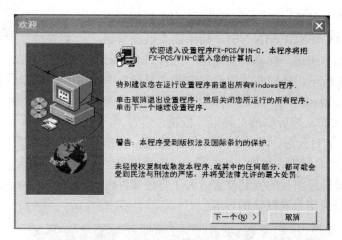

图 1-3-3　设置程序对话框

(2) 单击"下一个"按钮，弹出"用户信息"对话框，在该对话框中输入相关的用户信息，如图 1-3-4 所示。

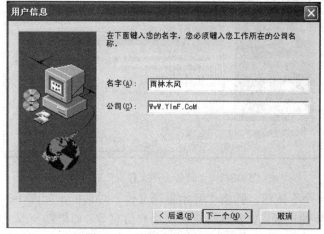

图 1-3-4　"用户信息"对话框

(3) 单击"下一个"按钮，弹出"选择目标位置"对话框，如图 1-3-5 所示。

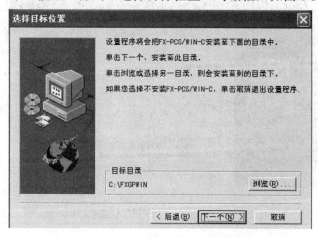

图 1-3-5　"选择目标位置"对话框

单击"下一个"按钮，FX-PCS/WIN-C 将安装到系统
设置的目标目录"C:\FXGPWIN"中。如果需要改变目标
目录，单击"浏览"按钮，屏幕将会弹出"选择目录"对
话框，如图 1-3-6 所示。分别在"驱动器"和"目录"中
选择安装目标驱动器和目录，此处选择的安装驱动器的路
径是"d:\FXGPWIN"，然后单击"确定"按钮。

(4) 选择好安装目录后，单击"下一个"按钮，弹出
"选择程序文件夹"对话框，如图 1-3-7 所示。选择"程序
文件夹"即是选择程序图标的安装位置。为了方便文件的
管理，这一步最好采用系统默认的设置。

图 1-3-6　"选择目录"对话框

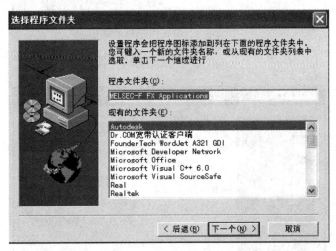

图 1-3-7　"选择程序文件夹"对话框

(5) 单击"下一个"按钮，弹出"开始复制文件"对话框，如图 1-3-8 所示。在该对话
框中，会显示前几步的设置，如安装目录以及用户信息等。如果需要改变的话，可单击"后
退"按钮重新设置，确认无误后再进行下一步操作。

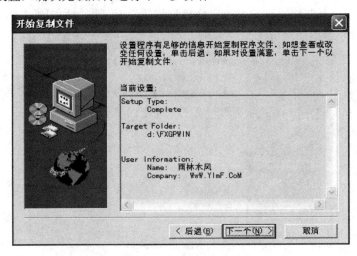

图 1-3-8　"开始复制文件"对话框

(6) 单击"下一个"按钮,将进入软件的安装过程。这个过程大概需要几秒时间。安装完成后会弹出一个"信息"提示框,如图 1-3-9 所示,单击"确定"按钮,完成整个软件的安装操作。同时,系统会自动弹出一个窗口,如图 1-3-10 所示,即前面所说的"程序文件夹"。其中,图标  是执行程序的图标,双击该图标即进入 SWOPC-FXGP/WIN-C 工作界面。

图 1-3-9 安装完成确认 "信息"提示框

图 1-3-10 程序文件夹窗口

5. 编程软件的使用

三菱 FX 系列 PLC 的编程软件 SWOPC-FXGP/WIN-C 能对包括 FX2N 等多种机型进行梯形图、指令表和 SFC 编程,并能自由地进行切换。该软件还可以对程序进行编辑、改错及核对,并可将计算机屏幕上的程序写入 PLC 中,或从 PLC 中读取程序。该软件还可对运行中的程序进行监控和在线修改等。

1) 进入编程软件界面

该软件的启动通常采用两种方式:一是双击桌面上的 FXGP/WIN-C 编程软件的快捷图标;二是单击"开始"→"程序"→"MELSEC-F FX Applications"→"FXGP/WIN-C",打开 FXGP/WIN-C 编程软件的编辑界面,如图 1-3-11 所示。

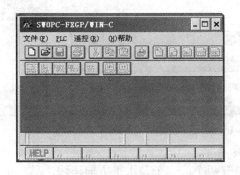

三菱 PLC 程序的输入   图 1-3-11 FXGP/WIN-C 编程软件的编辑界面

2) 新建一个用户程序

单击"文件"菜单中的"新文件"命令,如图 1-3-12 所示,创建一个新的用户程序,在弹出的"PLC 类型设置"对话框中选择 PLC 的型号,如图 1-3-13 所示。然后单击"确认"按钮,此时屏幕的显示如图 1-3-14 所示,进入程序编辑界面。

图 1-3-12　创建新的用户程序

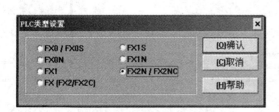

图 1-3-13　"PLC 类型设置"对话框

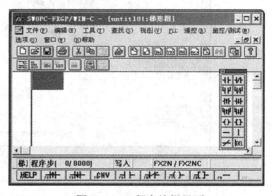

图 1-3-14　程序编辑界面

3) 输入元件

将光标(深蓝色矩形框)放置在预置元件的位置上,然后单击"工具"→"触点",或单击功能图栏中图标 ┥┝ (触点)或 ┫┣ (线圈),弹出"输入元件"对话框,在其中输入元件号,如"X1""X2"等,如图 1-3-15 所示。定时器 T 和计数器 C 的元件号和设定值用空格符隔开,也可以直接输入应用指令,指令助记符和各操作数之间用空格符隔开,如图 1-3-16 所示。

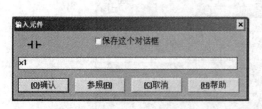

图 1-3-15　"输入元件"对话框

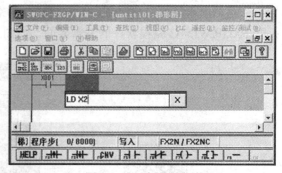

图 1-3-16　应用指令输入

4) 连线和删除

连线方向有两个:一个是水平方向连线,另一个是垂直方向连线。

(1) 水平方向连线的绘制和删除。绘制水平方向连线的方法:将光标放置在预放置水平方向连线处，然后单击"工具"→"连线"→"—"(或单击功能图栏中图标 **—**)。删除水平方向连线的方法：用光标选中准备删除的水平方向连线，然后单击鼠标右键，在下拉菜单中单击"剪切"(或直接按键盘上的"Delete"键)。

(2) 垂直方向连线的绘制和删除。绘制垂直方向连线的方法：将光标放置在预放置垂直方向连线的右上方，然后单击"工具"→"连线"→"｜"(或单击功能图栏中图标 **｜**)。删除垂直方向连线的方法：用光标选中准备删除的垂直方向连线的右上方，然后单击"工具"→"连线"→"删除"(或单击功能图栏中图标 **DEL**)。

5) 程序的转换

在编写程序的过程中，单击"工具"→"转换"(或单击工具栏中图标 **⊜**)，可以对已经编写完成的梯形图进行语法检查。如果没有错误，就将梯形图转换成指令格式并存放在计算机中，同时梯形图编程界面由灰色变成白色；如果出错，将会有 "梯形图错误"的提示信息。

6. 工程的下装

首先，将 PLC 主机的"RUN/STOP"开关拨到"STOP"位置，或单击"PLC"→"遥控运行/停止"→"停止"→"确认"。然后单击"PLC"→"传送"→"写出"，弹出"PC 程序写入"窗口，如图 1-3-17 所示。选择"范围设置"，写入的范围数值应比实际程序步数略大，从而减少写入时间。

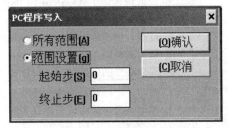

三菱 PLC 工程的下载　　　　　　　图 1-3-17　　"PC 程序写入"窗口

7. 工程的调试

在 SWOPC-FXGP/WIN-C 编程环境中，可以监控各软元件的状态，还可以通过强制执行改变软元件的状态，这些功能主要在"监控/测试"菜单中完成，其界面如图 1-3-18 所示。

三菱 PLC 工程的
调试

三菱 PLC 仿真
软件的安装

图 1-3-18　监控/测试菜单界面

将编辑好的程序下载到 PLC 后，将 PLC 主机的"RUN/STOP"开关拨到"RUN"位置，或者单击编辑编程界面上的"PLC"→"遥控运行/停止"→"运行"→"确认",PLC 即开始运行程序。如果单击"PLC"→"遥控运行/停止"→"停止"→"确认",PLC 将会被强制停止运行。

五、实操考核

实操考核办法及标准见表 1-3-6。

表 1-3-6   实操考核办法及标准

序号	主要内容	考 核 要 求	评分标准	分配	得分	备注
1	I/O 点	1. 设计点数与系统要求不符,每处扣 2 分; 2. 功能标注不清楚,每处扣 2 分; 3. 错标、漏标,每处扣 2 分		20		
2	程序设计	1. 梯形图未能实现某一功能,酌情扣 5~10 分; 2. 梯形图画法不合规定、程序清单有误,每处扣 2 分		20		
3	程序输入	1. 指令输入方法不正确,每提示一次扣 2 分; 2. 程序编辑方法不正确,每提示一次扣 2 分; 3. 输出方法不正确,每提示一次扣 2 分; 4. 严重违反操作规程,扣 10~20 分		10		
4	安装调试	1. 错、漏线,每处扣 2 分; 2. 反圈、压皮、漏铜、松动,每处扣 2 分; 3. 错、漏编码,每处扣 2 分; 4. 缺少必要的保护环节,每处扣 2 分		30		
5	安全文明生产	1. 每违反一处从总分中扣除 2 分; 2. 发生重大事故将取消考试资格		10		
6	考核时限	每超 2 分钟,从总分中扣除 2 分	合计	10		
备注		教师签名: 年 月 日				

六、注意事项

(1) PLC 实际接线时,确认 PLC 的电源类型与供电电源类型一致。

(2) 良好的接地是保证可编程控制器(PLC)可靠工作的重要条件,可避免偶然发生电压冲击造成的危害。

(3) PLC 内部辅助继电器线圈不能做输出控制用,它们只是 PLC 内部存储器中的一位,起中间暂存作用。

七、系统调试

1. 程序调试

用户程序一般先在实验室模拟调试,实际的输入信号可以用旋钮开关和按钮来模拟,各输出量的通/断状态用 PLC 上有关的发光二极管来显示,一般不用接 PLC 的实际负载(如接触器、电磁阀等)。实际的反馈信号(如限位开关的接通)可以根据顺序控制功能图,在适当的时候用开关和按钮来模拟。

对于顺序控制程序，调试程序的主要任务是检查程序的运行是否符合顺序控制功能图的规定，即在某一条件转换时，是否发生步的活动状态的正确变化，该转换所有的前级步是否变为不活动的，所有的后续步是否变为活动的，以及各步驱动的负载是否接通。

2. 现场调试

完成以上工作后，将 PLC 安装到控制现场，进行联机总调试，并及时解决调试时发现的软件和硬件方面的问题。

系统交付使用后，应根据调试的最终结果，整理出完整的技术文件，如硬件接线图、功能图、带注释的梯形图，以及必要的文字说明等。

八、思考题

(1) 三菱 FX2N 系列 PLC 有几种基本编程元件？输入继电器和输出继电器各有什么特点？

(2) 三菱 FX2N 系列 PLC 有哪几种寻址方式？各有什么特点？

(3) 简述 FX-PCS/WIN-C 编程软件的功能与基本操作。

(4) 用 FX-PCS/WIN-C 编程软件输入、下载、运行并监控以下程序，如图 1-3-19 所示。

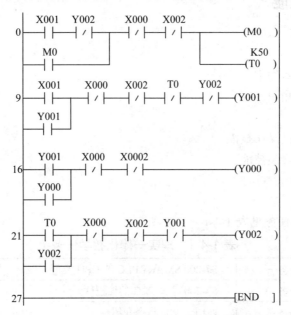

图 1-3-19　FX-PCS/WIN-C 编程软件练习梯形图

项目四　西门子 S7-200 SMART PLC 简介

S7-200 SMART CPU 是继 S7-200 CPU 系列产品之后西门子推出的小型 CPU 家族的新成员，CPU 本体集成了一定数量的数字量 I/O 点、一个 RJ45 以太网接口和一个 RS-485 接口。S7-200 SMART 系列 CPU 不仅提供了多种型号的 CPU 和扩展模块，能够满足各种配置要求，CPU 内部还集成了高速计数、PID 和运动控制等功能，能满足各种控制要求。

一、学习目标

1. 知识目标
(1) 掌握西门子 PID 指令的使用方法。
(2) 掌握西门子 S7-200 SMART PLC 的系统组成。
(3) 掌握西门子编程元件的使用方法。
(4) 掌握西门子存储器的相关知识。
(5) 掌握西门子 PLC 与计算机的连接方法。

2. 能力目标
(1) 初步具备用 PLC 搭建 PID 控制系统的能力。
(2) 初步具备 STEP7 软件的安装能力。
(3) 初步具备编程软件的使用能力。
(4) 初步具备 PLC 程序的下载能力。
(5) 初步具备 PLC 工程的调试能力。

二、必备知识与技能

1. 必备知识
(1) PLC 基本指令。
(2) 控制系统基本知识。
(3) 存储器基本知识。

2. 必备技能
(1) 熟练的计算机操作技能。
(2) 熟练的软件安装技能。

三、教学任务

理实一体化教学任务见表 1-4-1。

表 1-4-1 理实一体化教学任务

任务一	S7-200 SMART PLC 的 CPU 类型
任务二	S7-200 系列 PLC 的编程软元件
任务三	西门子 PID 指令介绍
任务四	西门子 S7-200 SMART PLC 系统的组成
任务五	西门子 S7-200 SMART PLC 存储器介绍
任务六	通信电缆
任务七	STEP7 软件的安装
任务八	编程软件的使用方法
任务九	PLC 程序的下载
任务十	工程调试

四、理实一体化学习内容

1. S7-200 SMART PLC 的 CPU 类型

S7-200 SMART CPU 按照是否具有扩展功能分成两种，一种是紧凑型 CPU，不能扩展任何模块；另外一种是标准型 CPU，可以根据需要扩展模块。S7-200 SMART CPU 按照数字量输出类型又分成晶体管输出和继电器输出两种类型。S7-200 SMART CPU 的型号和尺寸信息如表 1-4-2 所示。

表 1-4-2　S7-200 SMART CPU 的型号和尺寸信息

CPU 类型		供电/I/O	数字量输入点类型和数量	数字量输出点类型和数量	外形尺寸 W × H × D/ (mm × mm × mm)
20 I/O	CPU SR20	AC/DC/RLY	12DI	8DO	90 × 100 × 81
	CPU ST20	DC/DC/DC			
30 I/O	CPU SR30	AC/DC/RLY	18DI	12DO	110 × 100 × 81
	CPU ST30	DC/DC/DC			
40 I/O	CPU SR40	AC/DC/RLY	24DI	16DO	126 × 100 × 81
	CPU ST40	DC/DC/DC			
	CPU CR40	AC/DC/RLY			
60 I/O	CPU SR60	AC/DC/RLY	36DI	24DO	175 × 100 × 81
	CPU ST60	DC/DC/DC			
	CPU CR60	AC/DC/RLY			

注：(1) AC/DC/RLY：表示 CPU 是交流供电，直流数字量输入，继电器数字量输出。

　　(2) DC/DC/DC：表示 CPU 是直流 24 V 供电，直流数字量输入，晶体管数字量输出。

2. S7-200 系列 PLC 的编程软元件

PLC 的编程软元件即为存储器单元，每个单元都有唯一的地址。为方便不同的编程功能需要，将存储器单元作了分区，因而有不同类型的编程软元件。

1) 输入继电器(I)

输入继电器是专设的输入过程映像寄存器，用来接收外部传感器或开关元件发来的信号。图 1-4-1 所示为输入继电器的等效电路图，当外部按钮驱动时，其线圈接通，常开、常闭触点的状态发生相应变化。输入继电器不能由程序驱动，且其触点不能直接输出带负载。

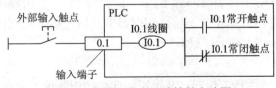

图 1-4-1　输入继电器的等效电路图

2) 输出继电器(Q)

输出继电器是专设的输出过程映像寄存器。输出继电器的外部输出触点接到输出端子上，用以控制外部负载。输出继电器的外部输出执行器件有继电器、晶体管和晶闸管 3 种。

图 1-4-2 表示输出继电器的等效电路图，当输出继电器接通时，它所连接的外部电路也被接通，同时输出继电器的常开、常闭触点动作，可在程序中使用。

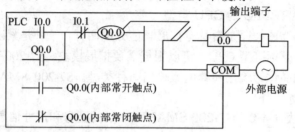

图 1-4-2 输出继电器的等效电路图

3) 内部标志位(M)

内部标志位又称为存储区，存储中间操作信息，它们不直接驱动外部负载，只起中间状态的暂存作用，类似于中间继电器，在 S7-200 SMART 系列 PLC 中称之为内部标志位，一般以"位"为单位使用。

4) 特殊标志位(SM)

特殊标志位为用户提供一些特殊的控制功能及系统信息，用户对操作的一些特殊要求也通过 SM 通知系统。特殊标志位分为只读区和可读可写区两部分。

(1) 只读区特殊标志位，用户只能利用其触点，如：

SM0.0：RUN 监控，PLC 在 RUN 状态时，SM0.0 总为 1。

SM0.1：初始化脉冲，PLC 由 STOP 转为 RUN 时，SM0.1 接通一个扫描周期。

SM0.2：当 RAM 中保存的数据丢失时，SM0.2 接通一个扫描周期。

SM0.3：PLC 上电在 RUN 状态时，SM0.3 接通一个扫描周期。

SM0.4：分脉冲，占空比为 50%，周期为 1 min 的脉冲串。

SM0.5：秒脉冲，占空比为 50%，周期为 1 s 的脉冲串。

SM0.6：扫描脉冲，一个扫描周期为 ON，下一个扫描周期为 OFF，交替循环。

SM0.7：指示 CPU 上 MODE 开关的位置，0=TERM，1=RUN，通常用来在 RUN 状态下启动自由口通信方式。

(2) 可读可写特殊标志位，用于特殊控制功能，如用于自由口设置的 SMB30，用于定时中断时间设置的 SMB34/SMB35，用于高速计数器设置的 SMB36～SMB65，用于脉冲串输出控制的 SMB66～SMB85 等。

5) 定时器(T)

PLC 中的定时器作用相当于时间继电器，定时器的设定值由程序赋值。每个定时器有一个 16 位的当前值寄存器及一个状态位。定时器的计时过程采用时间脉冲计数的方式，其分辨率分为 1 ms、10 ms、100 ms 三种。

6) 计数器(C)

计数器的结构与定时器基本相同，其设定值在程序中赋值。它有一个 16 位的当前值寄存器及一个用来计算从输入端子或内部元件送来的脉冲数的状态位计数器，有加计数器、减计数器及加减计数器三种类型。计数器的计数频率受扫描周期的限制，当需要对高频信号计数时，可以用高速计数器(HC)。

7) 高速计数器(HC)

高速计数器用于对频率高于扫描周期的外接信号进行计数，高速计数器使用主机上的专用端子接收这些高速信号，其数据为 32 位有符号的高速计数器的当前值。

8) 变量寄存器(V)

变量寄存器具有较大的容量，用于存储程序执行过程中控制逻辑的中间结果，或用来保存与工序或任务相关的其他数据。

9) 累加器(AC)

S7-200 系列 PLC 提供 4 个 32 位累加器(AC0～AC3)，累加器常用作数据处理的执行器件。

10) 局部存储器(L)

局部存储器与变量寄存器相似，只不过变量寄存器是全局有效的，而局部存储器是局部有效的。局部存储器常用作临时数据的存储器，或者为子程序传递函数。

11) 状态元件(S)

状态元件是使用顺控继电器指令的重要元件，通常与顺序控制指令 LSCR、SCRT、SCRE 结合使用，实现顺控流程的方法，即 SFC(Sequential Function Chart)编程。

12) 模拟量输入/输出(AIW/AQW)

模拟量经 A/D、D/A 转换，在 PLC 外为模拟量，在 PLC 内为数字量。模拟量输入/输出元件 AIW/AQW 为模拟量输入/输出的专用存储单元。

3. PID 指令介绍

PID 指令根据表格(TBL)中的输入和配置信息，引用 LOOP 指令，执行 PID 回路计算。PID 指令有两个操作数：一个是回路表起始地址，另一个是"回路"号码。程序中可使用 8 条 PID 指令。程序中多条 PID 指令不能使用相同的回路号码。回路表存储控制和监控回路运算的一些参数，包括程序变量、设置点、输出、增益、样本时间、整数时间(重设)、导出时间(速率)以及整数和(偏差)的当前值及先前值。

S7-200 系列 PLC 的 PID 指令引用一个包含回路参数的回路表，此表起初的长度为 36 个字节。在增加了 PID 自动调节后，回路表现已扩展到 80 个字节。回路表主要字节如表 1-4-2 所示。

表 1-4-2　回　路　表

偏移量	域	格式	类型	说明
0	进程变量	双字实数	入	包含进程变量，必须在 0.0～1.0 范围内
4	设定值	双字实数	入	包含设定值，必须在 0.0～1.0 范围内
8	输出	双字实数	入/出	包含计算输出，在 0.0～1.0 范围内
12	增益	双字实数	入	包含增益，此为比例常数，可为正数或负数
16	采样时间	双字实数	入	包含采样时间，以秒为单位，必须为正数
20	积分时间	双字实数	入	包含积分时间或复原，以分钟为单位，必须为正数
24	微分时间	双字实数	入	包含微分时间或速率，以分钟为单位，必须为正数
28	偏差	双字实数	入/出	包含 0.0 和 1.0 之间的偏差或积分和数值
32	以前的进程变量	双字实数	入/出	包含最后一次执行 PID 指令存储的进程变量以前的数值

PID 指令从起始地址开始获取需要的数据，再进行 PID 计算，然后将计算完成的数据存入相应的地址中。由于 PID 指令接收的 PV 数据范围是 $0\sim1$，输出的 MV 值范围是 $0\sim1$，因而在进行计算之前需要将检测元件检测到的数据转换为 $0\sim1$ 之间的实数，相应地将输出 MV 的值转换为 $0\sim32\,000$ 之间的数字量再送到输出通道，在输出点即可得到 $4\sim20$ mA 的电流信号。

4. 西门子 S7-200 SMART PLC 系统的组成

S7-200 SMART PLC 控制器硬件系统由四个部分组成：CPU 模块、扩展模块、通信电缆和计算机。系统连接如图 1-4-3 所示。

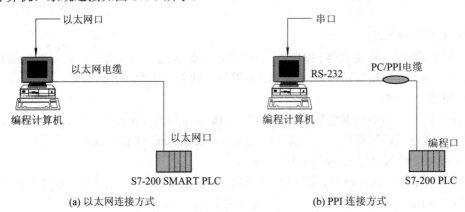

(a) 以太网连接方式　　　　　　　　　　(b) PPI 连接方式

图 1-4-3　西门子 S7-200 SMART PLC 系统连接图

5. 西门子 S7-200 SMART PLC 存储器介绍

S7-200 SMART PLC 将数据存储在不同的存储单元，每个单元都有唯一的地址，明确地指出存储区的地址，就可以存取这个数据。

存取存储区域的某一位必须指定地址，包括存储器标识符、字节地址和位号，如 I3.4 表示寻址输入过程映像寄存器的字节 3 的第 4 位。

若要存取 CPU 中的一个字节、字或双字的数据，则需要给出存储器标识符、数据大小和起始字节地址，如 VB100 表示寻址变量存储器的字节 100，VD100 表示寻址变量存储器的起始地址为 100 的双字。

1) 可以按位、字节、字和双字来存取的存储器

(1) 输入过程映像寄存器 I。

(2) 输出过程映像寄存器 Q。

(3) 变量存储区 V。

(4) 位存储区 M。

(5) 特殊存储器 SM。

(6) 局部存储器 L。

(7) 顺控继电器存储器 S。

2) 其他特殊的存储方式

(1) 模拟量输入 AI(AIW0～AIW30)、模拟量输出 AO(AOW0～AOW30)：必须按字存取，而且首地址必须用偶数字节地址。

(2) 定时器存储区 T、计数器存储区 C：用位或字的指令读取。用位指令时，读定时器

位；用字指令时，读计时器当前值。

(3) 累加器 AC(AC0～AC3)：可以按字节、字、双字存取。

(4) 高速计数器 HC(4 个 30 kHz HC0 HC1 HC2 HC3)：只读，双字寻址。

(5) S7-200 PLC 的浮点数由 32 位单精度表示，精确到小数点后六位。

6. 通信电缆

(1) 将 PC/PPI 电缆连接 RS-232(PC)的一端连接到计算机上，另外一端连接到 PLC 的编程口上，它将提供 PLC 与计算机之间的通信。线长 5 m，带内置 RS-232C/RS-485 连接器，用于 CPU 22X 与 PC 或其他设备之间的连接，例如打印机、条码阅读器等。

(2) 将以太网电缆通过 PC 的网口连接到计算机上，另外一端连接到 PLC 的网络接口上，它将提供 PLC 与计算机之间的通信。通过交换机可与其他设备相连。

7. STEP7 软件的安装

(1) 打开安装包，运行 SETUP.EXE 文件，进入安装界面，在弹出的窗口中选择"中文(简体)"，如图 1-4-4 所示。

西门子 S7-200 编程
软件的安装

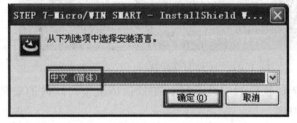

图 1-4-4　STEP7 软件安装界面选择安装语言窗口

(2) 单击"确定"按钮，进入安装界面。在弹出的窗口中单击"下一步"按钮，弹出如图 1-4-5 所示界面。

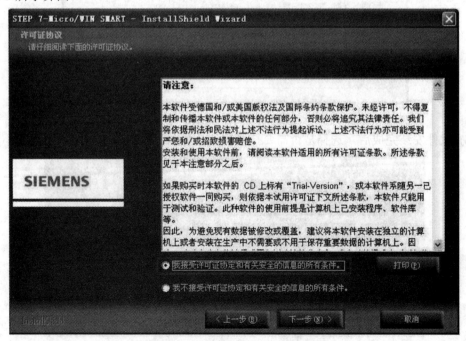

图 1-4-5　STEP7 软件安装协议界面

(3) 点选"我接受许可证协定和有关安全的信息的所有条件。",单击"下一步"按钮,进入安装界面,弹出如图 1-4-6 所示界面。

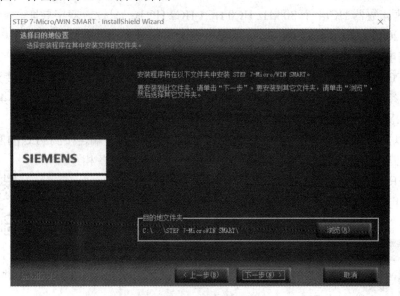

图 1-4-6　选择安装路径

(4) 单击"浏览"按钮,选择软件的安装路径。在默认情况下,软件的安装路径为 C 盘,该路径在安装时可以进行修改。

(5) 路径选择完成后单击"下一步",弹出安装进度条,进入安装进度,如图 1-4-7 所示。

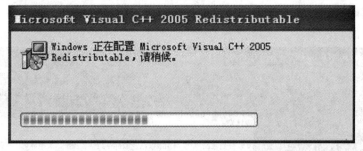

图 1-4-7　安装进度条

(6) 软件安装完成后,选择是否需要打开软件,如图 1-4-8 所示。

图 1-4-8　安装完成界面

8. 编程软件的使用

(1) 打开 STEP 7-Micro/WIN SMART 西门子 PLC 编程软件，单击"文件"→"新建"命令，弹出如图 1-4-9 所示的界面。

西门子 S7-200 SMART
编程软件的使用

图 1-4-9　新建文件界面

(2) 选择相应的元件(如图 1-4-10 所示)，如选择"常开触点"。

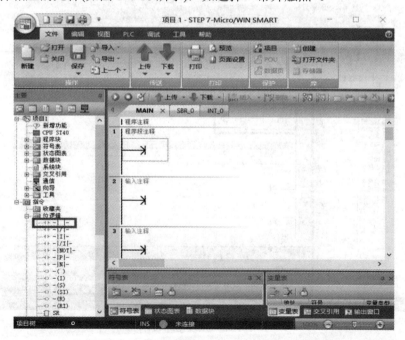

图 1-4-10　插入元件

(3) 双击"常开触点"图符，弹出如图 1-4-11 所示的界面，在网络 1 中添加常开触点。

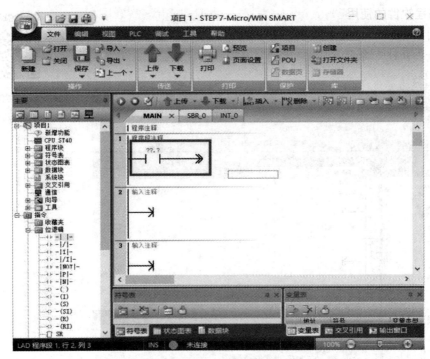

图 1-4-11　梯形图程序编辑界面

(5) 单击图 1-4-11 方框中的 "??.?"，可修改元件的名称，如图 1-4-12 所示。

图 1-4-12　修改元件名称

(7) 根据以上步骤，输入所有的元件。

(8) 单击 "PLC" → "编译" 命令，如图 1-4-13 所示。

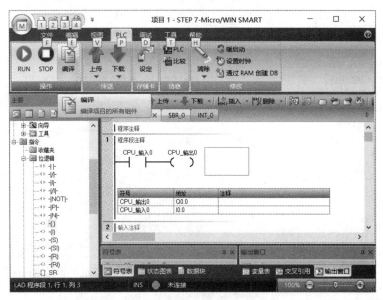

图 1-4-13　程序编译界面

(9) 编译后的结果如图 1-4-14 所示。如有错误，需要反复修改，直到全部正确为止。

图 1-4-14　程序编译结果界面

9. 程序的下载

(1) 单击"文件"→"下载"命令，出现如图 1-4-15 所示的界面。

(2) 如果此时 PLC 在运行状态，则会提示"是否转换到 STOP 状态"，可选择"是"。

(3) 下载完成后，就可以将系统切换回 RUN 模式，PLC 即自

西门子 S7-200 SMART PLC
工程的下载

动开始运行程序。

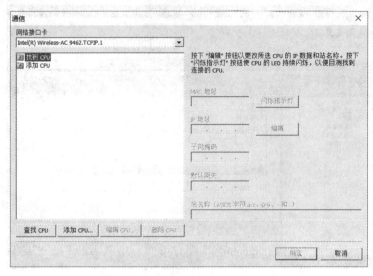

图 1-4-15　STEP7 文件下载界面

10. 工程调试

1) 调试模式

(1) 选择菜单"调试/开始程序状态图表监控",显示如图 1-4-16 所示界面。程序变为蓝色表示能流通过,各个参数都在程序中实时显示。

西门子 S7-200 SMART PLC 工程的调试

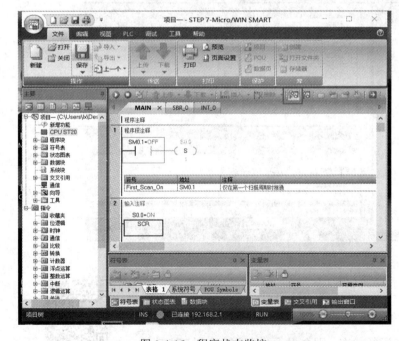

图 1-4-16　程序状态监控

(2) 在操作栏中选择"状态图表",然后选择菜单"调试/开始程序状态图表监控",显示如图 1-4-17 所示界面。

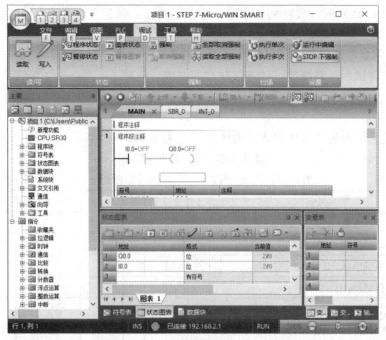

图 1-4-17　状态图表调试状态界面

2) 西门子 S7-200 SMART PLC 工程的调试与强制

(1) 在联机模式下，可以强制变量。

(2) 在"状态图表"窗口选中变量最右边的"新值"栏，输入一个新值，再选择菜单"调试"→"强制"，被强制的值前即会出现一个锁，如图 1-4-18 所示。

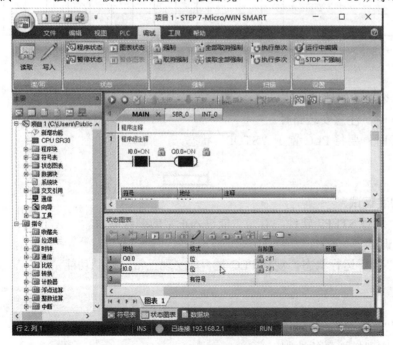

西门子 S7-200 SMART
PLC 工程的调试与强制

图 1-4-18　强制变量界面

(3) 当 PLC 运行时，要特别小心地进行强制变量。强制变量意味着用强制的变量值来执行 PLC 程序。

(4) 如果需要取消强制，可以选择菜单"调试"→"取消强制"。

完成独立调试后，系统就可以进行联合调试或者运行了。

五、实操考核

项目考核采用步进式考核方式，考核内容见表 1-4-3。

表 1-4-3　项 目 考 核 表

班级：　　　　　人数：　　　　　组数：　　　　　时间：　　　　　指导教师：

学　　号		1	2	3	4	5	6	7	8	9	10	11	12	13
姓　　名														
考核内容进程分值	西门子 PID 指令(20 分)													
	PLC 系统组成(10 分)													
	PLC 存储器(10 分)													
	通信电缆(5 分)													
	STEP7 软件的安装(15 分)													
	编程软件的使用方法(20 分)													
	PLC 程序的下载(10 分)													
	工程调试(10 分)													
扣分	安全文明													
	纪律卫生													
总　　评														

六、注意事项

(1) 注意 PID 指令各个参数的地址。

(2) 安装 STEP7 软件时，注意安装路径。

(3) 给 PLC 下载程序时，要将 PLC 置于"STOP"状态。

七、系统调试

1. STEP7 软件的安装调试

STEP7 软件安装后，运行 STEP7 软件，看是否能进入正常的编程界面。

2. PLC 程序的下载调试

程序下载后，将 PLC 置于运行状态，观察 PLC 是否能实现正常的控制功能。

八、思考题

(1) 什么是 PID 控制？

(2) 如何用 PID 指令实现模拟量的控制？

(3) 现场变送器的信号如何传送到 PID 模块？

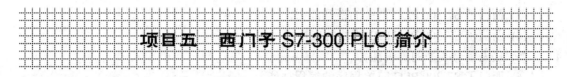

项目五　西门子 S7-300 PLC 简介

本项目主要讲述西门子 S7-300 PLC 的结构特点、工作原理、PID 模块的原理、软件编程语言等内容，使学生熟悉西门子 S7-300 PLC 的系统组成、结构原理及常用编程软件的安装及使用。

一、学习目标

1. 知识目标

(1) 掌握西门子 S7-300 PLC 的工作原理。

(2) 掌握模拟量输入模块/输出模块的特性。

(3) 掌握 PID 模块的原理及相关知识。

(4) 掌握西门子 S7-300 PLC 的编程语言及技巧。

(5) 掌握西门子 S7-300 PLC 系统的硬件接线。

(6) 掌握西门子 S7-300 PLC 系统的设备连接方法。

(7) 掌握西门子 S7-300 PLC 编程软件的安装方法。

(8) 掌握西门子 S7-300 PLC 编程软件使用的技能。

2. 能力目标

(1) 初步具备西门子 S7-300 PLC 系统的设计能力。

(2) 增强独立分析、综合开发研究、解决具体问题的能力。

(3) 初步具备西门子 S7-300 PLC 系统的应用能力。

(4) 初步具备对西门子 S7-300 PLC 系统中 PID 模块的应用能力。

(5) 初步具备西门子 S7-300 PLC 系统的调试能力。

二、必备知识与技能

1. 必备知识

(1) 计算机控制基本知识。

(2) 计算机直接数字控制系统基本知识。

(3) 西门子 S7-300 PLC 系统基本知识。

(4) 西门子 S7-300 PLC 指令系统基本知识。

(5) I/O 信号处理基本知识。

(6) 检测仪表及调节仪表的基本知识。

(7) PID 控制原理。

(8) 使用 PLC 梯形图和语句表编程的基本技巧。

2. 必备技能

(1) 熟练的计算机操作技能。

(2) 简单过程控制系统的分析能力。

(3) 西门子 S7-300 PLC 系统的搭建能力。

(4) 西门子 S7-300 PLC PID 模块的应用能力。

(5) 仪表信号类型的辨识能力。

(6) 西门子 S7-300 PLC 简单程序的编程技能。

三、教学任务

理实一体化教学任务见表 1-5-1。

表 1-5-1　理实一体化教学任务

任务一	西门子 S7-300 PLC 系统基本知识
任务二	西门子 S7-300 PLC 存储区
任务三	西门子 S7-300 PLC 模块性能简介
任务四	西门子 S7-300 PLC 基本指令简介
任务五	PID 模块及背景数据库
任务六	数字 PID 控制
任务七	西门子 S7-300 PLC 编程软件的安装
任务八	西门子 S7-300 PLC 编程软件的使用

四、理实一体化学习内容

1. 西门子 S7-300 PLC 系统基本知识

1) SIMATIC S7-300 PLC 的组成

SIMATIC S7-300 系列 PLC 采用模块化结构设计，可进行模块组合和扩展。其系统构成如图 1-5-1 所示。它的主要组成部分有导轨(RACK)、电源模块(PS)、中央处理单元模块(CPU)、接口模块(IM)、信号模块(SM)、功能模块(FM)、工程师、操作员站和操作屏等。它通过 MPI 网的接口直接与编程器 PG、操作员面板 OP 和其他 S7 PLC 相连。

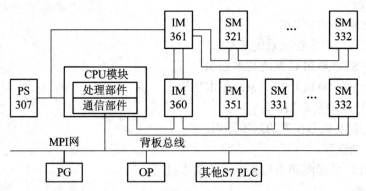

图 1-5-1　S7-300 系列 PLC 系统构成框图

2) S7-300 PLC 的扩展能力

S7-300 PLC 采用模块化的组合结构，根据应用对象的不同，可选用不同型号和不同数量的模块，并将这些模块安装在同一机架(导轨)或多个机架上。与 CPU312 IFM 和 CPU313 配套的模块只能安装在一个机架上。除了电源模块、CPU 模块和接口模块外，一个机架上最多只能再安装 8 个信号模块或功能模块。

S7-300 PLC 的 CPU 模块(简称为 CPU)都有一个编程用的 RS-485 接口，有的有 PROFIBUS-DP 接口或 MPI 串行通信接口，可以建立一个 MPI(多点接口)网络或 DP 网络。

CPU314/315/315-2DP 最多可扩展 4 个机架，IM360/IM361 接口模块将 S7-300 PLC 背板总线从一个机架连接到下一个机架，如图 1-5-2 所示。

图 1-5-2　S7-300 PLC 机架和槽位图

3) S7-300 PLC 模块地址的确定

根据 S7-300 PLC 机架上模块的类型，地址可以为输入(I)或输出(O)。数字 I/O 模块每个槽划分为 4B(等于 32 个 I/O 点)。模拟 I/O 模块每个槽划分为 16 B(等于 8 个模拟量通道)，每个模拟量输入通道或输出通道的地址总是一个字地址。表 1-5-2 为 S7-300 PLC 信号模块的起始地址。

表 1-5-2　S7-300 PLC 信号模块的起始地址

机架	模块起始地址	槽 位 号										
		1	2	3	4	5	6	7	8	9	10	11
0	数字量	PS	CPU	IM	0	4	8	12	16	20	24	28
	模拟量				256	272	288	304	320	336	352	368
1	数字量	—		IM	32	36	40	44	48	52	56	60
	模拟量				384	400	416	432	448	464	480	496
2	数字量	—		IM	64	68	72	76	80	84	88	92
	模拟量				512	528	544	560	576	592	608	624
3	数字量	—		IM	96	100	104	108	112	116	120	124
	模拟量				640	656	672	688	704	720	736	752

0 机架的第一个信号模块槽(4 号槽)的地址为 0.0～3.7，一个 16 点的输入模块只占用地址 0.0～1.7，地址 2.0～3.7 未用。数字量模块中的输入点和输出点的地址由字节部分和位部分组成。例如：

2. 西门子 S7-300 PLC 存储区

西门子 S7-300 PLC 存储区示意图如图 1-5-3 所示。

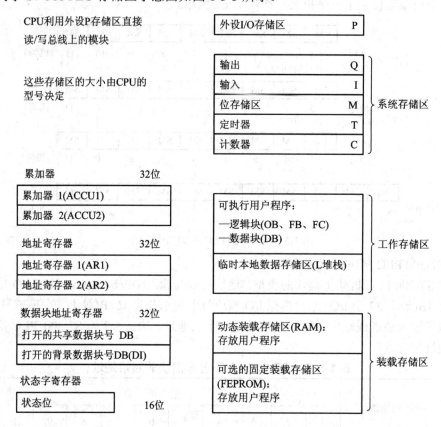

图 1-5-3　西门子 S7-300 PLC 存储区示意图

(1) 系统存储区：RAM 类型，用于存放操作数据(I/O、位存储、定时器、计数器等)。

(2) 装载存储区：物理上是 CPU 模块中的部分 RAM，加上内置的 EEPROM 或选用的可拆卸 FEPROM 卡，用于存放用户程序。

(3) 工作存储区：物理上占用 CPU 模块中的部分 RAM，其存储内容是 CPU 运行时所执行的用户程序单元(逻辑块和数据块)的复制件。

CPU 程序所能访问的存储区为系统存储区的全部、工作存储区中的数据块 DB、临时数据存储区、外设 I/O 存储区(P)等，其功能见表 1-5-3。

表 1-5-3 程序可访问的存储区及其功能

名 称	存 储 区	存 储 区 功 能
输入(I)	过程输入映像表	扫描周期开始，操作系统读取过程输入值并录入表中，在处理过程中，程序使用这些值。每个 CPU 周期，输入存储区在输入映像表中存放输入状态值。过程输入映像表是外设输入存储区首 128 B 的映像
输出(O)	过程输出映像表	在扫描周期中，程序计算输出值并存储在该表中；在扫描周期结束后，操作系统从表中读取输出值，并传送到过程输出口。过程输出映像表是外设输出存储区首 128 B 的映像
位存储区(M)	存储位	存放程序运算的中间结果
外设输入(PI) 外设输出(PO)	I/O：外设输入 I/O：外设输出	外设存储区允许直接访问现场设备(物理的或外部的输入和输出)，外设存储区可以以字节、字和双字格式访问，但不可以以位方式访问
定时器(T)	定时器	为定时器提供存储区，计时时钟访问该存储区中的计时单元，并以减法更新计时值。定时器指令可以访问该存储区和计时单元
计数器(C)	计数器	为计数器提供存储区，计数指令访问该存储区
临时本地数据(L)	本地数据堆栈 (L 堆栈)	在 FB、FC 或 OB 运行时设定，将在块变量声明表中声明的暂时变量储存在该存储区中，提供空间以传送某些类型参数和存放梯形图中间结果。块结束执行时，临时本地存储区再行分配，不同的 CPU 提供不同数量的临时本地存储区
数据块(DB)	数据块	存放程序数据信息，可被所有逻辑块公用("共享"数据块)或被 FB 特定占用"背景"数据块

3. 西门子 S7-300 PLC 模块性能简介

1) CPU 模块概述

西门子 S7-300 PLC 有 CPU312 IFM、CPU313、CPU314、CPU314 IFM、CPU315、CPU315-2DP、CPU316-2DP、CPU317-2DP、CPU318-2DP、CPU319-3DP 等 10 种不同的中央处理单元可供选择。CPU315-2DP、CPU316-2DP、CPU318-2DP 都具有现场总线扩展功能。CPU 采用梯形图(LAD)、功能块(FBD)或语句表(STL)来进行编程。

表 1-5-4 和表 1-5-5 中列出了目前工业中应用较多的几种部分中央处理单元 CPU 的主要特性，包括存储器容量、指令执行时间、最大 I/O 点数、各类编程元件(位存储器、计数器、定时器、可调用块)数量等。

表 1-5-4　中央处理单元 CPU 的主要特性(一)

特　性	CPU312 IFM	CPU313	CPU314	CPU315/ CPU315-2DP
装载 存储器	● 内置 20 KB RAM ● 内置 20 KB EEPROM	● 内置 20 KB RAM ● 最大可扩展 256 B 存储器卡	● 内置 40 KB RAM ● 最大可扩展 512 B 存储器卡	● 内置 80 KB RAM ● 最大可扩展 512 B 存储器卡
随机 存储器	6 KB	12 KB	24 KB	48 KB
执行时间 位操作	0.6 μs	0.6 μs	0.3 μs	0.3 μs
执行时间 字操作	2 μs	2 μs	1 μs	1 μs
执行时间 定点加	3 μs	3 μs	2 μs	2 μs
执行时间 浮点加	60 μs	60 μs	50 μs	50 μs
最大数字 I/O 点数	144	128	512	1024
最大模拟 I/O 通道	32	32	64	128
最大配置	1 个机架	1 个机架	4 个机架	4 个机架

表 1-5-5　中央处理单元 CPU 的主要特性(二)

时　钟	软件时钟	软件时钟	硬件时钟	硬件时钟
定时器(个)	64	128	128	128
计数器(个)	32	64	64	64
位存储器(个)	1024	2048	2048	2048
可调用块 组织块 OB(个)	3	13	13	13/14
可调用块 功能块 FB(个)	32	128	128	128
可调用块 功能调用 FC(个)	32	128	128	128
可调用块 数据块 DB(个)	63	127	127	127
可调用块 系统数据块 SDB(个)	6	6	9	6
可调用块 系统功能块 SFC(个)	25	34	34	37/40
可调用块 系统功能块 SFB(个)	2	—	—	—

　　CPU315/CPU315-2DP：CPU315 是具有中到大容量程序存储器和大规模 I/O 配置的 CPU。CPU315-2DP 是具有中到大容量程序存储器和 PROFIBUS-DP 主/从接口的 CPU，它用于包括分布式及集中式 I/O 的任务中。CPU315/CPU315-2DP 具有 48 KB/64 KB，内置 80/96 KB 的装载存储器(RAM)，可用存储卡扩充装载存储器，最大容量为 512 KB，指令执行速度为 300 ns/二进制指令，最大可扩展 1024/2048 点数字量或 128/256 个模拟量通道。

  S7-300 PLC 中 CPU 312 和 CPU 313 相对比较低端，内部系统时钟为软件时钟，主要依靠 CPU 内部周期性的定时器中断(Time Interrupt)来构建时钟系统。如果系统运行了太多的程序，它就需要较长的时间来执行定时器中断程序，这时软件时钟可能会漏掉一些中断，而且软件时钟不配后备电池不能长久保持，因此软件时钟不总是精确的。

  其余 CPU 系列均有硬件时钟，并且配有一个后备电池来驱动硬件时钟工作，因此硬件时钟可以掉电保持，独立运行，时间通常比较精确。

  CPU315-2DP 是带现场总线(PROFIBUS)SINEC L2-DP 接口的 CPU 模块，其他特性与 CPU315 模块相同。

  CPU 模块的方式选择和状态指示：S7-300 系列 PLC 的 CPU312 IFM/313/314/314 IFM/315/315-2DP/316-2DP/318-2DP 模块的方式选择开关都相同，有以下四种工作方式，都是通过可卸的专用钥匙来控制选择。图 1-5-4 为 CPU 模块面板布置示意图。

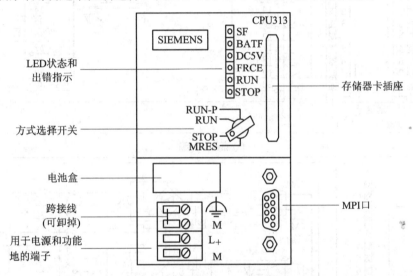

图 1-5-4　CPU 模块面板布置示意图

  (1) RUN-P：可编程运行方式。CPU 扫描用户程序，既可以用编程装置从 CPU 中读出，也可以由编程装置装入 CPU 中，用编程装置可监控程序的运行。在此位置钥匙不能拔出。

  (2) RUN：运行方式。CPU 扫描用户程序，可以用编程装置读出并监控 PLC CPU 中的程序，但不能改变装载存储器中的程序。在此位置可以拔出钥匙，以防止程序在正常运行时被改变操作方式。

  (3) STOP：停止方式。CPU 不扫描用户程序，可以通过编程装置从 CPU 中读出，也可以下载程序到 CPU。在此位置可以拔出钥匙。

  (4) MRES：该位置瞬间接通，用以清除 CPU 的存储器。

  2) 数字量信号模块

  (1) 数字量输入模块 SM321。数字量输入模块将现场过程送来的数字信号电平转换成 S7-300 PLC 内部信号电平。数字量输入模块有直流输入方式和交流输入方式。输入信号进入模块后，一般都经过光电隔离和滤波，然后才送至输入缓冲器等待 CPU 采样。采样时，信号经过背板总线进入到输入映像区。

  数字量输入模块 SM321 有四种型号模块可供选择，即直流 16 点输入、直流 32 点输入、交流 16 点输入、交流 8 点输入模块。图 1-5-5(a)、(b)所示为直流 32 点输入和交流 16 点输入对应的端子连接及电气原理图。

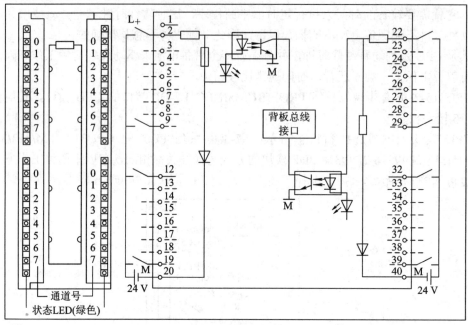

(a) 直流32点输入

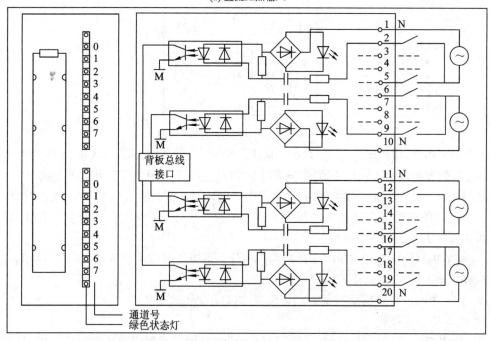

(b) 交流16点输入

图 1-5-5　数字量输入模块 SM321 端子连接及电气原理图

(2) 数字量输出模块 SM322。数字量输出模块 SM322 将 S7-300 内部信号电平转换成过程所要求的外部信号电平，可直接用于驱动电磁阀、接触器、小型电动机、灯和电动机启动器等。

晶体管输出模块只能带直流负载，属于直流输出模块；可控硅输出方式属于交流输出模块；继电器触点输出方式的模块属于交、直流两用输出模块。

从响应速度上看，晶体管响应最快，继电器响应最慢；从安全隔离效果及应用灵活性角度来看，以继电器触点输出型为最佳。表 1-5-6 给出了数字量输出模块 SM322 的技术特性。

表 1-5-6　数字量输出模块 SM322 的技术特性

SM322 模块		16 点晶体管	32 点晶体管	16 点可控硅	8 点晶体管	8 点可控硅	8 点继电器	16 点继电器
输出点数		16	32	16	8	8	8	16
额定电压		24 V DC	24 V DC	120 V AC	24 V DC	120/230V AC	—	—
额定电压范围		20.4～28.8 V DC	20.4～28.8 V DC	93～132 V AC	20.4～28.8 V DC	93～264 V AC	—	—
与总线隔离方式		光耦	光耦	光耦	光耦	光耦	光耦	光耦
最大输出电流	"1"信号	0.5 A	0.5 A	0.5 A	2 A	1 A	—	—
	"0"信号	0.5 mA	0.5 mA	0.5 mA	0.5 mA	2 mA	—	—
最小输出电流（"1"信号)		5 mA	5 mA	5 mA	5 mA	10 mA	—	—
触点开关容量		—	—	—	—	—	2 A	2 A
触点开关频率	阻性负载	100 Hz	100 Hz	100 Hz	100 Hz	10 Hz	2 Hz	2 Hz
	感性负载	0.5 Hz	0.5 Hz	0.5 Hz	0.5 Hz	0.5 Hz	0.5 Hz	0.5 Hz
	灯负载	100 Hz	100 Hz	100 Hz	100 Hz	1 Hz	2 Hz	2 Hz
触点使用寿命		—	—	—	—	—	10^6 次	10^6 次
短路保护		电子保护	电子保护	熔断保护	电子保护	熔断保护	—	—
诊断		—	—	红色 LED 指示	—	红色 LED 指示	—	—
最大电流消耗	从背板总线	80 mA	90 mA	184 mA	40 mA	100 mA	40 mA	100 mA
	从 L+	120 mA	200 mA	3 mA	60 mA	2 mA	—	—
功率损耗		4.9 W	5 W	9 W	6.8 W	8.6 W	2.2 W	4.5 W

(3) 数字量 I/O 模块 SM323。SM323 模块有两种类型：一种带有 8 个共地输入端和 8 个共地输出端；另一种带有 16 个共地输入端和 16 个共地输出端。这两种类型模块的特性相同。I/O 额定负载电压为 24 V DC，输入电压"1"信号电平为 11～30 V，"0"信号电平为 −3～+5 V，I/O 通过光耦与背板总线隔离。在额定输入电压下，输入延迟为 1.2～4.8 ms。输出具有电子短路保护功能。

3) 模拟量模块

S7-300 PLC 的 CPU 用 16 位的二进制补码表示模拟量值。其中，最高位为符号位 S，"0"表示正值，"1"表示负值，被测值的精度可以调整，其取决于模拟量模块的性能和其设定参数，对于精度小于 15 位的模拟量值，低字节中幂项低的位不用。

S7-300 PLC 模拟量输入模块可以直接输入电压、电流、电阻、热电偶等信号，而模拟量输出模块可以输出 0～10 V，1～5 V，−10～10 V，0～20 mA，4～20 mA，−20～20 mA 等模拟信号。

(1) 模拟量输入模块 SM331。模拟量输入(简称模入(AI))模块 SM331 目前有三种规格型号，即 8AI×12 位模块、2AI×12 位模块和 8AI×16 位模块。

SM331 主要由 A/D 转换部件、模拟切换开关、补偿电路、恒流源、光电隔离部件、逻辑电路等组成。A/D 转换部件是模块的核心，其转换原理采用积分方法，被测模拟量的精度是所设定的积分时间的正函数，即积分时间越长，被测值的精度越高。SM331 可选四挡积分时间：2.5 ms、16.7 ms、20 ms 和 100 ms，相对应的以位表示的精度为 8、12、12 和 14。SM331 与电压型传感器的连接如图 1-5-6 所示。

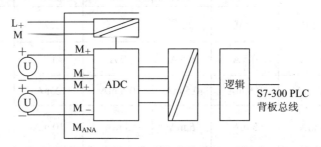

图 1-5-6　输入模块与电压型传感器的连接示意图

SM331 与 2 线电流变送器的连接如图 1-5-7 所示，与 4 线电流变送器的连接如图 1-5-8 所示。其中，4 线电流变送器应有单独的电源。

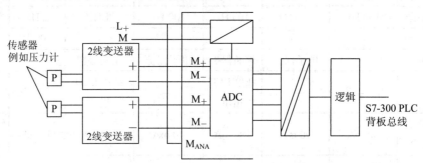

图 1-5-7　输入模块与 2 线变送器电流输入的连接示意图

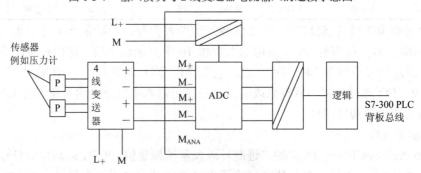

图 1-5-8　输入模块与 4 线变送器电流输入的连接示意图

热电阻(如 Pt100)与输入模块的 4 线连接回路示意图如图 1-5-9 所示。通过 IC+和 IC-端将恒定电流送到电阻型温度计或电阻,通过 M+和 M-端子测得在电阻型温度计或电阻上产生的电压,4 线回路可以获得很高的测量精度。如果接成 2 线或 3 线回路,则必须在 M+和 IC+之间以及在 M-和 IC-之间插入跨接线,但是这样将会降低测量结果的精度。

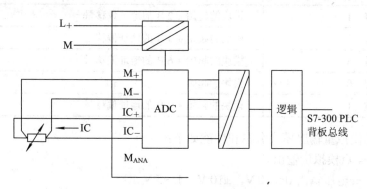

图 1-5-9 热电阻(如 Pt100)与输入模块的 4 线连接回路示意图

(2) 模拟量输出模块 SM332。模拟量输出(简称模出(AO))模块 SM332 目前有三种规格型号,即 4AO × 12 位模块、2AO × 12 位模块和 4AO × 16 位模块,分别为 4 通道的 12 位模拟量输出模块、2 通道的 12 位模拟量输出模块和 4 通道的 16 位模拟量输出模块。

SM332 与负载/执行装置的连接:SM332 可以输出电压,也可以输出电流。在输出电压时,可以采用 2 线回路和 4 线回路两种方式与负载相连。采用 4 线回路能获得比较高的输出精度,如图 1-5-10 所示。

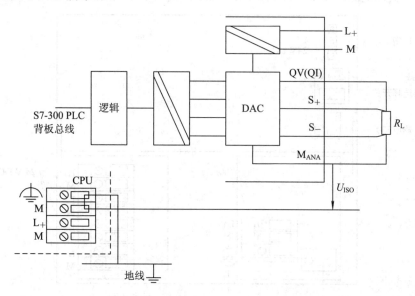

图 1-5-10 热电阻(如 Pt100)与输入模块的 4 线连接回路示意图

(3) 模拟量 I/O 模块 SM334。模拟量 I/O 模块 SM334 有两种规格:一种是 4 模入/2 模出的模拟量模块,其输入、输出精度为 8 位;另一种也是 4 模入/2 模出的模拟量模块,其输入、输出精度为 12 位。SM334 模块输入测量范围为 0～10 V 或 0～20 mA,输出测量范围为 0～10 V 或 0～20 mA。其 I/O 测量范围的选择是通过恰当的接线而不是通过组态软件编程来设定的。SM334 的通道地址见表 1-5-7。

表 1-5-7 SM334 的通道地址

通　　　道	地　　　址
输入通道　0	模块的起始
输入通道　1	模块的起始 + 2 B 的地址偏移量
输入通道　2	模块的起始 + 4 B 的地址偏移量
输入通道　3	模块的起始 + 6 B 的地址偏移量
输出通道　0	模块的起始
输出通道　1	模块的起始 + 2 B 的地址偏移量

经常使用的模拟量输出模块名称和性能如下：

SM332——4 点模拟量输出。

信号类型——电压输出 0～10 V，±10 V，1～5 V。

电流输出 4～20 mA，±20 mA，0～20 mA。

分辨率——12 位。

4) PS307 电源模块

PS307 是西门子公司为 S7-300 PLC 专配的 24 V DC 电源。PS307 系列模块除输出额定电流不同外(有 2 A、5 A、10 A 三种)，其工作原理和各种参数都相同。

PS307 可安装在 S7-300 PLC 的专用导轨上，除了给 S7-300 PLC CPU 供电外，也可给 I/O 模块提供负载电源。图 1-5-11 为 PS307 10A 模块端子接线图。

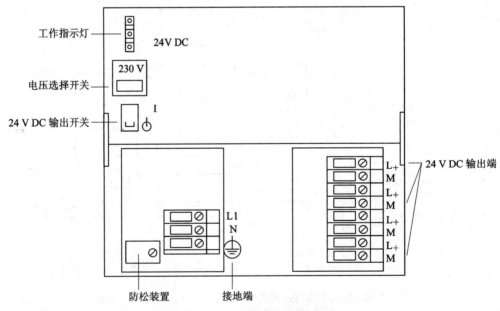

图 1-5-11 PS307 10A 模块端子接线图

5) 接口模块

接口模块主要用于连接多机架的 PLC 系统，即一个 S7-300 PLC 系统的信号模块，如果超过 8 块，就必须配置接口模块进行扩展。经常使用的接口模块名称和性能如下：IM360/IM361 接口模块是最为理想的扩展方案；IM360 插入到 CR(中央机架，CPU 所在的机架)；IM361 插入到 ER(扩展机架，扩展信号模块所在的机架)；使用 IM360/IM361 接口模块最多可以扩展 3 个机架，即一个传统的 PLC 系统最多处理 32 个信号模块。

6) 功能模块

(1) 计数器模块。该模块可直接连接增量编码器，实现连续、单向和循环计数。

(2) 步进电机控制模块。该模块与步进电机配套使用，实现设备的定位任务。

(3) PID 控制模块。该模块可实现温度、压力和流量等的闭环控制。

7) 通信处理器

常用通信处理器包括 PROFIBUS-DP 处理器、PROFIBUS-FMS 处理器和工业以太网处理器。

(1) PROFIBUS-DP 处理器 CP342-5。用于连接西门子 S7-300 PLC 和 PROFIBUS-DP 的主/从的接口模块，通过 PROFIBUS 简单地进行配置和编程。支持的通信协议有 PROFIBUS-DP、S7 通信功能、PG\OP 通讯。传输速度为 9.6～12 Mb/s，西门子 PLC 的传输速率可根据通信设备自由选择。主要用于与 ET200 子站配合，组成分布式 I/O 系统。

(2) PROFIBUS-FMS 处理器 CP343-5。用于连接西门子 S7-300 PLC 和 PROFIBUS-FMS 的接口模块，通过 PROFIBUS 简单地进行配置和编程。支持的通讯协议有 PROFIBUS-FMS、S7 通讯功能、PG\OP 通信。传输速度为 9.6～1.5 Mb/s，可自由选择。主要用于与操作员站的连接。

(3) 工业以太网处理器 CP343-1。用于连接西门子 S7-300 PLC 和工业以太网的接口模块。0/100 Mb/s 全双工，自动切换。接口连接为 RJ45、AUI。支持的通信协议有 ISO、TCP/IP 通信协议、S7 通信、PG\OP 通信。主要用于与操作员站的连接。

8) 通信网卡

(1) PC-ADAPTER 用于 PC 的串口和 PLC 的 MPI 口直接连接。

(2) CP5611 通信卡，支持 MPI 协议、PROFIBUS-DP 协议、S7 通信。用于工程师站/操作员站和 PLC 的多点连接。

(3) CP5613 通信卡，支持 MPI 协议、PROFIBUS-DP 协议、S7 通信。用于工程师站/操作员站和 PLC 的多点连接。

(4) CP1613 通信卡，支持 ISO 协议、TCP/IP 协议、S7 通信。用于工程师站/操作员站和 PLC 的多点连接。

(5) CP5412 A2 通信卡，支持 PROFIBUS FMS 协议。用于工程师站/操作员站和 PLC 的多点连接。

9) 工程师站、操作员站

(1) 工程师站。该站为装有 STEP 7 软件的 PC 机，主要完成系统硬件和软件的组态、符号编辑以及程序编程等任务。

(2) 操作员站。该站主要完成操作员站画面组态、变量连接、系统报警、变量曲线生成等任务。

4. 西门子 S7-300 PLC 基本指令简介

西门子 S7-300 PLC 基本指令包括位逻辑指令、比较指令、转换指令、计数器指令、数据块调用指令、逻辑控制指令、算术运算指令、赋值指令、程序控制指令、位移和循环指令、状态位指令、定时器指令、字逻辑指令。

常用指令介绍如下。

1) 位逻辑指令

位逻辑指令用于二进制数的逻辑运算。位逻辑运算的结果简称为 RLO。

A(And，与)指令：表示串联的常开触点。

O (Or，或)指令：表示并联的常开触点。

AN (And Not，与非)指令：表示串联的常闭触点。

ON (Or Not)指令：表示并联的常闭触点。

输出指令"="将 RLO 写入地址位，与线圈相对应。

2) SET 与 CLR(Clear)指令

将 RLO(逻辑运算结果)置位或复位，紧接在它们后面的赋值语句中的地址将变为"1"状态或"0"状态。例如：

SET	//将 RLO 置位
= M0.2	//M0.2 的线圈"通电"
CLR	//将 RLO 复位
= Q4.7	//Q4.7 的线圈"通电"

3) 定时器指令

在 CPU 内部，时间值以二进制格式存放，如图 1-5-12 所示，占定时器字的 0～9 位。

图 1-5-12　定时器指令格式

可以按下列形式将时间预置值装入累加器的低位字：

(1) 十六进制数 w#16#wxyz。其中，w 是时间基准，xyz 是 BCD 码形式的时间值。

(2) S5T#aH_bM_cS_Dms。例如：S5T#18S。

时基代码为二进制数 00、01、10 和 11 时，对应的时基分别为 10 ms，100 ms，1 s 和 10 s。

S5 脉冲定时器(Pulse S5 Timer)，S 为设置输入端，TV 为预置值输入端，R 为复位输入端；Q 为定时器位输出端，BI 输出不带时基的十六进制格式，BCD 输出 BCD 格式的当前时间值和时基。

定时器中的 S、R、Q 为 BOOL(位)变量，BI 和 BCD 为 WORD(字)变量，TV 为 S5TIME 量。各变量均可以使用 I、Q、M、L、D 存储区，TV 也可以使用定时时间常数 S5T#。

4) 计数器指令

每个计数器有一个 16 位的字和一个二进制位，格式如图 1-5-13 所示。

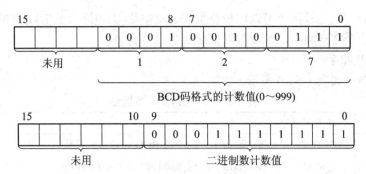

图 1-5-13　计数器指令格式

计数器字的 0~11 位是计数值的 BCD 码,计数值的范围为 0~999。二进制格式的计数值只占用计数器字的 0~9 位。

设置计数值线圈 SC(Set Counter Value)用来设置计数值,在 RLO 的上升沿预置值被送入指定的计数器。CU 的线圈为加计数器线圈。在 I0.0 的上升沿,如果计数值小于 999,则计数值加 1。复位输入 I0.3 为 1 时,计数器被复位,计数值被清零。

计数值大于 0 时计数器位(即输出 Q)为 1;计数值为 0 时,计数器位亦为 0。

在减计数输入信号 CD 的上升沿,如果计数值大于 0,则计数值减 1。

5) 比较指令

表 1-5-8 给出的比较指令用于比较累加器 1 与累加器 2 中的数据大小,被比较的两个数的数据类型应该相同。如果比较的条件满足,则 RLO 为 1,否则为 0。状态字中的 CC0 和 CC1 位用来表示两个数的大于、小于和等于关系(见表 1-5-9)。

表 1-5-8　比 较 指 令

语句表指令	梯形图中的符号	说　　明
?I	CMP ? I	比较累加器 2 和累加器 1 低字中的整数,如果条件满足,则 RLO = 1
?D	CMP ? D	比较累加器 2 和累加器 1 中的双整数,如果条件满足,则 RLO = 1
?R	CMP ? R	比较累加器 2 和累加器 1 中的浮点数,如果条件满足,则 RLO = 1

表 1-5-9　指令执行后的 CC1 和 CC0

CC1	CC0	比较指令	移位和循环移位指令	字逻辑指令
0	0	累加器 2 = 累加器 1	移出位为 0	结果为 0
0	1	累加器 2 < 累加器 1	—	—
1	0	累加器 2 > 累加器 1	—	结果不为 0
1	1	非法的浮点数	移出位为 1	—

? 可以是 ==、<>、>、<、>=、<=。

下面是比较两个浮点数的例子:

L	MD4	//MD4 中的浮点数装入累加器 1
L	2.345E+02	//浮点数常数装入累加器 1,MD4 装入累加器 2
>R		//比较累加器 1 和累加器 2 的值
=	Q4.2	//如果 MD4 > 2.345E+02,则 Q4.2 为 1

梯形图中的方框比较指令可以比较整数(I)、双整数(D)和浮点数(R)。方框比较指令在梯形图中相当于一个常开触点,可以与其他触点串联和并联。

6) 数据转换指令

数据转换指令如表 1-5-10 所示。

表 1-5-10　数据转换指令

语句表	梯形图	说　明
BTI	BCD_I	将累加器 1 中的 3 位 BCD 码转换成整数
ITB	I_BCD	将累加器 1 中的整数转换成 3 位 BCD 码
BTD	BCD_DI	将累加器 1 中的 7 位 BCD 码转换成双整数
DTB	DI_BCD	将累加器 1 中的双整数转换成 7 位 BCD 码
DTR	DI_R	将累加器 1 中的双整数转换成浮点数
ITD	I_DI	将累加器 1 中的整数转换成双整数
RND	ROUND	将浮点数转换为四舍五入的双整数
RND+	CEIL	将浮点数转换为大于等于它的最小双整数
RND−	FLOOR	将浮点数转换为小于等于它的最大双整数
TRUNC	TRUNC	将浮点数转换为截位取整的双整数
CAW	—	交换累加器 1 低字中两个字节的位置
CAD	—	交换累加器 1 中 4 个字节的顺序

7) 逻辑控制指令

逻辑控制指令如表 1-5-11 所示。

表 1-5-11　逻辑控制指令与状态位触点指令

语句表中的逻辑控制指令	梯形图中的状态位触点指令	说　明
JU	—	无条件跳转
JL	—	多分支跳转
JC	—	RLO = 1 时跳转
JCN	—	RLO = 0 时跳转
JCB	—	RLO = 1 且 BR = 1 时跳转
JNB	—	RLO = 0 且 BR = 1 时跳转
JBI	BR	BR=1 时跳转
JNBI	—	BR = 0 时跳转
JO	OV	OV = 1 时跳转
JOS	OS	OS = 1 时跳转
JZ	= =0	运算结果为 0 时跳转
JN	<> 0	运算结果非 0 时跳转
JP	> 0	运算结果为正时跳转
JM	< 0	运算结果为负时跳转
JPZ	>= 0	运算结果大于等于 0 时跳转
JMZ	<= 0	运算结果小于等于 0 时跳转
JUO	UO	指令出错时跳转
LOOP	—	循环指令

逻辑控制指令只能在同一逻辑块内跳转，同一个跳转目的地址只能出现一次。跳转或循环指令的操作数为地址标号，标号由最多 4 个字符组成，第一个字符必须是字母，其余的可以是字母或数字。在梯形图中，目标标号必须是一个网络的开始。

5. PID 模块及背景数据库

西门子 S7-300 PLC 为用户提供了功能强大、使用简单方便的模拟量闭环控制功能。

1) 闭环控制模块

西门子 S7-300 PLC 的 FM355 闭环控制模块是智能化的 4 路和 16 路通用闭环控制模块，可以用于化工和过程控制，模块上带有 A/D 转换器和 D/A 转换器。

2) 闭环控制系统功能块

闭环控制系统功能块可实现各类控制，但需要配置模拟量输入和输出模块(或数字量输出模块)。连续控制通过模拟量输出模块输出模拟量数值，步进控制输出开关量(数字量)。

系统功能块 SFB41～SFB43 用于 CPU31xC(xC 表示带 DP 口)的闭环控制。SFB41 "CONT_C" 用于连续控制，SFB42 "CONT_S" 用于步进控制，SFB43 "PULSEGEN" 用于脉冲宽度调制。

3) 闭环控制软件包

安装了标准 PID 控制(Standard PID Control)软件包后，文件夹 "\Libraries \Standard Library \PID Controller" 中的 FB41～FB43 用于 PID 控制，FB58 和 FB59 用于 PID 温度控制。FB41～FB43 与 SFB41～SFB43 兼容。

(1) SFB41～SFB43 的调用。SFB41～SFB43 可以在程序编辑器左边的指令树中的 "\Libraries \Standard Library \System Function Blocks" (标准库系统功能块)文件夹中找到。

SFB41～SFB43 内有可组态的大量单元，除了创建 PID 控制器外，还可以处理设定值、过程反馈值以及对控制器的输出值进行后处理。定期计算所需的数据保存在制定的背景数据块中，允许多次调用 SFB。

(2) PID 控制的程序结构。应在组织块 OB100 中和在定时循环中断 OB(OB35)中调用 SFB41～SFB43。执行 OB35 的时间间隔(ms，即 PID 控制的采样周期 T_s)在 CPU 属性设置对话框的循环中断选项卡中设置。

调用系统功能块应指定相应的背景数据块，例如 CALL SFB 41，DB30(其中，DB30 指的是调用一次 SFB41 所用到的指定背景数据块)。

系统功能块的参数保存在背景数据块中，可以通过数据块的编号偏移地址或符号地址来访问背景数据块。

(3) 使用 FB41 进行 PID 调节的说明。FB41 为连续控制的 PID 用于控制连续变化的模拟量，与 FB42 的差别在于后者是离散型的，用于控制开关量。

PID 的初始化可以通过在 OB100 中调用一次，将参数 COM_RST 置位，当然也可以在别处将它初始化，关键是要控制 COM_RST。

PID 的调用可以在 OB35 中完成，一般设置时间为 200 ms。

4) PID 模块背景数据库

(1) PID 背景数据块中的主要参数有：

COM_RST：BOOL，重新启动 PID。当该位为 TURE 时，PID 执行重启功能，复位 PID 内部参数到默认值；通常在系统重启时执行一个扫描周期，或在 PID 进入饱和状态需要退出时用这个位。

MAN_ON：BOOL，手动值 ON。当该位为 TURE 时，PID 功能块直接将 MAN 的值输出到 LMN，这可以在 PID 框图中看到，也就是说，这个位是 PID 的手动/自动切换位。

PEPER_ON：BOOL，过程变量外围值 ON。过程变量即反馈量，此 PID 可直接使用过程变量 PIW(不推荐)，也可使用 PIW 规格化后的值(常用)，因此，这个位为 FALSE。

P_SEL：BOOL，比例选择位。当该位为 ON 时，选择 P(比例)控制有效，一般选择有效。

I_SEL：BOOL，积分选择位。当该位为 ON 时，选择 I(积分)控制有效，一般选择有效。

INT_HOLD：BOOL，积分保持，一般不设置。

I_ITL_ON：BOOL，积分初值有效。I_ITLVAL(积分初值)变量和这个位对应，当此位为 ON 时，则使用 I_ITLVAL 变量积分初值。一般当发现 PID 功能的积分值增长比较慢或系统反应不够快时，可以考虑使用积分初值。

D_SEL：BOOL，微分选择位。当该位为 ON 时，选择 D(微分)控制有效，一般的控制系统不用。

CYCLE：TIME，PID 采样周期，一般设为 200 ms。

SP_INT：REAL，PID 的给定值。

PV_IN：REAL，PID 的反馈值(也称过程变量)。

PV_PER：WORD，未经规格化的反馈值，由 PEPER_ON 选择有效。

MAN：REAL，手动值，由 MAN_ON 选择有效。

GAIN：REAL，比例增益。

TI：TIME，积分时间。

TD：TIME，微分时间。

TM_LAG：TIME，微分操作的延迟时间输入。

DEADB_W：REAL，死区宽度。如果输出在平衡点附近微小幅度振荡，可以考虑用死区来降低灵敏度。

LMN_HLM：REAL，PID 上极限，一般是 100%。

LMN_LLM：REAL，PID 下极限，一般为 0。如果需要双极性调节，则需设置为-100%。(±10 V 输出是典型的双极性输出，此时需要设置-100%)。

PV_FAC：REAL，过程变量比例因子。

PV_OFF：REAL，过程变量偏置值(OFFSET)。

LMN_FAC：REAL，PID 输出值比例因子。

LMN_OFF：REAL，PID 输出值偏置值(OFFSET)。

I_ITLVAL：REAL，PID 的积分初值，由 I_ITL_ON 选择有效。

DISV：REAL，允许的扰动量，前馈控制加入，一般不设置。

LMN：REAL，PID 输出。

LMN_P：REAL，PID 输出中 P 的分量。

LMN_I：REAL，PID 输出中 I 的分量。

LMN_D：REAL，PID 输出中 D 的分量。

(2) 规格化概念及方法。PID 参数中重要的几个变量给定值、反馈值和输出值都是用 0.0~1.0 之间的实数来表示的，而这几个变量在实际中都来自模拟输入或输出控制模拟量，因此需要将模拟输入转换为 0.0~1.0 的数据，或将 0.0~1.0 的数据转换为模拟输出，这个过程称为规格化。

规格化的方法(即变量相对所占整个值域范围内的百分比对应与 27 648 数字量范围内的量)：对于输入值和反馈值，执行变量*100/27648，然后将结果传送到 PV_IN 和 SP_INT；对于输出变量，执行 LMN*27648/100，然后将结果取整后传送给 PQW 即可。

6. 数字 PID 控制

数字 PID 控制在生产过程中是一种最普遍采用的控制方法，在冶金、机械、化工等行业中得到广泛应用。

1) 常规 PID 控制系统原理

在模拟控制系统中，控制器最常用的控制规律是 PID 控制。常规 PID 控制系统原理框图如图 1-5-14 所示。系统由模拟 PID 控制器和被控对象组成。

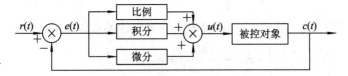

图 1-5-14　模拟 PID 控制系统原理框图

PID 控制器是一种线性控制器，它根据给定值 $r(t)$ 与实际值 $c(t)$ 构成控制偏差 $e(t)$：

$$e(t) = r(t) - c(t) \tag{1-5-1}$$

将偏差的比例、积分和微分通过线性组合构成控制量，对控制对象进行控制，故称为 PID 控制器。其控制规律为

$$u(t) = K_P \left[e(t) + \frac{1}{T_I} \int e(t)\mathrm{d}t + T_D \frac{\mathrm{d}e(t)}{\mathrm{d}t} \right] \tag{1-5-2}$$

或写成传递函数形式：

$$G(s) = \frac{U(s)}{E(s)} = K_P \left(1 + \frac{1}{T_I s} + T_D s \right) \tag{1-5-3}$$

式中，K_P 为比例系数；T_I 为积分时间常数；T_D 为微分时间常数。

2) 数字 PID 控制算法的分类

在计算机控制系统中，使用的是数字 PID 控制器，数字 PID 控制算法通常又分为位置式 PID 控制算法、增量式 PID 控制算法、速度式 PID 控制算法及其他一些改进的 PID 控制算法。

(1) 位置式 PID 控制算法。由于计算机控制是一种采样控制，故需将式(1-5-2)中的积分和微分项作如下近似变换：

$$\left. \begin{array}{l} t \approx kT \quad (k = 0, 1, 2, \cdots) \\[2mm] \displaystyle\int e(t)\mathrm{d}t \approx T\sum_{j=0}^{k} e(jT) = T\sum_{j=0}^{k} e(j) \\[3mm] \displaystyle\frac{\mathrm{d}e(t)}{\mathrm{d}t} \approx \frac{e(kT) - e[(k-1)T]}{T} = \frac{e(k) - e(k-1)}{T} \end{array} \right\} \tag{1-5-4}$$

显然，上式中的采样周期 T 必须足够短才能保证有足够的精度。为了书写方便，将 $e(kT)$ 简化表示成 $e(k)$ 等，即省去 T。将式(1-5-4)代入式(1-5-2)，可得离散的 PID 表达式为

$$u(k) = K_P \left\{ e(k) + \frac{T}{T_I} \sum_{j=0}^{k} e(j) + \frac{T_D}{T} [e(k) - e(k-1)] \right\}$$

$$= K_P e(k) + K_I \sum_{j=0}^{k} e(j) + K_D [e(k) - e(k-1)] \qquad (1\text{-}5\text{-}5)$$

式中，k 为采样序号，$k = 0$，1，2，…；$u(k)$ 为第 k 次采样时刻的计算机输出值；$e(k)$ 为第 k 次采样时刻输入的偏差值；$e(k-1)$ 为第 $(k-1)$ 次采样时刻输入的偏差值；K_I 为积分系数，$K_I = \dfrac{K_P T}{T_I}$；K_D 为微分系数，$K_D = \dfrac{K_P T_D}{T}$。

由 Z 变换的性质，可得到数字 PID 控制器的 Z 传递函数为

$$G(z) = \frac{U(z)}{E(z)} = K_P + \frac{K_I}{1 - z^{-1}} + K_D(1 - z^{-1})$$

$$= \frac{1}{1 - z^{-1}} [K_P(1 - z^{-1}) + K_I + K_D(1 - z^{-1})^2] \qquad (1\text{-}5\text{-}6)$$

数字 PID 控制器结构如图 1-5-15 所示。由于计算机的输出值 $u(k)$ 和执行机构的位置是一一对应的，所以通常称式(1-5-5)为位置式 PID 控制算法。位置式 PID 控制系统图如图 1-5-16 所示。

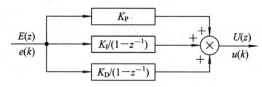

图 1-5-15　数字 PID 控制器的结构图

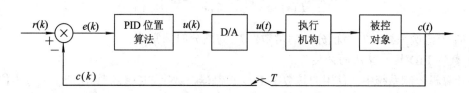

图 1-5-16　位置式 PID 控制系统图

该算法的缺点是计算时要对 $e(k)$ 进行累加，所以计算机运算工作量较大。而且由于计算机输出的 $u(k)$ 对应执行机构的实际位置，如果计算机出现故障，那么 $u(k)$ 的大幅度变化就会引起执行机构的大幅度变化，这种情况在生产实践中往往是不允许的，在某些场合还可能会造成重大的生产事故，因而产生了增量式 PID 控制算法。

(2) 增量式 PID 控制算法。所谓增量式 PID，是指数字控制器的输出只是控制量的增量 $\Delta u(k)$。当执行机构需要控制量的增量时，可由式(1-5-5)导出提供增量的 PID 控制算式。根据递推原理可得：

$$u(k-1) = K_P e(k-1) + K_I \sum_{j=0}^{k-1} e(j) + K_D[e(k-1)-e(k-2)] \tag{1-5-7}$$

用式(1-5-5)减去式(1-5-7)，可得：

$$\Delta u(k) = K_P[e(k)-e(k-1)] + K_I e(k) + K_D[e(k)-2e(k-1)+e(k-2)]$$
$$= K_P \Delta e(k) + K_I e(k) + K_D[\Delta e(k)-\Delta e(k-1)] \tag{1-5-8}$$

式(1-5-8)称为增量式 PID 控制算法。增量式 PID 控制系统图如图 1-5-17 所示。

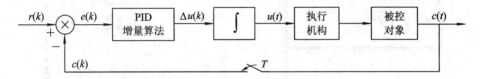

图 1-5-17 增量式 PID 控制系统图

可以看出，由于一般计算机控制系统采用恒定的采样周期 T，一旦确定了 K_P、K_I 和 K_D，只要使用前后三次测量值的偏差，即可由式(1-5-8)求出控制增量。

增量式控制虽然只是在算法上作了一点改进，却带来了不少优点：

① 由于计算机输出增量，所以误动作时影响小，必要时可用逻辑判断的方法去掉误动作。

② 手动/自动切换时冲击小，便于实现无扰动切换。此外，当计算机发生故障时，由于输出通道或执行装置具有信号的锁存作用，故仍然能保持原值。

③ 算式中不需要累加。控制增量 $\Delta u(k)$ 的确定仅与最近 k 次的采样值有关，所以较容易通过加权处理而获得比较好的控制效果。

但增量式控制也有其不足之处：积分截断效应大，有静态误差，溢出的影响大。因此，在选择时不可一概而论。

(3) 速度式 PID 控制算法。速度式 PID 是指数字控制器的输出只是控制量的增量 $\Delta u(k)$ 的变化率，反应控制输出的快慢。当执行机构需要控制量的增量时，可由式(1-5-8)导出提供增量的 PID 控制算式。根据递推原理可得：

$$v(k) = \frac{\Delta u(k)}{T} = \frac{K_P \Delta e(k)}{T} + \frac{K_I e(k)}{T} + \frac{K_D[\Delta e(k)-\Delta e(k-1)]}{T} \tag{1-5-9}$$

在 SFB41 "CONT_C" 连续控制中，K_P、T_I、T_D 和 M 分别对应于输入参数 GAIN、TI、TD 和积分初值 I_ITLVAL。因此在实际应用中，应合理地调节 K_P、T_I、T_D 的参数值。

7. 西门子 S7-300 PLC 编程软件的安装

1) 硬件要求

能运行 Windows 2000 或 Windows XP 的 PG 或 PC；CPU 主频至少为 600 MHz；内存至少为 256 MB；硬盘剩余空间在 600 MB 以上；具备 CD-ROM 驱动器和软盘驱动器；显示器支持 32 位、1024×768 分辨率；具有 PC 适配器、CP5611 或 MPI 接口卡。

2) 西门子 S7-300 系列 PLC 编程软件 STEP 7 安装步骤

(1) 在 STEP 7 安装软件中，双击 "SETUP.EXE" 文件。(按照屏幕上安装程序的逐步指示进行安装，该程序将引导您完成安装的所有步骤。本安装过程在 Windows XP 系统上进行。)

(2) 选择安装语言及安装程序，如图 1-5-18 所示。

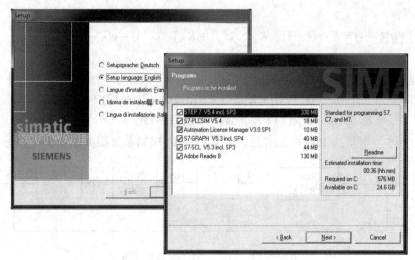

图 1-5-18 选择安装语言及安装程序

选择安装方式，如图 1-5-19 所示。

① 标准安装：用于用户界面的所有对话框语言、所有应用以及所有实例。

② 基本安装：只有一种对话框语言，没有实例。

③ 用户自定义安装：您可以确定安装范围，例如程序、数据库、实例和通信功能。

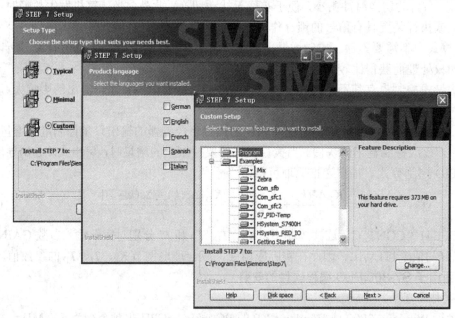

图 1-5-19 选择安装方式(自定义安装)

(3) 安装许可证密钥。在安装过程中，程序检查是否在硬盘上安装了相应的许可证密钥。如果没有找到有效的许可证密钥，将会显示一条消息，指示必须具有许可证密钥才能使用该软件。根据需要，可以选择"立即安装许可证密钥"或者"继续执行安装""以后再安装许可证密钥"。如果希望马上安装许可证密钥，那么在提示插入授权软盘时，请插入授权软盘。

(4) PG/PC 接口设置。在安装过程中，会显示一个对话框，在此可以将参数分配给编程设备 PC 接口。如图 1-5-20 所示，根据实际系统的通信方式来选择设置。

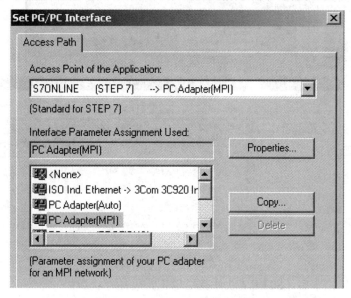

图 1-5-20 PG/PC 接口设置

(5) 继续安装，出现提示信息窗口，选择默认设置进行安装。安装完成后，提示重新启动计算机，按照提示完成重启。成功安装后，就会建立 STEP 7 程序组。

(6) 安装授权。STEP 7 的授权在软盘中。在安装的 STEP 7 系列程序中，AuthorsW 程序用于显示、安装和取出授权。

安装完成后，在 Windows 的开始菜单中找到"SIMATIC"→"License Management"→"Automation License Manager"，启动 Automation License Manager 来查看已经安装的 STEP 7 软件和已经授权的软件，如图 1-5-21 及图 1-5-22 所示。

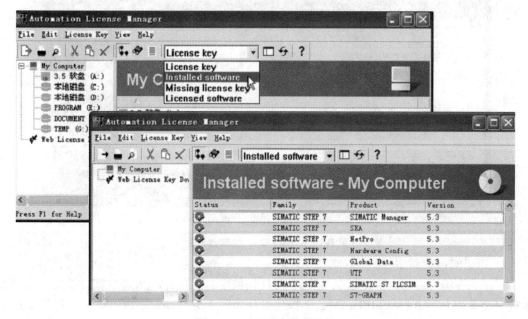

图 1-5-21 已经安装的软件

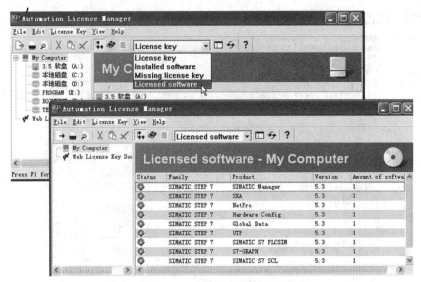

图 1-5-22　已经授权的软件

授权文件安装完毕后，STEP 7 软件就可以正常使用了。

8. 西门子 S7-300 PLC 编程软件的使用

1) SIMATIC 管理器界面

在操作系统任务栏"开始"菜单中点击"程序"→"SIMATIC"→"SIMATIC Manager"，启动 SIMATIC 管理器，或者通过桌面快捷方式"📱"双击打开 SIMATIC 管理器界面，如图 1-5-23 所示。

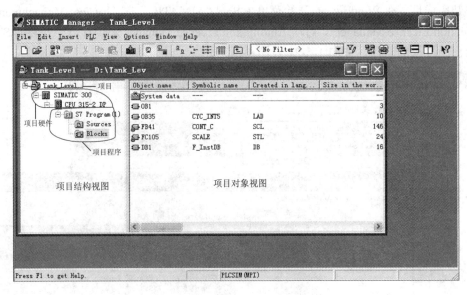

图 1-5-23　SIMATIC 管理器界面

2) PG/PC 接口设置

程序保存编译之后，要把程序下载到 CPU 模块中，必须进行 PG/PC 接口设置，比如实际接口设备为 PC Adapter(MPI)，则具体操作过程如图 1-5-24 所示。PG/PC 接口参数设置如图 1-5-25 所示。

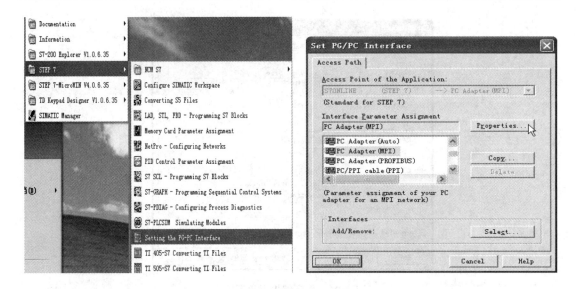

图 1-5-24 PG/PC 接口设置

 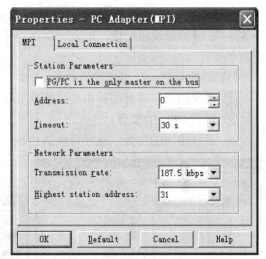

图 1-5-25 PG/PC 接口参数设置

3) 程序编辑器的设置

进入程序编辑器后，使用菜单命令"Option"→"Customize"打开对话框，如图 1-5-26 所示。

窗口中有 7 个子菜单，可以进行常用选项、窗口显示、语句表、梯形图/功能图、各种程序块、消息源、源文本等的设置。以下是一些常用选项设置：

(1) "General"标签页中的"Font"标签用来设置字体及字体大小。

(2) 在"STL"和"LAD/FDB"标签页中选择这些程序编辑器的显示特性。

(3) 在"Block"(块)标签页，可以选择生成功能块时是否同时生成背景数据块、功能块是否有多重背景功能。

(4) 在"View"选项卡中的"View after Open Block"区，选择在块打开时显示的方式。

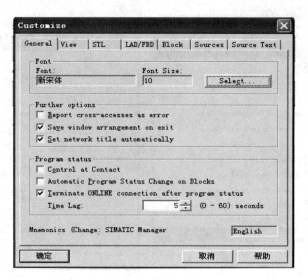

图 1-5-26　程序编辑器设置窗口

4) 西门子 S7-300 PLC 系统计算机编程步骤

项目中需要的设备有：一个 CPU 315-2DP 主机模块、一个 SM331 模拟量输入模块和一个 SM332 模拟量输出模块，以及一块西门子 CP5611 专用网卡和一根 MPI 网线。软件编程过程如下：

(1) 硬件组态。

① 系统组态。选择硬件机架，模块分配给机架中希望的插槽，如图 1-5-27 所示。

② 设置 CPU 的参数。

③ 设置模块的参数。这样可以防止输入错误的数据，如图 1-5-28 所示。

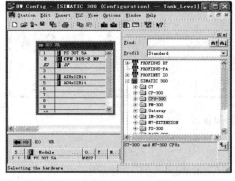
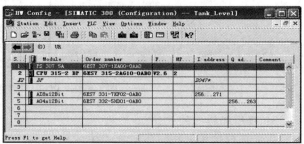

图 1-5-27　西门子 S7-300 PLC 系统组态　　　　图 1-5-28　硬件组态模块参数设置

(2) 通信组态。

① 网络连接的组态和显示。在 SIMATIC 软件的管理器界面中，用菜单命令"Option"→"Configuer Network"打开对话框进行网络连接的组态和设置，如图 1-5-29 所示，图中设置网络连接为 MPI 方式。

② 设置用 MPI 或 PROFIBUS-DP 连接的设备之间的周期性数据传送的参数。以 MPI 连接设置为例说明，双击图 1-5-29 中左下方的站和接口设置，弹出设置 MPI 接口数据传送速率等参数的界面，如图 1-5-30 所示。

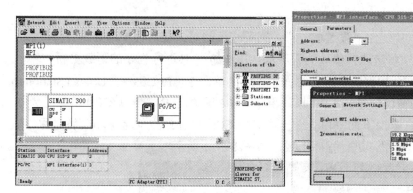

图 1-5-29　MPI 网络连接组态对话框　　　　图 1-5-30　MPI 网络连接参数设置

③ 设置用 MPI、PROFIBUS 或工业以太网通信块，以实现数据传输。

(3) 硬件下载。一般在硬件组态完成之后，要进行硬件下载，具体操作是在 SIMATIC 软件的管理器界面中，选中"SIMATIC PLC"站，在系统工具栏点击下载图标 ，根据提示完成硬件下载。

(4) 编写程序。

① 编程语言有梯形图(LAD)、功能块图(FBD)和语句表(STL)。

② PLC 工作过程。PLC 采用循环执行用户程序的方式。OB1 是用于循环处理的组织块(主程序)，它可以调用别的逻辑块，或被中断程序(组织块)中断。

在启动完成后，不断地循环调用 OB1，在 OB1 中可以调用其他逻辑块(FB、SFB、FC 或 SFC)。循环程序处理过程可以被某些事件中断。在循环程序处理过程中，CPU 并不直接访问 I/O 模块中的输入地址区和输出地址区，而是访问 CPU 内部的输入/输出过程映像区，批量输入、批量输出。

③ 基本数据类型。

● 位(bit)，位数据的数据类型为 BOOL(布尔)型。

● 字节(Byte)。

● 字(Word)表示无符号数，取值范围为 W#16#0000～W#16#FFFF。

● 双字(Double Word)表示无符号数，取值范围为 DW#16#0000_0000～DW#16#FFFF_FFFF。

● 16 位整数(INT，Integer)是有符号数，补码；最高位为符号位，为 0 时为正数，取值范围为 $-32\,768$～$32\,767$。

● 32 位整数(DINT，Double Integer)最高位为符号位，取值范围为$-2\,147\,483\,648$～$2\,147\,483\,647$。

● 32 位浮点数又称实数(REAL)，表示为 $1.m \times 2^{E}$，例如 123.4 可表示为 1.234×10^{2}。根据 ANSI/IEEE 标准浮点数 $= 1.m \times 2^{e}$ 式中指数 $e = E + 127(1 \leqslant e \leqslant 254)$，为 8 位正整数。

● ANSI/IEEE 标准浮点数占用一个双字(32 位)。

因为规定尾数的整数部分总是为 1，只保留尾数的小数部分 $m(0 \sim 22$ 位)。浮点数的表示范围为 $\pm 1.175\,495 \times 10^{-38}$～$\pm 3.402\,823 \times 10^{38}$。

(5) 下载与上载。

① 下载：下载过程与硬件下载过程一样。需要注意的是，在对程序部分进行修改后，可以在程序编辑器界面中单击选择修改的程序块，用 ▓▓ 工具进行程序的下载更新。

② 上载：在 SIMATIC 软件的管理器界面中，用菜单命令"PLC"→"Upload Station to PG…"命令，在弹出的窗口中进行 CPU 模块机架号和槽号的选择，默认 CPU 机架号为 0，槽号为 2。更新一下，在窗口下面空白处会出现对应 CPU 所在站点的名称和模块名称，确认无误后，点击"OK"按钮，进行程序上载，如图 1-5-31 所示。

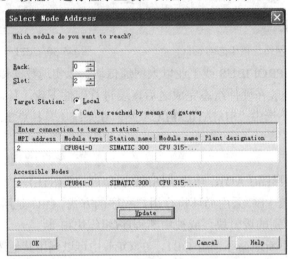

图 1-5-31　程序上载界面

(6) 系统诊断。完成程序下载后，在 SIMATIC 软件的管理器界面中，执行菜单命令"PLC"→"Diagnostic/Setting"，在下拉菜单命令中执行对应的诊断操作。

① 快速浏览 CPU 的数据和用户程序在运行中的故障原因。

② 用图形方式显示硬件配置、模块故障，显示诊断缓冲区的信息等。图 1-5-32 所示为系统硬件配置及模块诊断。

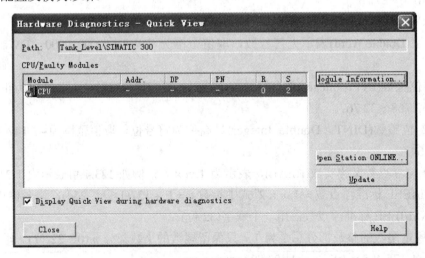

图 1-5-32　系统硬件配置及模块诊断

五、实操考核

项目考核采用步进式考核方式，考核内容如表 1-5-12 所示。

表 1-5-12 项目考核表

	学　号	1	2	3	4	5	6	7	8	9	10
	姓　名										
考核内容进程分值	西门子 S7-300 PLC 组成及结构(10 分)										
	西门子 S7-300 PLC 模块种类(10 分)										
	硬件选型(10 分)										
	PID 模块(15 分)										
	控制算法(10 分)										
	软件编程(20 分)										
	系统调试(25 分)										
扣分	安全文明										
	纪律卫生										
	总　评										

六、注意事项

(1) 西门子 S7-300 PLC 系统在硬件组态时，要注意与实际选择的硬件模块型号一致。

(2) 西门子 S7-300 PLC 系统在硬件组态时，要注意模块起始地址的分配。

(3) 西门子 S7-300 PLC 系统在硬件组态时，网络通信设置必须与实际通信方式一致。

(4) 西门子 S7-300 PLC 系统在下载程序之前，必须使计算机与 CPU 之间建立起连接，并且待下载的程序编译完成。

(5) 西门子 S7-300 PLC 系统在 RUN-P 模式下，一次只能下载一个块，建议在"STOP"模式下下载。

七、系统调试

1. 检查安装西门子 S7-300 PLC 系统编程软件的硬件接口

必须确保 STEP 7 的硬件接口为 PC/MPI 适配器＋RS-232C 通信电缆。

2. 检查 STEP 7 软件的安装

(1) 在 Windows 2000 或 Windows XP 操作系统下安装软件。在 STEP 7 安装软件中，双击"SETUP.EXE"文件开始安装。首先选择安装语言为"English"，在安装方式提示窗口中选择"Custom"。

(2) 按照 STEP 7 软件安装提示一步步进行，注意在出现的提示信息窗口中，选择所需要的安装程序，一般选择"STEP 7 V5.3""S7-GRAPH V5.3""S7-PLCSIM""Automation Licence Manager V1.1"。

(3) 正确地设置 PG/PC 接口：根据实际系统的通信方式来选择设置，建议使用"PC

Adapter(MPI)"方式。

3. 检查许可证密钥是否正确安装

在 Windows 的"开始"菜单中找到"SIMATIC"→"License Management"→"Automation License Manager",启动 Automation License Manager 来查看已经安装的 STEP 7 软件是否已对应安装授权文件。未安装的软件需要在授权安装中重新查找并安装。

4. 使用 STEP 7 软件编写简单程序,编译下载,仿真调试

完成程序编译下载后,用仿真软件"S7-PLCSIM"模拟输入/输出通道信号观察软件各系统功能的运行情况。

八、思考题

(1) 西门子 S7-300 系列 PLC 的硬件系统由哪几部分组成?

(2) 西门子 S7-300 系列 PLC 常用输入、输出模块有哪几种? 各适用于哪些场合?

(3) 一个控制系统如果需要 8 点数字量输入、16 点数字量输出、12 点模拟量输入和 2 点模拟量输出,请问:

① 如何选择输入/输出模块?

② 各模块的地址如何分配?

(4) 在安装 STEP 7 软件时,如何安装授权文件?

(5) 西门子 S7-300 系列 PLC 常用的编程指令有哪些?

模块二　组态王组态基本知识

组态王(Kingview)软件是目前国内比较流行的一种国产工业自动化通用组态软件。组态王软件主要用来组成监控和数据采集系统，使现场的信息实时地传送到控制室，从而保证现场操作人员和工厂管理人员观察各种参数。管理人员不需要深入生产现场，就可以获得实时数据和历史数据，优化控制现场作业，提高生产效率和产品质量。组态王软件拥有丰富的工具箱、图库和操作向导，并具有功能完善、操作简便、可视性好、可维护性强的突出特点。

模块二通过一个工程实例来讲解组态王工控组态软件的基本用法与功能，阐述如何通过组态王工控组态软件完成一个实际工程项目。本模块包含组态王工控组态软件概述、组态王组态工程液位控制系统概述、液位系统数据库与设备组态、液位控制系统监控界面的组态、液位的报警与报表组态等项目，每个项目必须在前一个项目的基础上进行。通过对整个模块的学习，掌握组态王组态软件的基本组态方法与组态步骤。

项目一　组态王工控组态软件概述

本项目主要介绍组态王软件的功能特点及组态王软件的安装方法。

一、学习目标

1. 知识目标
(1) 掌握组态王组态软件的系统构成。
(2) 掌握组态王工控组态软件的功能特点。
(3) 掌握组建工程的一般过程。
(4) 掌握组态王软件的安装方法。
(5) 掌握组态王驱动程序的安装过程。

2. 能力目标
(1) 初步具备组建组态王工程的思路。
(2) 初步具备安装组态王软件的能力。
(3) 初步具备安装组态王驱动程序的能力。

二、必备知识与技能

1. 必备知识
(1) 计算机操作基本知识。
(2) 控制系统基本知识。

2. 必备技能

(1) 熟练的计算机操作技能。

(2) 熟练的软件安装技能。

三、教学任务

理实一体化教学任务见表 2-1-1。

表 2-1-1　理实一体化教学任务

任务一	组态王组态软件的构成
任务二	组态王工控组态软件的功能特点
任务三	组建工程的一般过程
任务四	安装组态王软件的系统硬件要求
任务五	组态王软件的安装
任务六	组态王驱动程序的安装

四、理实一体化学习内容

1. 组态王组态软件的构成

组态王软件由工程管理器(ProjectManage)、工程浏览器(TouchExplorer)和画面运行系统(TouchView)三部分组成。其中工程浏览器内嵌组态王画面制作开发系统,生成人机界面工程。画面制作开发系统中设计开发的画面工程在运行环境中运行。工程浏览器和画面运行系统各自独立,一个工程可以同时被编辑和运行。

1) 组态王工程管理器

工程管理器(如图 2-1-1 所示)实现了对组态王软件各种版本工程的集中管理,使用户在进行工程开发和工程的备份、数据词典的管理上方便了许多,主要作用是为用户集中管理本机上的所有组态王工程。工程管理器的主要功能包括:新建工程、删除工程,搜索指定路径下的所有组态王工程,修改工程属性,工程的备份、恢复,数据词典的导入、导出,切换到组态王开发或运行环境等。

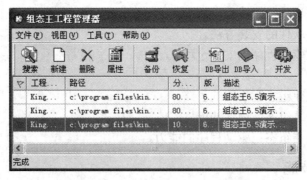

图 2-1-1　组态王组态软件的工程管理器

2) 组态王工程浏览器

组态王工程浏览器的结构如图 2-1-2 所示。工程浏览器左侧是工程目录显示区,主要展示工程的各个组成部分。主要包括系统、变量和站点三部分。这三部分的切换是通过工程浏览器最左侧的标签来实现的。

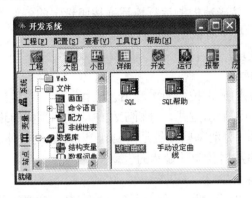

图 2-1-2　工程浏览器

工程浏览器是组态王软件的一个重要组成部分，它将图形画面、命令语言、设备驱动程序、配方、报警、网络等工程元素集中管理，工程人员可以一目了然地查看工程的各个组成部分，操作界面简便易学，为工程的管理提供了方便、高效的手段。组态王开发系统内嵌于组态王工程浏览器，又称为画面开发系统，是应用程序的集成开发环境，工程人员在这个环境里进行系统开发。

3) 组态王工程运行系统

运行系统可实现对各种组态的运行、验证。工程浏览器和运行系统是各自独立的 Windows 应用程序，均可单独使用；两者又相互依存，在工程浏览器的画面开发系统中设计开发的画面应用程序必须在画面运行系统运行环境中才能运行。

2. 组态王工控组态软件的功能特点

(1) 概念简单，易于理解和使用。普通工程人员经过短时间的培训就能正确掌握、快速完成多种简单工程项目的监控程序设计和运行操作。

(2) 功能齐全，便于方案设计。组态王软件为解决工程监控问题提供了丰富多样的方法，从设备驱动到数据处理、报警处理、流程控制、动画显示、报表输出、曲线显示等各个环节，均有丰富的功能组件和常用图形库可供选用。

(3) 实时性与并行处理。组态王软件充分利用了 Windows 操作平台的多任务、按优先级分时操作的功能，使 PC 机广泛应用于工程测控领域的设想成为可能。

(4) 建立实时数据库，便于用户分步组态，保证系统安全可靠运行。在组态王组态软件中，"实时数据库"是整个系统的核心。实时数据库是一个数据处理中心，是系统各个部分及其各种功能性构件的公用数据区。各个部件独立地向实时数据库输入和输出数据，并完成自己的差错控制。

(5) "面向窗口"的设计方法，增加了可视性和可操作性。以窗口为单位，构造用户运行系统的图形界面，使得组态王软件的组态工作既简单直观，又灵活多变。

(6) 利用丰富的"动画组态"功能，快速构造各种复杂生动的动态画面。用大小变化、颜色改变、明暗闪烁、移动翻转等多种手段，来增强画面的动态显示效果。

(7) 引入"命令语言"的概念，包括应用程序命令语言、热键命令语言、事件命令语言、数据改变命令语言、自定义函数命令语言、动画连接命令语言和画面命令语言等。具有完备的词法语法查错功能和丰富的运算符、数学函数、字符串函数、控件函数、SQL 函数和系统函数等。实现自由、精确地控制运行流程，按照设定的条件和顺序，操作外部设备，控制窗口的打开或关闭，与实时数据库进行数据交换等。

3. 组建工程的一般过程

1) 工程项目系统分析

分析工程项目的系统构成、技术要求和工艺流程，弄清系统的控制流程和测控对象的特征，明确监控要求和动画显示方式，分析工程中的数据采集通道及输出通道与软件中数据词典中变量的对应关系，分清哪些变量是需要利用 I/O 通道与外部设备进行连接的，哪些变量是软件内部用来传递数据及动画显示的。

2) 工程立项搭建框架

在组态王软件中称为"创建新工程"。主要内容包括：定义工程名称、设备名称和设备编号，设定动画刷新的周期。

3) 构造数据库

数据库是组态王软件的核心部分，工业现场的生产状况要以动画的形式反映在屏幕上，操作者在计算机前发布的指令也要迅速送达生产现场，所有这一切都是以实时数据库为中介环节，所以数据库是联系上位机和下位机的桥梁。变量在画面制作系统组态王画面开发系统中定义，定义时要指定变量名和变量类型。数据库中变量的集合，将之形象地称为"数据词典"，数据词典记录了所有用户可使用的数据变量的详细信息。

4) 制作动画显示画面

动画制作分为静态图形设计和动态属性设置两个过程。前一部分类似于"画画"，用户通过组态王组态软件中提供的基本图形元素及动画构件库，在用户窗口内"组合"成各种复杂的画面。后一部分则设置图形的动画属性，与实时数据库中定义的变量建立相关链接，作为动画图形的驱动源。

5) 编写命令语言

在命令语言编辑器中编写命令语言。实现自由、精确地控制运行流程，按照设定的条件和顺序，操作外部设备，控制窗口的打开或关闭，与实时数据库进行数据交换等。

6) 完善按钮功能

包括对监控器件、操作按钮的功能组态；实现历史数据、实时数据、各种曲线、数据报表、报警信息输出等功能；建立工程安全机制等。

7) 编写命令语言调试工程

利用调试程序产生的模拟数据，检查动画显示和控制流程是否正确。

8) 工程完工综合测试

最后测试工程各部分的工作情况，完成整个工程的组态工作，实施工程交接。

4. 安装组态王软件的系统硬件要求

CPU：奔腾 PIII 500 以上 IBM PC 或兼容机。

内存：最少 64 MB，推荐 128 MB。

显示器：VGA、SVGA 或支持桌面操作系统的任何图形适配器，要求最少显示 256 色。

鼠标：任何 PC 兼容鼠标。

通信：RS-232C。

操作系统：Windows 2000/Windows NT4.0(补丁 6)/Windows XP 简体中文版。

5. 组态王软件的安装

(1) 双击组态王安装文件中的"install.exe"文件，出现如图 2-1-3 所示的画面。

组态王软件的安装

图 2-1-3 组态王软件安装界面

(2) 单击"安装组态王程序"按钮，将会自动安装组态王软件。

首先会弹出"欢迎"对话框，如图 2-1-4 所示。

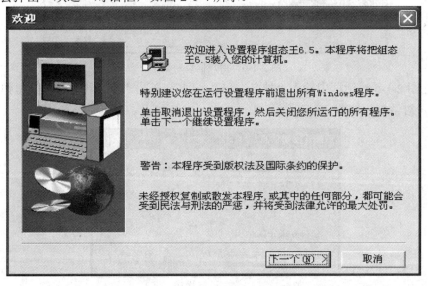

图 2-1-4 "欢迎"界面

(3) 单击"下一个"按钮，弹出"软件许可证协议"对话框，如图 2-1-5 所示。

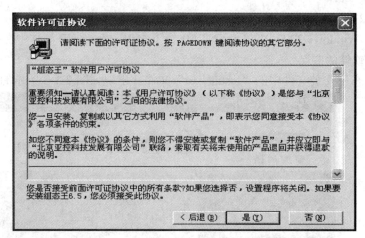

图 2-1-5 "软件许可证协议"对话框

(4) 单击"是"按钮将继续安装,弹出"用户信息"对话框,如图 2-1-6 所示。

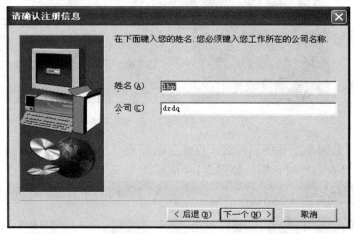

图 2-1-6 用户信息对话框

(5) 在图 2-1-6 对话框中输入"姓名"和"公司"。单击"下一个"按钮,将弹出"确认用户信息"对话框,如图 2-1-7 所示。

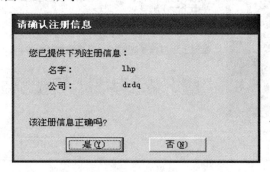

图 2-1-7 "确认用户信息"对话框

(6) 如果对话框中的用户注册信息错误,单击"否"按钮,则返回"用户信息"对话框;如果正确,单击"是"按钮,将会进入程序安装阶段。

(7) 确认用户注册信息后,弹出"选择目标位置"对话框,选择程序的安装路径,如图

2-1-8 所示。

(8) 在图 2-1-8 中，单击"浏览"按钮，将弹出如图 2-1-9 所示的对话框。

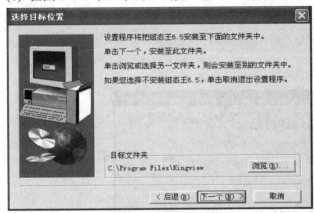

图 2-1-8 "选择目标位置"对话框   图 2-1-9 "选择文件夹"对话框

(9) 在图 2-1-9 中输入新的安装路径，如"C:\Program Files\Kingview"，然后单击"确定"按钮，弹出如图 2-1-10 所示对话框。

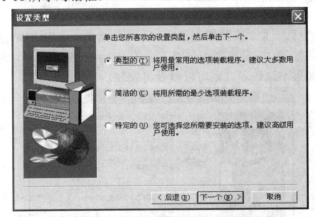

图 2-1-10 "选择安装类型"对话框

(10) 选择"典型的(T)"选项，单击"下一个"按钮，弹出如图 2-1-11 所示对话框。

(11) 在该对话框中确认组态王系统的程序组名称，也可选择其他名称，单击"下一个"按钮，弹出如图 2-1-12 所示对话框。

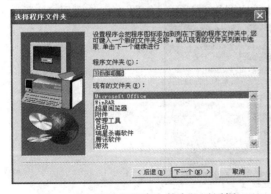

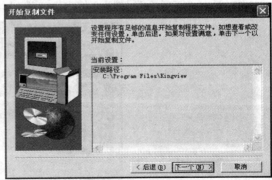

图 2-1-11 "选择程序文件夹"对话框   图 2-1-12 "开始复制文件"对话框

(12) 如果有问题，单击"后退"按钮可修改前面有问题之处；如果没有问题，单击"下一个"按钮，将继续开始安装，安装程序将光盘上的压缩文件解压缩并拷贝到默认或指定的目录下，解压缩过程中有显示进度提示，直到安装结束。如果在安装过程中发现前面有问题，可单击"取消"按钮停止安装。

6. 组态王驱动程序的安装

(1) 组态王软件安装结束后，弹出如图 2-1-13 所示对话框。

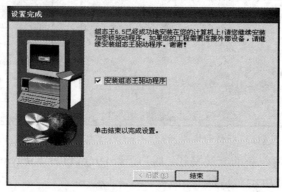

图 2-1-13　安装组态王驱动程序完成对话框

(2) 在该对话框中有一个"安装组态王驱动程序"选项，选中该项，点击"结束"按钮，系统将会自动按照组态王的安装路径安装组态王的 I/O 设备驱动程序，弹出"欢迎"界面，如图 2-1-14 所示。如果不选该项，则可以以后再安装。

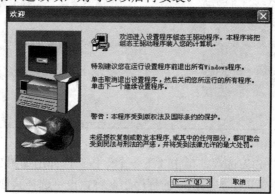

图 2-1-14　驱动程序安装欢迎界面

(3) 单击"下一个"按钮，将出现"选择目标位置"对话框，如图 2-1-15 所示。

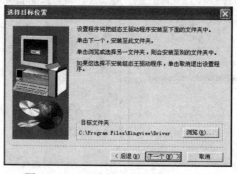

图 2-1-15　"选择目标位置"对话框

（4）由该对话框确认组态王系统的安装目录，系统会自动按照组态王的安装路径列出设备驱动程序需要安装的路径。一般情况下，用户无须更改此路径。若希望更改路径，可以单击"浏览"按钮，则会弹出如图 2-1-16 所示对话框。

（5）在该对话框的"路径"编辑栏中输入或选择新的安装目录。如输入："C:\Program Files\Kingview\Driver"后，单击"确定"按钮，将弹出如图 2-1-17 所示对话框。

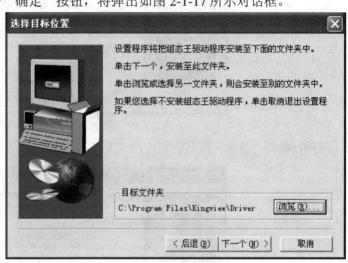

图 2-1-16　选择安装路径对话框　　　　图 2-1-17　选择新的安装目录对话框

（6）目标文件夹变为输入的文件夹，单击"下一个"按钮，弹出如图 2-1-18 所示的对话框。

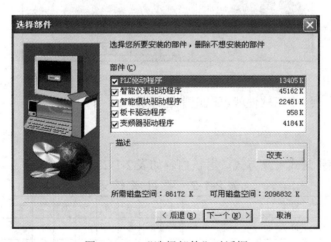

图 2-1-18　"选择部件"对话框

（7）选中所要安装的部件，也可以全选中，单击"下一个"按钮，将出现部件的安装路径。

（8）如果有什么问题，单击"后退"按钮可修改前面有问题之处；如果没有问题，单击"下一个"按钮，将开始安装；如在安装过程中觉得前面有问题，可单击"取消"按钮停止安装。安装程序将光盘上的压缩文件解压缩并拷贝到默认或指定目录下，解压缩过程中有显示进度提示。

（9）安装结束，将出现如图 2-1-19 所示对话框。

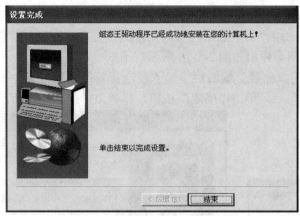

图 2-1-19　驱动程序安装结束对话框

(10) 点击"结束"按钮，将出现"重启计算机"对话框，如图 2-1-20 所示。

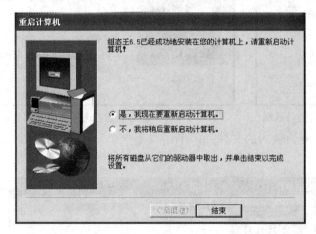

图 2-1-20　"重启计算机"对话框

重启计算机后，组态王软件就可以正常运行了。

五、实操考核

项目考核采用步进式考核方式，考核内容如表 2-1-2 所示。

表 2-1-2　项目考核表

学　号	1	2	3	4	5	6	7	8	9	10	11	12	13
姓　名													
考核内容进程分值　组态王组态软件的系统组成(25 分)													
组建组态王工程的一般过程(25 分)													
组态王软件的安装(25)分													
组态王驱动程序的安装(25 分)													
扣分　安全文明													
纪律卫生													
总　评													

六、注意事项

(1) 安装组态王软件时一定要注意安装路径。

(2) 必须安装组态王驱动程序，组态王软件才能正常运行。

(3) 组态王软件安装结束后，一定要重新启动计算机，组态王软件才能正常使用。

七、思考题

(1) 组态王组态软件由哪几部分构成？

(2) 简述组建组态王工程的步骤。

(3) 安装组态王组态软件的硬件要求是什么？

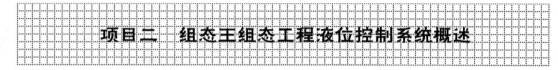

项目二　组态王组态工程液位控制系统概述

用组态王工控组态软件实现对计算机控制系统的组态，必须要了解控制系统的工艺流程、控制方案、硬件接线等，下面以单容液位定值控制系统为例来讨论控制系统的组建过程。本项目主要讨论单容液位定值控制系统的硬件组建过程。在项目三、四、五中将讨论控制系统的软件组建过程及与装置联调的过程。

一、学习目标

1. 知识目标

(1) 掌握液位控制系统基本知识。

(2) 计算机直接数字控制系统的组成及工作原理。

(3) 计算机直接数字控制系统的接线。

(4) 计算机直接数字控制系统的控制原理。

(5) ADAM4017 模拟量输入模块基本知识。

(6) ADAM4024 模拟量输出模块基本知识。

2. 能力目标

(1) 初步具备简单工程的分析能力。

(2) 初步具备简单控制系统的构建能力。

(3) 初步具备增强独立分析、综合开发研究、解决具体问题的能力。

(4) 初步具备 ADAM4017 模拟量输入模块的接线能力。

(5) 初步具备 ADAM4024 模拟量输出模块的接线能力。

二、必备知识与技能

1. 必备知识

(1) 检测仪表及调节仪表的基本知识。

(2) 简单控制系统的组成。

(3) 计算机控制的基本知识。

(4) A/D 转换的基本知识。

(5) D/A 转换的基本知识。

2. 必备技能

(1) 熟练的计算机操作技能。

(2) 变送器的调校技能。

(3) 控制器的调校技能。

三、教学任务

理实一体化教学任务见表 2-2-1。

表 2-2-1　理实一体化教学任务

任务一	ADAM4000 系列智能模块的功能
任务二	ADAM4017 模拟量输入模块简介
任务三	ADAM4024 模拟量输出模块简介
任务四	ADAM4000Utility 软件的使用说明
任务五	液位控制系统工艺流程图
任务六	液位控制系统控制方案的设计
任务七	液位控制系统实训设备基本配置及接线
任务八	液位控制系统的组成及控制原理

四、理实一体化学习内容

1. ADAM4000 系列智能模块的功能

ADAM4000 系列智能模块由 24 V 直流电驱动，通过 RS-485 通信协议与现场设备交换数据并将数据传送到上位机。

2. ADAM4017 模拟量输入模块简介

ADAM4017 是一个 16 位 8 通道模拟量输入模块，通过光隔离输入方式对输入信号与模块之间实现隔离，具有过压保护功能。其外形结构如图 2-2-1 所示。

ADAM4017 模块具有提供信号输入、A/D 转换、RS-485 数据通信的功能。

输入信号有：

电压输入：±150 mV，±500 mV，±1 V，±5 V，±10 V

电流输入：±20 mA(需要并接一个 250 Ω 的电阻)

ADAM4017 应用连线如图 2-2-2、图 2-2-3 所示。

图 2-2-1　ADAM4017 模拟量输入
模块外形结构图

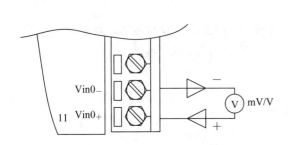

图 2-2-2　ADAM4017 差分输入通道 0～5

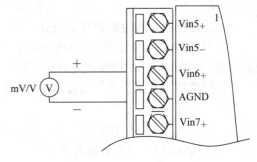

图 2-2-3　ADAM4017 单端输入通道 6～7

3. ADAM4024 模拟量输出模块简介

ADAM4024 是一个 4 通道模拟量输出模块，它包括 4 路模拟量输出通道和 4 路数字量输出通道，其外形结构如图 2-2-4 所示。

ADAM4024 的输出类型有：模拟信号 0～20 mA，4～20 mA，0～±10 V，隔离电压为 3000 V DC，负载为 0～500 Ω(有源)；数字信号为逻辑"0"(+1 V max)，逻辑"1"(+10～30 V DC)。

4. ADAM4000Utility 软件的使用说明

ADAM4000Utility 软件主要是为亚当模块提供以下功能：

(1) 检测与主机相连的亚当 4000 模块。

(2) 设置亚当 4000 的配置。

(3) 对亚当 4000 各个模块执行数据输入或数据输出。

(4) 保存检测到的亚当模块的信息。

图 2-2-4　ADAM4024 模拟量输出
模块外形结构图

5. 液位控制系统工艺流程图

液位控制系统工艺流程图见图 2-2-5。

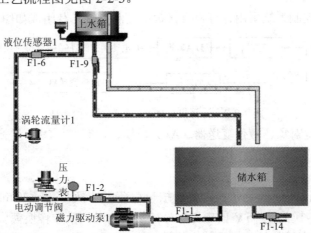

图 2-2-5　液位控制系统工艺流程图

图中的液位控制系统是一个简单的控制系统，上水箱是被控对象，液位是被控变量，在没有干扰的情况下，液位的稳定条件是进水流量等于出水流量，在出水阀开度一定的情况下，要使水箱里的液位稳定，必须改变进水电动调节阀的开度，才能使液位稳定。

6. 液位控制系统控制方案的设计

用 ADAM4017 智能模块、ADAM4024 智能模块、PID 控制软设备实现对单容液位的定值控制，并用组态王软件实现对各种参数的显示、存储与控制功能。

7. 液位控制系统实训设备基本配置及接线

1) 实训设备的基本配置

　　液位对象(包括液位变送器和电动调节阀)　　一套；

　　ADAM4017 模拟量输入模块　　一块；

　　ADAM4024 模拟量输出模块　　一块；

　　RS-232/RS-485 转换接头及传输线　　一根；

　　计算机(尽量保证每人一机)　　多台。

2) 实训接线

实训接线如图 2-2-6 所示，如果没有液位对象，可用信号发生器和电流表代替液位变送器和电动调节阀。

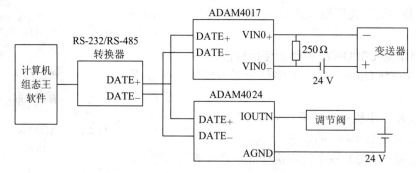

图 2-2-6　单容液位定值控制系统接线图

8. 液位控制系统的组成及控制原理

1) 控制系统的组成

单容液位定值控制系统采用计算机直接数字控制系统，其组成如图 2-2-7 所示。

图 2-2-7　计算机直接数字控制系统的组成

控制系统由液位对象、液位变送器、A/D 转换、控制器、D/A 转换、电动调节阀等组成，其中计算机完成控制器的作用。

2) 控制原理

液位信号经液位变送器的转换，将其按量程范围转换为 4～20 mA 的电流信号，经 250 Ω 的标准电阻转换为 1～5 V 的电压信号，然后传送到模数转换模块 ADAM4017 的 01 通道，将 1～5 V 的电压信号转换为数字信号，经 RS-485 到 RS-232 的转换，成为计算机能够接收的信号，然后传送到计算机，计算机按人们预先设定的控制程序对信号进行分析、判断、处理，按预定的控制算法(如 PID 控制)进行运算，从而传送出一个控制信号，经 RS-232

到 RS-485 的转换，最后传送到数模转换模块 ADAM4024 的 01 通道，转换为 4～2mA 的电流信号再传送到调节阀，从而控制水箱进水流量的大小。

五、实操考核

项目考核采用步进式考核方式，考核内容如表 2-2-2 所示。

表 2-2-2　项目考核表

学　号		1	2	3	4	5	6	7	8	9
姓　名										
考核内容进程分值	ADAM4000 智能模块的功能(10 分)									
	ADAM4017 模拟量输入模块(10 分)									
	ADAM4024 模拟量输出模块(10 分)									
	ADAM4000Utility 软件的使用(10 分)									
	掌握液位控制系统工艺流程(10 分)									
	液位控制系统控制方案的设计(10 分)									
	液位控制系统的接线(15 分)									
	控制系统的组成(5 分)									
	系统的控制原理(10 分)									
扣分	安全文明									
	纪律卫生									
总　评										

六、注意事项

(1) 磁力驱动泵的正、反转方向不可弄错。
(2) 磁力驱动泵严禁无水运转。
(3) 强电的接线不能接错，特别是 220 V 和 380 V 的接线。
(4) 两个智能模块的接线要正确。

七、思考题

(1) 计算机通过什么方式接收现场的模拟信号？
(2) 计算机通过什么方式操纵现场的调节阀？

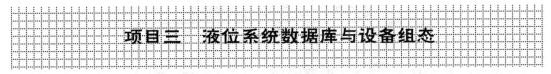

项目三　液位系统数据库与设备组态

在项目二中讨论了控制系统的硬件组成，本项目主要讨论利用组态王软件创建新工程的方法、设备的组态方法、数据词典的组态方法及用户窗口的组态方法。

一、学习目标

1. 知识目标
(1) 掌握组态王工程的建立。

(2) 掌握设备的组态。

(3) 掌握数据词典的组态。

(4) 掌握用户窗口的组态。

(5) 掌握自动运行画面的组态。

2. 能力目标

(1) 初步具备简单工程的分析能力。

(2) 初步具备处理输入通道数据的能力。

(3) 初步具备处理输出通道数据的能力。

(4) 初步具备设备组态的能力。

(5) 初步具备数据词典的组态能力。

(6) 初步具备创建用户窗口的能力。

二、必备知识与技能

1. 必备知识

(1) 检测仪表及调节仪表的基本知识。

(2) 开环控制系统的组成及工作原理。

(3) 计算机输入通道的基本知识。

(4) 计算机输出通道的基本知识。

(5) 集散控制系统的基本知识。

(6) ADAM4017 模拟量输入模块的基本知识。

(7) ADAM4024 模拟量输出模块的基本知识。

2. 必备技能

(1) 熟练的计算机操作技能。

(2) 开环控制系统的组建技能。

(3) ADAM4017 模拟量输入模块的接线能力。

(4) ADAM4024 模拟量输出模块的接线能力。

三、教学任务

理实一体化教学任务见表 2-3-1。

表 2-3-1　理实一体化教学任务

任务一	工程的建立
任务二	设备的组态
任务三	数据词典
任务四	用户窗口组态
任务五	自动运行画面设置
任务六	模拟运行

四、理实一体化学习内容

1. 工程的建立

(1) 打开组态王 6.5 组态环境。单击"开始"菜单，按"开始"→"所有程序"→"组态王 6.5"的顺序打开"组态王工程管理器",如图 2-3-1 所示。或用桌面上的快捷图标"组态王 6.5"打开"组态王工程管理器"。

(2) 新建工程。选择"文件"→"新建工程",弹出如图 2-3-2 所示的对话框。

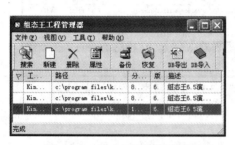

图 2-3-1　组态王工程管理器

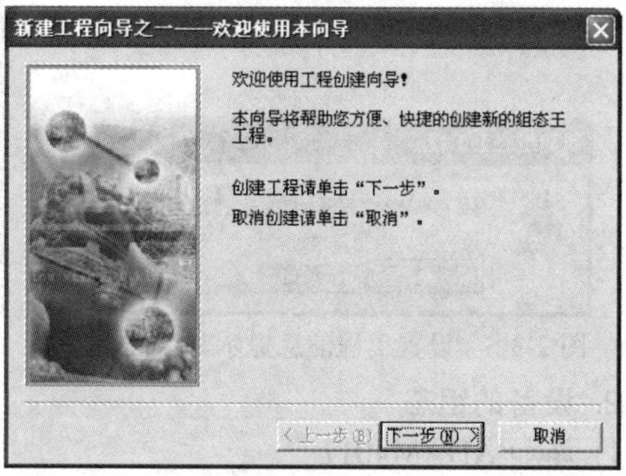

图 2-3-2　新建工程

(3) 选择"下一步"按钮,弹出如图 2-3-3 所示的对话框。

(4) 输入组态王新建工程所在的路径。如果是新路径,则会弹出如图 2-3-4 所示的对话框。

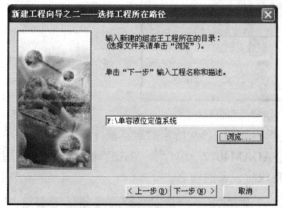

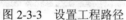

图 2-3-3　设置工程路径

图 2-3-4　创建工程路径

(5) 单击"确定"按钮,弹出如图 2-3-5 所示的对话框,输入组态王新建工程的名称及对工程的描述。

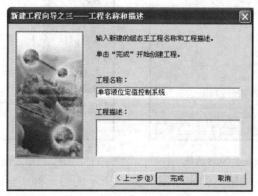

图 2-3-5　新建工程的名称

(6) 单击"完成"按钮，弹出如图 2-3-6 所示的信息提示对话框。

(7) 选择"是"按钮，完成工程的新建，如图 2-3-7 所示。

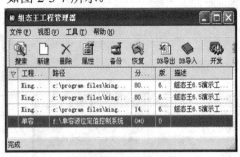

图 2-3-6　设置工程信息提示对话框　　　　图 2-3-7　完成新建工程提示信息对话框

2. 设备的组态

1) 添加 ADAM4017

(1) 双击新建工程的名称。

(2) 在组态王工程浏览器中选择"设备"标签页中的"COM1"选项，弹出如图 2-3-8 所示的窗口。

图 2-3-8　选择设备窗口

(3) 双击右侧窗口中的"新建"图标，弹出如图 2-3-9 所示的对话框。

(4) 选择"智能模块→亚当 4000 系列→ADAM4017→串行"，单击"下一步"按钮，弹出如图 2-3-10 所示的对话框，在文本框中完成对设备的命名。

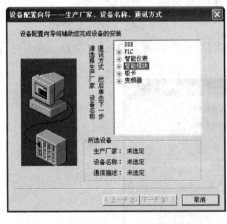

图 2-3-9　选择设备类型对话框　　　　图 2-3-10　设备命名对话框

(5) 单击"下一步"按钮，弹出如图 2-3-11 所示的对话框。

(6) 选择"COM1"选项，单击"下一步"按钮，弹出如图 2-3-12 所示的对话框。

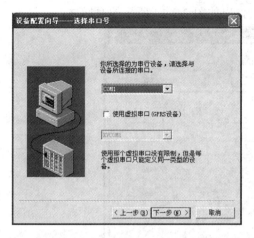

图 2-3-11　"选择串口号"对话框　　　　图 2-3-12　"设备地址设置指南"对话框

（7）输入设备的地址"2"，单击"下一步"按钮，其余选择默认设置，单击"下一步"按钮，直到结束。

2）添加 ADAM4024

添加方法同 ADAM4017。其中，该设备名称为"ADAM4024"，串口为"COM1"，设备地址为"1"。

3. 数据词典

实时数据库是组态王控制系统的核心，也是应用系统的数据处理中心，系统各部分均以实时数据库为数据公用区，可以进行数据交换、数据处理和实现数据的可视化处理。

1）数据库规划

数据库的规划见表 2-3-2。

表 2-3-2　数据库规划

变量名	类　型	注　释	变量名	类　型	注　释
PID_SV	内存实数	给定值 0～100 mm	PID_MV	内存实数	输出值 0～100 mm
PID_PV	内存实数	测量值 0～100 mm	AI0	I/O 实数	通道模拟量输入
AO0	I/O 实数	通道模拟量输出			

2）定义内存实数变量 PID_SV

（1）在组态王工程浏览器中选择"数据库"标签页中的"数据词典"选项，会出现如图 2-3-13 所示的窗口。

图 2-3-13　选择数据词典窗口

(2) 双击右侧窗口中的"新建"选项，将会弹出如图 2-3-14 所示的对话框。

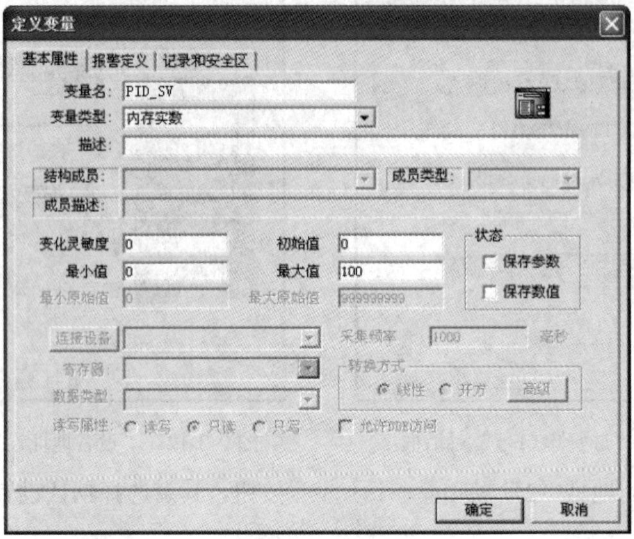

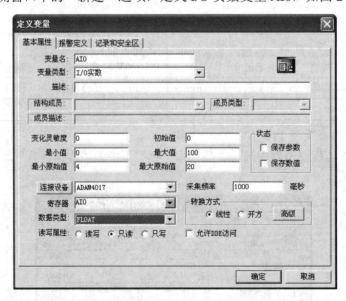

图 2-3-14　　"定义内存实数变量"对话框

(3) 在该对话框中，设置变量名为"PID_PV"，变量类型为"内存实数"，最大值设置为"100"。

(4) 定义 PID_PV、PID_MV 对象的方法同"PID_SV"。其中，变量名为"PID_PV"，变量类型为"内存实数"，最大值设置为"100"；变量名为"PID_MV"，变量类型为"内存实数"，最大值设置为"100"。

3) 定义 I/O 实数变量 AI0

(1) 双击右侧窗口中的"新建"选项，定义 I/O 实数变量 AI0，如图 2-3-15 所示。

图 2-3-15　　"定义 I/O 实数变量"对话框

(2) 在该对话框中，设置变量名为"AI0"，变量类型为"I/O 实数"，最大值为"100"，最小原始值为"4"，最大原始值为"20"，连接设备是"ADAM4017"，寄存器选择为"AI0"，数据类型为"FLOAT",读写属性选择"只读",转换方式选择"线性"。

(3) 定义 AO0 的方法同 AI0。其中,设置变量类型为"I/O"实数,最大值为"100",最小原始值为"4",最大原始值为"20",连接设备是"ADAM4024",寄存器选择为"AO0",数据类型为"FLOAT",读写属性选择"读写",转换方式选择"线性"。

4. 用户窗口组态

本窗口主要用于设置工程中人机交互的界面,可生成各种动画显示画面、报警输出、数据与曲线图表等。具体步骤如下:

(1) 在组态王工程浏览器中选择文件标签中的画面,将会出现如图 2-3-16 所示的窗口。

图 2-3-16　画面组态窗口

(2) 双击右侧窗口中的"新建"图标,弹出如图 2-3-17 所示的对话框。

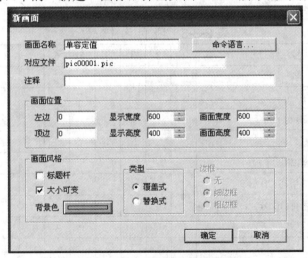

图 2-3-17　"新画面"对话框

(3) 用同样的方法创建实时曲线、历史曲线、报警、报表等画面窗口,最终效果图如图 2-3-18 所示。

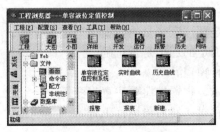

图 2-3-18　画面组态效果图

5. 自动运行画面设置

(1) 在工程浏览器中双击"设置运行系统"选项，将会弹出如图 2-3-19 所示的对话框。

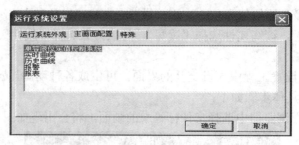

图 2-3-19　"运行系统设置"对话框

(2) 单击"主画面配置"标签页，选择"单容液位定值控制系统"作为启动界面，再单击"确定"按钮，完成自动运行画面的设置。

6. 模拟运行

以上组态完成后，选择"文件"→"VIEW"，自动进入单容液位定值控制系统运行界面。

五、实操考核

项目考核采用步进式考核方式，考核内容见表 2-3-3。

表 2-3-3　项目考核表

学　号		1	2	3	4	5	6	7	8	9	10	11	12
姓　名													
考核内容进程分值	工程的建立(10 分)												
	数据库组态(20 分)												
	设备组态(20 分)												
	用户窗口组态(20 分)												
	自动运行窗口组态(20 分)												
	控制系统的运行(10 分)												
扣分	安全文明												
	纪律卫生												
总　评													

六、注意事项

(1) 数据词典组态时一定要注意变量的数据类型是否正确。

(2) 设备组态时要注意通道的连接是否正确。

(3) 要注意添加自动运行窗口。

(4) 条形显示、数字显示、设置按钮要注意与变量一一对应。

(5) 工程修改后，要先存盘，然后再运行工程。

七、思考题

(1) 简单控制系统由哪几部分组成？

(2) 计算机直接数字控制系统由哪几部分组成？

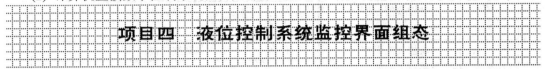

本项目主要讨论液位控制系统监控主界面的组态方法，包括流程图的组态、条形显示的组态、数字显示的组态、PID 控制器的组态、系统的模拟运行及装置联调等。

一、学习目标

1. 知识目标

(1) 掌握水箱的组态。

(2) 掌握文本的绘制组态。

(3) 掌握设备的绘制组态。

(4) 掌握管道的绘制组态。

(5) 掌握图素位置调整组态。

(6) 掌握各类显示的组态。

(7) 掌握 PID 控制器软设备组态。

2. 能力目标

(1) 初步具备流程图的组态能力。

(2) 初步具备条形显示的组态调试能力。

(3) 初步具备数字显示的组态调试能力。

(4) 初步具备 PID 控制器软设备的组态调试能力。

二、必备知识与技能

1. 必备知识

(1) 检测仪表及调节仪表的基本知识。

(2) 闭环控制系统的组成及工作原理。

(3) 计算机输入通道的基本知识。

(4) 计算机输出通道的基本知识。

(5) 集散控制系统的基本知识。

2. 必备技能

(1) 熟练的计算机操作技能。

(2) 闭环控制系统的组建技能。

(3) 闭环控制系统的调试技能。

三、教学任务

理实一体化教学任务见表 2-4-1。

表 2-4-1 理实一体化教学任务

任务一	流程图总貌图	任务八	数字输入按钮及显示的组态
任务二	各种水箱的绘制	任务九	手操输出
任务三	文本的绘制	任务十	PID 控制器软设备的组态
任务四	各种设备的绘制	任务十一	模拟运行
任务五	管道的绘制	任务十二	命令语言的添加
任务六	图素位置的调整	任务十三	系统联调
任务七	条形显示的绘制		

四、理实一体化学习内容

1. 流程图总貌图

双击"单容液位定值控制系统"窗口，打开动画组态界面，绘制如图 2-4-1 所示的单容液位定值控制系统流程图。

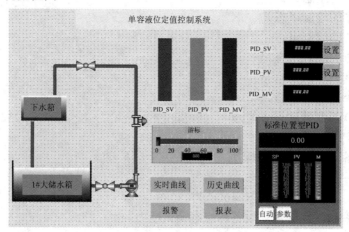

图 2-4-1 单容液位定值控制系统流程图

2. 各种水箱的绘制

(1) 单击工具箱中的"圆角矩形"按钮，在动画组态界面上画一个矩形框，如图 2-4-2 所示。

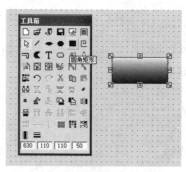

图 2-4-2 绘制矩形框

(2) 选中该矩形框，单击工具箱中的"圆角矩形"按钮，设置矩形框的颜色属性，如图 2-4-3(a)、图 2-4-3(b)所示。线条色选择"无色"，填充色选择"蓝色"，背景色选择"白色"。

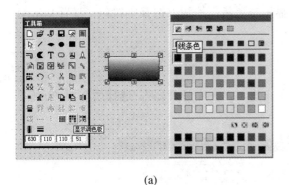 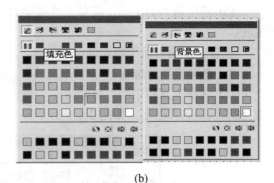

　　　　　(a)　　　　　　　　　　　　　　　　　(b)

图 2-4-3　设置矩形框颜色属性

　　(3) 选中该矩形框，单击工具箱中的"显示画刷类型"按钮，设置矩形框的颜色填充属性，如图 2-4-4 所示。

　　(4) 最后矩形框效果图如图 2-4-5 所示。

图 2-4-4　设置矩形框颜色填充属性　　　　　　图 2-4-5　矩形框效果图

　　(5) 储水箱的边框线用粗实线绘制。选择工具箱中的"直线"画出边框，再用工具箱中的"线形"加粗即可。

　　按以上步骤可以绘制其他水箱。

3. 文本的绘制

　　(1) 选择"工具箱"中的"文本"按钮，光标呈"十"字形，在窗口的适当位置单击，即可在绘图界面上显示一个跳动的光标。将光标移动到需要输入文字之处，输入所需文字，如图 2-4-6 所示。

　　(2) 选中输入的文字，选择工具箱中的"字体"按钮，可以设置文本的字体及大小，如图 2-4-7 所示。

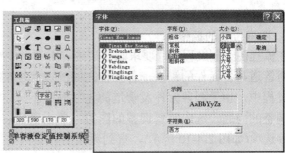

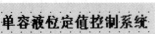

图 2-4-6　文本框　　　　　　　　　　图 2-4-7　文本框属性设置

(3) 选中输入的文字，选择工具箱中的"显示调色板"按钮，选择字符色，设置文本的颜色。

按以上步骤可以绘制其他文本。

4．各种设备的绘制

(1) 选择工具箱中的"打开图库"按钮，单击进入"图库管理器"，选择所需要的元件，放在动画组态界面上，如图 2-4-8 所示。

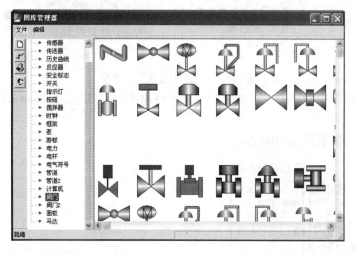

图 2-4-8　插入元件

(2) 按以上步骤将各种阀、泵及仪表放在动画组态界面上，若所需插件在图库管理器中不存在，则需要自己构造。具体做法：选中图库中现有的插件，拖至动画组态界面上，然后将其选中，单击鼠标右键，选择组合拆分下的组合单元、拆分单元、合成组合图素等菜单中的其中一个，即可以对图符进行拆分或组合操作了。

5．管道的绘制

(1) 在工具箱中找到"立体管道"图标，单击该图标后会在绘图界面出现一个"十"字形光标，将光标移至需要画管道处，通过拖曳画出管道。

(2) 选中画好的管道，单击工具箱中的"显示调色板"按钮，为管道选择需要显示的颜色。

(3) 选中画好的管道，单击鼠标右键，找到"管道宽度"选项，即可设置管道的宽度，如图 2-4-9 所示。

图 2-4-9　管道宽度调整

6．图素位置的调整

在流程图绘制过程中，要求画面清晰、美观，能较准确地反映化工生产中的实际情况，所以对管道与各元件的镶嵌，各元件之间的彼此搭配等都提出了较高的要求。但是在实际画图过程中，由于画各元件及管道的先后顺序不一定能恰好满足美观的要求，此时就涉及显示调整的问题。选中需要调整的图符，单击鼠标右键，选择"图素位置"中的"图素后移"等选项(如图 2-4-10 所示)，直到流程图界面美观为止。

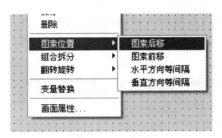

图 2-4-10 图素位置调整

7. 条形显示的绘制

1) 条形显示的绘制方法一

(1) 单击工具箱中的"圆角矩形"按钮，在动画组态界面上画六个矩形框，选中该矩形框，设置矩形框的线条色和填充色，如图 2-4-11 所示。

(2) 将其中三个线条色和填充色选择"黑色"，作为设定值、测量值和输出值的底色，其余三个线条色和填充色分别选择"红色""绿色""紫色"作为设定值、测量值和输出值的显示颜色，如图 2-4-12 所示。

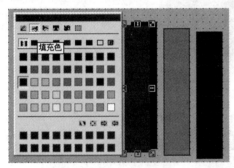

图 2-4-11 矩形框属性设置

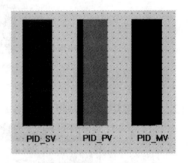

图 2-4-12 填充颜色选择

(3) 设定值、测量值和输出值的显示矩形框除了设置填充颜色外，还需对填充属性和缩放属性进行动画连接。双击该矩形框，弹出如图 2-4-13 所示的"动画连接"对话框。

(4) 设定值的缩放属性设置如图 2-4-14 所示。

图 2-4-13 "动画连接"对话框

图 2-4-14 设定值缩放属性设置对话框

(5) 按步骤(3)、(4)、(5)设置测量值和输出值的填充属性和缩放属性，分别与"变量\\本站点\PID_PV 和\\本站点\PID_SV"相连。

(6) 设置完毕后，将三个彩色矩形框置于三个黑色矩形框上方。最后的效果图如图 2-4-15 所示。

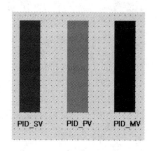

图 2-4-15　条形显示效果图

2) 条形显示的绘制方法二

(1) 单击工具箱中的"圆角矩形"按钮，在动画组态界面上画三个矩形框，选中该矩形框，将矩形框的边线颜色和填充颜色均设置为"黑色"，设置矩形框的线条色和填充色如图 2-4-16 所示。

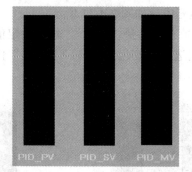

图 2-4-16　条形显示底色设置图

(2) 双击该矩形框，将会弹出如图 2-4-17 所示的对话框。

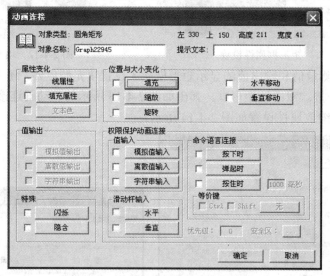

图 2-4-17　"建立填充关系"对话框

(3) 单击"位置与大小变化"中的"填充"按钮，弹出如图 2-4-18 所示的填充连接对话框。在该对话框中点击"？"，即可打开已经组态好的数据库，选中该矩形框所显示的变量名称，双击它即会建立连接。在"缺省填充画刷"中可以选择要填充的颜色。

(4) 按步骤(2)、(3)建立另外两个变量的数据连接和显示颜色。

图 2-4-18 输入值属性设置

8. 数字输入按钮及显示的组态

(1) 绘制三个填充色为黑色的矩形框作为数字显示的底色。

(2) 打开工具箱选择按钮，在动画组态界面上画一个按钮，单击鼠标右键选择"字符串替换"，将按钮文本改为"设置"，如图 2-4-19 所示。

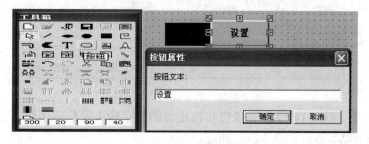

图 2-4-19 设定值设置按钮

(3) 双击"设置"按钮进入动画连接界面，选择"模拟值输入连接"，在"模拟值输入连接"对话框中与"\\本站点\PID_SV"建立连接，如图 2-4-20 所示。

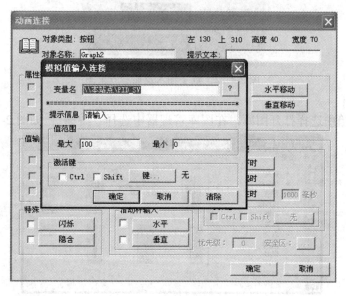

图 2-4-20 按钮动画连接

(4) 在工具箱中选择"文本"按钮,在矩形框中填入文字"###.##",双击文本框进入动画连接界面,选择"模拟值输出连接",在"模拟值输出连接"对话框中与"\\本站点\PID_SV"建立连接,如图2-4-21所示。

图 2-4-21 数字显示动画连接

(5) 按步骤(2)、(3)、(4)设置测量值和输出值的数字输入及显示属性,分别与"变量\\本站点\PID_PV 和\\本站点\PID_MV"相连。

(6) 数字输入及显示属性组态如图2-4-22所示。

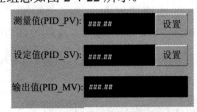

图 2-4-22 数字输入及显示效果图

9. 手操输出

(1) 在工具箱中选择打开图库,在图库管理器中选择"游标",如图2-4-23所示。

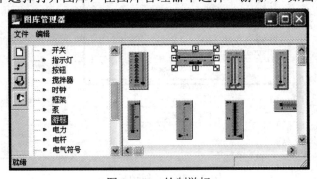

图 2-4-23 绘制游标

(2) 双击选中的游标，在画面的适当位置拖曳出一个游标，双击绘制好的游标进行动画连接，与"变量\\本站点\PID_MV"相连，如图 2-4-24 所示。

图 2-4-24　游标动画连接

10. PID 控制器软设备的组态

控制器是自动控制系统的核心，而控制器中控制规律的设定对自动控制系统控制效果起着决定性的作用。按偏差的比例、积分和微分控制(以下简称 PID 控制)，是控制系统中应用最广泛的一种控制规律。在系统中引入偏差的比例控制，以保证系统的快速性；引入偏差的积分控制，以提高控制精度；引入偏差的微分控制，用来消除系统惯性的影响。组态王软件中 PID 控制器软设备中的控制规律就是 PID 控制。

1) 控制器建立

在画面组态界面中，选择"编辑"菜单中的"插入通用控件"菜单，弹出如图 2-4-25 所示的界面，选择"Kingview Pid Control"，在动画组态界面上根据需要绘制 PID 控制软设备，如图 2-4-26 所示。

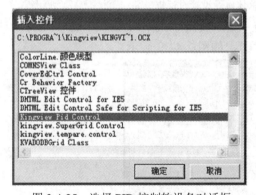

图 2-4-25　选择 PID 控制软设备对话框　　　　图 2-4-26　标准位置型 PID 模块图

2) 数据连接

双击"标准位置型 PID"，弹出"动画连接属性"对话框，选择"属性"标签，设置"关联变量", 双击"SP"对应的"关联变量", 选择数据库中的"PID_SV"。采用同样的方法, 将"PV"和"PID_PV"连接, "YOUT"和"PID_MV"连接, 如图 2-4-27 所示。

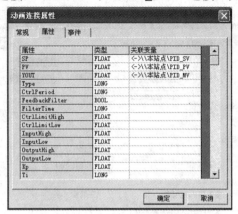

图 2-4-27 建立 PID 控制器数据连接

3) 参数设置

(1) 选中"PID 控制模块", 单击鼠标右键选择"控件属性", 弹出如图 2-4-28 所示的"控件属性"对话框, 在"总体属性"标签中将"控制周期"设置为 100 ms, "输出限幅"的"高限"设置为"100", "低限"设置为"0"。

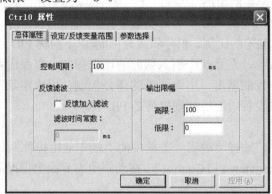

图 2-4-28 控制器总体属性设置对话框

(2) 单击"设定/反馈变量范围"标签, 将"输入变量""输出变量"中的"100%"对应的数值设为"100", "0%"对应的数值设为"0", 如图 2-4-29 所示。

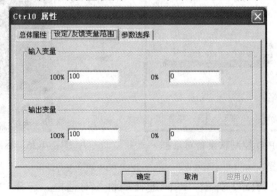

图 2-4-29 控制器变量范围设置

(3) 单击"参数选择"标签，将"PID 类型"设置为"标准型 PID"，"比例系数 Kp"设置为"0.5"，"积分时间 Ti"设置为"2000 ms"，"微分时间 Td"设置为"0 ms"，如图 2-4-30 所示。

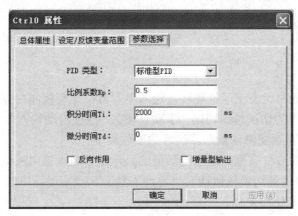

图 2-4-30　控制器参数设置

11. 模拟运行

(1) 保存动画组态界面，选择"文件"→"View"，进入组态王软件运行界面。

(2) 选择运行系统中的"画面菜单"→"打开"，在打开的窗口中选择"单容液位定值控制系统"，即可进入单容液位定值控制系统动画运行界面。

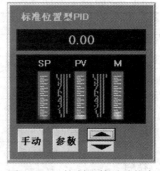

(3) 单击标准位置型 PID 中的"自动"按钮，将控制器切换到手动状态，观察控制器的输出随手动调整按钮的变化而变化的现象，如图 2-4-31 所示。

(4) 单击标准位置型 PID 中的"手动"按钮，将控制器切换到自动状态，观察控制器自动输出的变化情况。

(5) 单击数字显示中设定值所对应的"设置"按钮，在弹出的数字键盘中输入设定值，观察控制器的输出随设定值的变化而变化的情况。

图 2-4-31　控制器的手动状态

(6) 设定值、测量值和输出值都是有效数字，其数字显示如图 2-4-32 所示，条形显示如图 2-4-33 所示。

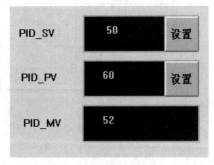

图 2-4-32　数字显示

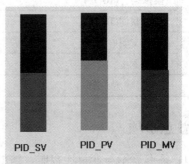

图 2-4-33　条形显示

12. 命令语言的添加

打开单容液位定值控制系统画面组态界面，单击鼠标右键选择"画面属性"，单击"命令语言"按钮，添加如下的命令语言：

```
//数据转换
PID_PV=AI0;
AO0=PID_MV;
```

13. 系统联调

(1) 启动对象单元和组态王运行环境，进入单容液位定值控制主界面。

(2) 将 PID 模块中的切换按钮切向"手动"状态，改变滑动输入器的输出信号，观察现场电动调节阀的开度是否随滑动输入器信号的变化而变化。

(3) 改变水箱中的液位高度，观察测量值的显示是否随水箱中液位信号的变化而变化。

(4) 将 PID 模块中的切换按钮切向"自动"状态，观察现场电动调节阀的开度是否随 PID 模块输出信号的变化而变化。

五、实操考核

项目考核采用步进式考核方式，考核内容见表 2-4-2。

表 2-4-2　项目考核表

学　号		1	2	3	4	5	6	7	8	9	10	11	12
姓　名													
考核内容进程分值	各种水箱的绘制(10 分)												
	文本的绘制(10 分)												
	各种设备的绘制(10 分)												
	管道的绘制(5 分)												
	图素位置的调整(5 分)												
	条形显示的绘制(10 分)												
	数字输入及显示(10 分)												
	手操输出(10 分)												
	PID 控制器软设备的组态(10 分)												
	模拟运行(10 分)												
	系统联调(10 分)												
扣分	安全文明												
	纪律卫生												
总　评													

六、注意事项

(1) 条形显示与变量连接时，最好从数据词典中选取变量。

(2) PID 控制软设备要与数据词典中的变量建立连接。

(3) 各项组态必须在仿真机房调试通过。

(4) 在输入"AO0"时，前一个为英文"OUT"的第一个字母"O"，后一个是数字"0"。

七、思考题

(1) 条形显示、数字显示各有什么特点？

(2) 计算机如何显示现场液位的高低？

(3) 计算机如何控制现场的调节阀？

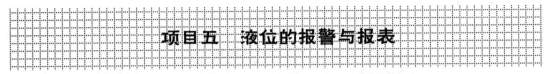

项目五　液位的报警与报表

在本模块的项目三、项目四中讨论了单容液位定值控制系统的组态王组态方法、软件调试及与硬件联调的过程，本项目主要讨论控制系统中重要参数的曲线显示、报警、报表组态方法及调试方法。

一、学习目标

1. 知识目标

(1) 掌握实时曲线的组态。

(2) 掌握历史曲线的组态。

(3) 掌握报警的组态。

(4) 掌握实时报表的组态。

(5) 掌握切换按钮的组态。

(6) 掌握用户权限的设置。

2. 能力目标

(1) 初步具备对控制系统中的重要参数实现实时曲线显示的组态能力。

(2) 初步具备对控制系统中的重要参数实现历史曲线显示的组态能力。

(3) 初步具备对控制系统中的重要参数报警的组态能力。

(4) 初步具备对控制系统中的重要参数实现实时报表的组态能力。

(5) 初步具备对组态王画面进行切换的能力。

(6) 初步具备对用户权限的设置能力。

二、必备知识与技能

1. 必备知识

(1) 检测仪表及调节仪表的基本知识。

(2) 闭环控制系统的组成及工作原理。

(3) 计算机输入通道的基本知识。

(4) 计算机输出通道的基本知识。

(5) 计算机直接数字控制系统的组态。

2. 必备技能

(1) 熟练的计算机操作技能。

(2) 闭环控制系统硬件组建技能。

(3) 闭环控制系统的组态技能。

(4) 闭环控制系统的组态调试能力。

(5) 闭环控制系统的联调能力。

三、教学任务

理实一体化教学任务见表 2-5-1。

表 2-5-1　理实一体化教学任务

任务一	切换按钮组态
任务二	实时趋势曲线组态
任务三	历史趋势曲线组态
任务四	报警组态
任务五	实时报表组态
任务六	用户权限的设置

四、理实一体化学习内容

1. 切换按钮组态

(1) 在主界面中，单击工具箱中的"按钮"图标，在画面组态窗口中根据需要绘制一个按钮，单击鼠标右键，选择"字符串替换"，更改它的命名为"报警"，如图 2-5-1 所示。

图 2-5-1　按钮的字符替换

(2) 单击鼠标右键，对按钮的类型和风格进行切换，如图 2-5-2 所示。

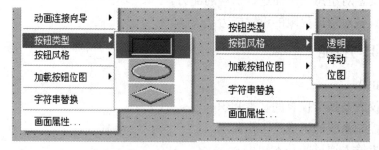

图 2-5-2　按钮的类型和风格设置界面

(3) 双击"报警"按钮，弹出"动画连接"对话框，如图 2-5-3 所示。

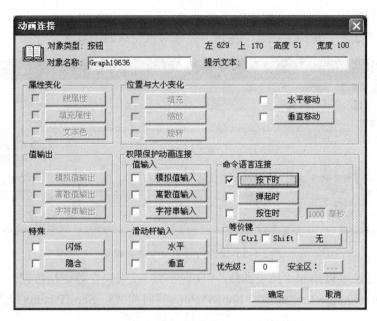

图 2-5-3　按钮的"动画连接"对话框

(4) 在图 2-5-3 对话框中的"命令语言连接"选项中,单击"按下时"按钮,弹出"命令语言"窗口,单击"全部函数"选项,会弹出"选择函数"对话框,再在该对话框中选中"ShowPicture"选项,如图 2-5-4 所示。

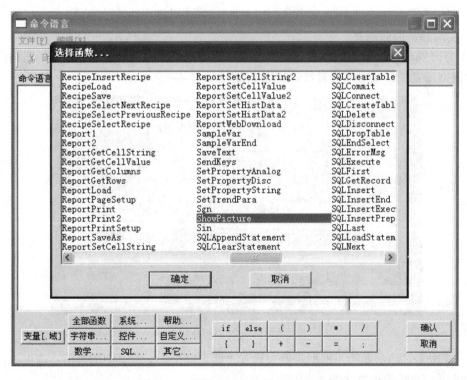

图 2-5-4　按钮的"命令语言"对话框

(5) 单击"确认"按钮,在弹出的"命令语言"窗口中将"Show Picture"修改为"报警",如图2-5-5所示。单击"确认"按钮,完成对报警按钮的设置。

图2-5-5　报警按钮的命令语言设置

用同样的方法可以绘制"历史曲线""实时曲线""报表"等切换按钮,并可以分别添加命令语言 ShowPicture(历史曲线)、ShowPicture(实时曲线)、ShowPicture(报表),效果图如图2-5-6所示。

图2-5-6　切换按钮效果图

2. 实时趋势曲线组态

(1) 打开实时曲线画面组态窗口,单击工具箱中的"实时趋势曲线"按钮,在画面组态窗口中根据需要绘制实时趋势曲线,如图2-5-7所示。

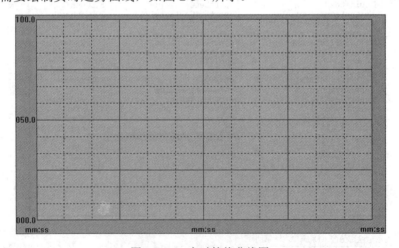

图2-5-7　实时趋势曲线图

(2) 双击实时趋势曲线,根据需要来设置"标识定义"标签页中的数值;选中"曲线定义"标签页,曲线的设置如图2-5-8所示。

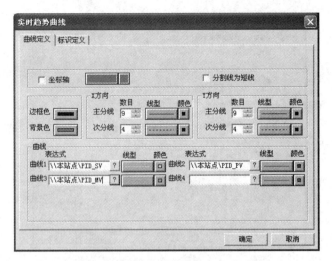

图 2-5-8 实时趋势曲线的定义对话框

(3) 实时趋势曲线的运行效果如图 2-5-9 所示。

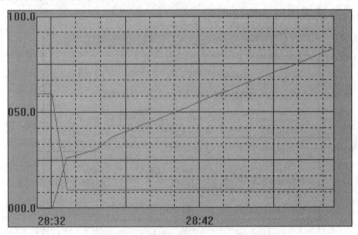

图 2-5-9 实时趋势曲线运行效果图

3. 历史趋势曲线组态

(1) 打开历史曲线画面组态窗口，单击工具箱中的"历史趋势曲线"按钮，在画面组态窗口中根据需要绘制历史趋势曲线，如图 2-5-10 所示。

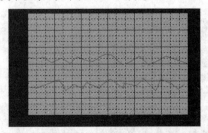

图 2-5-10 历史趋势曲线图

(2) 在数据词典中，分别对变量"PID_SV""PID_PV""PID_MV"进行设置，在"记录和安全区"标签页中选中"数据变化记录"选项，如图 2-5-11 所示。

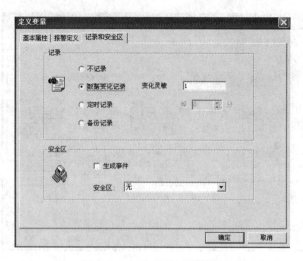

图 2-5-11 变量的记录设置

(3) 双击历史趋势曲线，根据需要来设置"标识定义"标签页中的数值。选中"曲线定义"标签页，曲线的设置如图 2-5-12 所示。

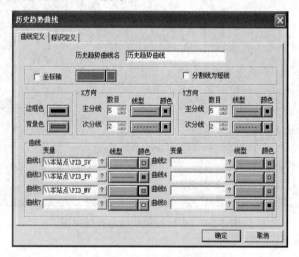

图 2-5-12 历史趋势曲线的定义

(4) 历史趋势曲线的运行效果如图 2-5-13 所示。

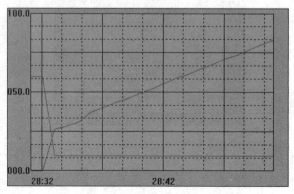

图 2-5-13 历史趋势曲线运行效果图

4. 报警组态

(1) 报警变量的定义：打开数据词典，双击"变量 PID_PV"，选择"报警定义"标签页，设置 PID_PV 的报警属性，如图 2-5-14 所示。

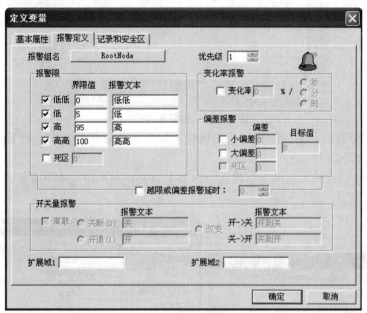

图 2-5-14　测量值报警属性设置

(2) 用同样的方法设置变量 PID_SV 和 PID_MV 的报警属性。

(3) 在数据词典中，分别对变量 PID_SV、PID_PV、PID_MV 进行设置，如图 2-5-15 所示。

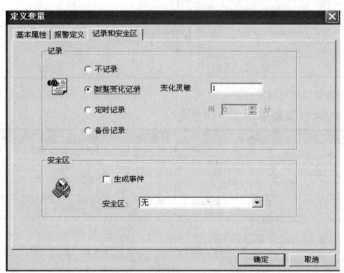

图 2-5-15　变量的记录设置

(4) 打开报警画面组态窗口，单击工具箱中的"报警窗口"按钮，在画面组态窗口中根据需要绘制报警窗口，如图 2-5-16 所示。

图 2-5-16   报警窗口画面

(5) 双击报警窗口画面，选择"通用属性"标签页，将报警窗口名设置为"报警"，如图 2-5-17 所示。

(6) 选择"条件属性"标签页，再在"报警信息源站点"中选中"本站点"，如图 2-5-18 所示。

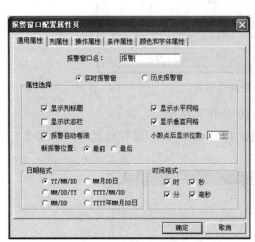

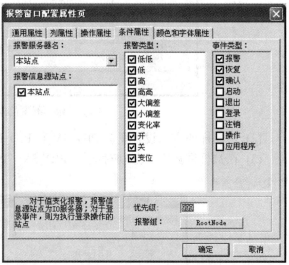

图 2-5-17   报警窗口通用属性设置   图 2-5-18   报警窗口条件属性设置

(7) 报警窗口的运行效果如图 2-5-19 所示。

事件日期	事件时间	报警日期	报警时间	变量名	报警类型
---	---	10/06/25	13:28:31.921	PID_MV	低低
10/06/25	13:28:31.921	10/06/25	13:28:31.265	PID_MV	低
---	---	10/06/25	13:28:31.265	PID_MV	低
10/06/25	13:28:28.640	10/06/25	13:28:24.703	PID_MV	低低
---	---	10/06/25	13:28:24.703	PID_MV	低低
---	---	10/06/25	13:28:24.656	PID_PV	高
10/06/25	13:28:24.656	10/06/25	13:28:10.093	PID_PV	低
10/06/25	13:28:18.906	10/06/25	13:28:15.625	PID_MV	低
---	---	10/06/25	13:28:15.625	PID_MV	低

图 2-5-19   报警运行效果图

5. 实时报表组态

(1) 打开实时报表画面组态窗口，单击工具箱中的"报表窗口"按钮，在画面组态窗口中根据需要绘制报表，如图 2-5-20 所示。

（2）在报表内没有行和列的空白处双击鼠标左键，在弹出的报表设计对话框中增减行和列的数量，如图 2-5-21 所示。

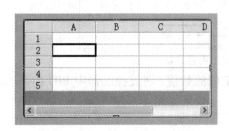
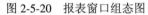

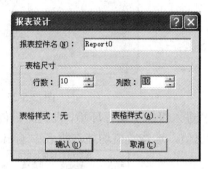

图 2-5-20　报表窗口组态图　　　　　　　　　　图 2-5-21　报表大小设置

（3）选择报表中第一行若干项，合并单元格，在报表工具箱的输入框中输入"单容液位定值控制报表"，选中"输入"按钮即可完成报表表头的设置，如图 2-5-22 所示。

图 2-5-22　报表表头设置

（4）如图 2-5-23 所示，可以分别在相应的单元格输入规定的内容。

图 2-5-23　报表输入内容设置

（5）设置输入内容。在报表中"时间"所对应的列中输入时间，分别是"1 s"～"8 s"。单击"1 s"时刻所对应的测量值单元格，在出现的"报表工具箱"输入窗口处输入"="，单击"插入变量"按钮，即会和数据库建立连接，双击需要添加的变量，在此处添加测量值，如图 2-5-24 所示。

图 2-5-24　报表输出内容设置

（6）用上述同样的方法，将报表中所有需要添加内容的单元格都添加上相关变量，如图 2-5-25 所示。

	A	B	C	D	E	F	G
1		单容液位定值控制报表					
2	时间	测量值	设定值	输出值			
3	1s	=\\...	=\\...	=\\本...			
4	2s	=\\...	=\\...	=\\本...			
5	3s	=\\...	=\\...	=\\本...			
6	4s	=\\...	=\\...	=\\本...			
7	5s	=\\...	=\\...	=\\本...			
8	6s	=\\...	=\\...	=\\本...			
9	7s	=\\...	=\\...	=\\本...			
10	8s	=\\...	=\\...	=\\本...			

图 2-5-25　报表输出内容添加

(7) 进入组态王运行环境，设置测量值、设定值的数值，通过控制器中 PID 控制的运算，得到输出值，这些数值均能在报表中输出。其运行效果如图 2-5-26 所示。

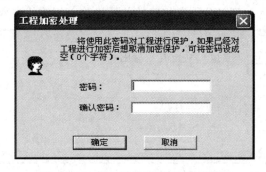

单容液位定值控制报表			
时间	测量值	设定值	输出值
1s	50.00	60.00	43.00
2s	50.00	60.00	43.00
3s	50.00	60.00	43.00
4s	50.00	60.00	43.00
5s	50.00	60.00	43.00
6s	50.00	60.00	43.00
7s	50.00	60.00	43.00
8s	50.00	60.00	43.00

图 2-5-26　报表输出效果图

6. 用户权限的设置

(1) 在工程浏览器界面中，选择"工具→工程加密"，将会弹出"工程加密处理"对话框，如图 2-5-27 所示。输入工程的密码为"123"，下次进入工程浏览器需要输入密码"123"。

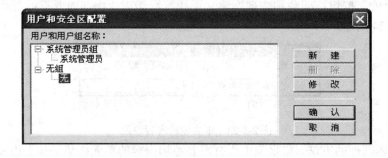

图 2-5-27　"工程加密处理"对话框

(2) 在工程浏览器界面双击"用户配置"选项，将弹出"用户和安全区配置"对话框，如图 2-5-28 所示。

图 2-5-28　"用户和安全区配置"对话框

(3) 双击"系统管理员"选项或单击"新建"按钮来新建系统管理员，在弹出的对话框中设置用户名和用户密码，如图 2-5-29 所示。

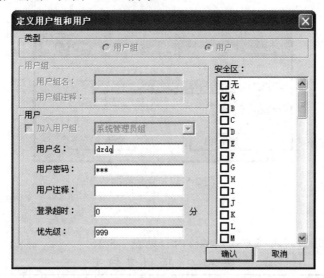

图 2-5-29 设置用户名和用户密码对话框

(4) 添加用户效果图，如图 2-5-30 所示。

图 2-5-30 添加用户效果图

(5) 双击开发主界面，设置画面属性，单击"命令语言"，弹出如图 2-5-31 所示的窗口，选中"显示时"标签页，在"全部函数"中找到"LogOn();"与"LogOff();"选项，完成设置，如图 2-5-31 所示。

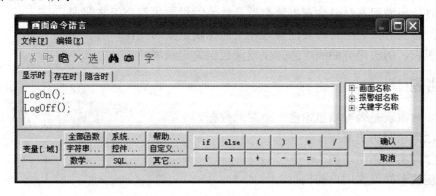

图 2-5-31 "画面命令语言"窗口

(6) 在 Touchvew 运行环境下，操作人员以自己的身份登录才能进入操作环境。在运行系统中打开"特殊\登录开"菜单项，在弹出的对话框中以自己的身份登录，如图 2-5-32 所示。

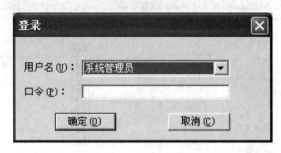

图 2-5-32　登录界面

五、实操考核

项目考核采用步进式考核方式，考核内容见表 2-5-2。

表 2-5-2　项目考核表

学　号		1	2	3	4	5	6	7	8	9
姓　名										
考核内容进程分值	实时趋势曲线组态(20 分)									
	历史趋势曲线组态(20 分)									
	报警组态(20 分)									
	实时报表组态(20 分)									
	切换按钮组态(10 分)									
	用户权限的设置(10 分)									
扣分	安全文明									
	纪律卫生									
总　评										

六、注意事项

(1) 进行报警组态时要注意报警类型及数值的设置须符合工艺要求。
(2) 进行实时报表组态时要注意选择工艺比较重要的变量。
(3) 报表、历史趋势曲线组态时要设置数据的记录属性。

七、思考题

(1) 实时报表是否可以显示前一小时的数据？
(2) 如何绘制历史曲线？
(3) 如何实现画面切换？
(4) 应该怎样设置用户的权限？

模块三 开关量组态工程

本模块主要介绍多种开关量组态王监控系统的构建方法，分别对按钮指示灯控制、抢答器控制、交通灯控制、两种液体混合装置控制、四层电梯监控、三菱 FX2N 系列 PLC 灯塔控制等系统的系统组成、工作原理、组态王软件组态方法及统调等内容作了详细的介绍。

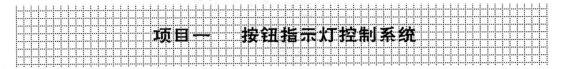

项目一 按钮指示灯控制系统

本项目主要介绍按钮指示灯控制系统的组成、工作原理，PLC 程序设计与调试，组态王组态方法及统调等内容，使学生具备组建简单计算机监督控制系统的能力。

一、学习目标

1. 知识目标

(1) 掌握按钮指示灯控制系统的控制要求。

(2) 掌握按钮指示灯控制系统的硬件接线方法。

(3) 掌握按钮指示灯控制系统的通信方式。

(4) 掌握按钮指示灯控制系统的控制原理。

(5) 掌握按钮指示灯控制系统的程序设计方法。

(6) 掌握按钮指示灯控制系统的组态设计方法。

2. 能力目标

(1) 初步具备按钮指示灯控制系统的分析能力。

(2) 初步具备 PLC 按钮指示灯控制系统的设计能力。

(3) 初步具备按钮指示灯控制系统 PLC 的程序设计能力。

(4) 初步具备按钮指示灯控制系统的组态能力。

(5) 初步具备按钮指示灯控制系统 PLC 程序与组态的统调能力。

二、必备知识与技能

1. 必备知识

(1) PLC 应用技术基本知识。

(2) 数字量输入通道基本知识。

(3) 数字量输出通道基本知识。

(4) 组态技术基本知识。

2. 必备技能

(1) 数字量输入通道构建基本技能。

(2) 数字量输出通道构建基本技能。

(3) 熟练的 PLC 接线操作技能。

(4) 熟练的 PLC 编程调试技能。

(5) 计算机监督控制系统的组建能力。

三、教学任务

理实一体化教学任务见表 3-1-1。

表 3-1-1　理实一体化教学任务

任务一	按钮指示灯控制系统控制要求
任务二	三菱 FX2N 系列 PLC 按钮指示灯控制系统实训设备基本配置及接线图
任务三	西门子 S7-200 PLC 按钮指示灯控制系统实训设备基本配置及接线图
任务四	按钮指示灯控制系统的组态
任务五	按钮指示灯控制系统自动运行画面的设置
任务六	按钮指示灯控制系统模拟运行

四、理实一体化学习内容

1. 按钮指示灯控制系统控制要求

按钮指示灯控制系统由启动按钮、停止按钮和指示灯组成，按下启动按钮 SB1，指示灯亮；按下停止按钮 SB2，指示灯熄灭。如图 3-1-1 所示。

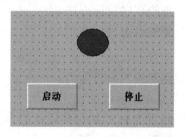

图 3-1-1　按钮指示灯控制系统

2. 三菱 FX2N 系列 PLC 按钮指示灯控制系统实训设备基本配置及接线图

1) 实训设备基本配置

按钮指示灯系统	一套;
24 V 直流稳压电源	一台;
RS-232 转换接头及传输线	一根;
计算机	一台/人;
三菱 FX2N 系列 PLC	一台。

2) 三菱 FX2N 系列 PLC 控制系统接线图

三菱 FX2N 系列 PLC 控制系统接线图如图 3-1-2 所示。

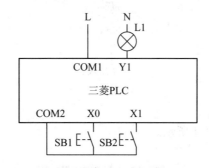

图 3-1-2　三菱 FX2N 系列 PLC 按钮指示灯控制系统接线图

由图 3-1-2 可知，在该控制系统接线中，计算机与三菱 FX2N PLC 之间采用 RS-232 接线方式，启动按钮 SB1 接 PLC 的 X0，停止按钮 SB2 接 PLC 的 X1，指示灯 L1 接 PLC 的 Y1。

3) 三菱 FX2N 系列 PLC 按钮指示灯控制系统 I/O 分配

I/O 分配见表 3-1-2。

表 3-1-2　I/O 分配

PLC 中 I/O 口分配		注　释	组态王数据词典对应的变量
元件	地址		
SB1	X0	启动	
SB2	X1	停止	
	M1	启动(监控界面)	M1
	M2	停止(监控界面)	M2
L1	Y1	指示灯	Y1

4) 三菱 FX2N 系列 PLC 按钮指示灯控制系统的组成及控制原理

按下启动按钮 SB1，接在 PLC 上的指示灯点亮，同时组态王监控界面的指示灯也点亮；按下停止按钮 SB2，接在 PLC 上的指示灯熄灭，同时组态王监控界面的指示灯也熄灭；在组态王监控界面，按下启动按钮，接在 PLC 上的指示灯点亮，同时组态王监控界面的指示灯点亮；按下停止按钮，接在 PLC 上的指示灯熄灭，同时组态王监控界面的指示灯熄灭。

5) 三菱 FX2N 系列 PLC 按钮指示灯控制系统 PLC 控制程序

PLC 控制程序如图 3-1-3 所示。

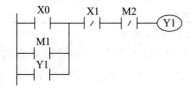

图 3-1-3　按钮指示灯控制系统 PLC 控制程序　　　按钮指示灯 PLC 程序讲解

3. 西门子 S7-200 PLC 按钮指示灯控制系统实训设备基本配置及接线图

1) 实训设备基本配置

按钮指示灯系统	一套;
24 V 直流稳压电源	一台;
RS-232 转换接头及传输线	一根;
计算机	一台/人;
西门子 S7-200 系列 PLC	一台。

2) PLC 控制接线图

PLC 控制接线图如图 3-1-4 所示。

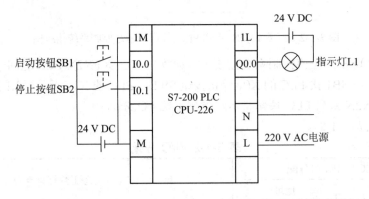

图 3-1-4　西门子 S7-200 PLC 系列 PLC 按钮指示灯控制系统接线图

由图 3-1-4 可知，在该控制系统接线中，计算机与西门子 S7-200 PLC 之间采用 RS-232 接线方式，启动按钮 SB1 接 PLC 的 I0.0，停止按钮 SB2 接 PLC 的 I0.1，指示灯 L1 接 PLC 的 Q0.0。

3) S7-200 PLC 按钮指示灯控制系统 I/O 分配

I/O 分配见表 3-1-3。

表 3-1-3　I/O 分配

PLC 中 I/O 口分配		注释	组态王数据词典对应的变量
元件	地址		
SB1	X0	启动	
SB2	X1	停止	
	M1.0	启动(监控界面)	M1
	M1.1	停止(监控界面)	M2
L1	Y1	指示灯	Y1

4) S7-200 PLC 按钮指示灯控制系统的组成及控制原理

按下启动按钮 SB1，接在 PLC 上的指示灯点亮，同时组态王监控界面的指示灯也点亮；按下停止按钮 SB2，接在 PLC 上的指示灯熄灭，同时组态王监控界面的指示灯也熄灭；在组态王监控界面，按下启动按钮，接在 PLC 上的指示灯点亮，同时组态王监控界面的指示灯也点亮；按下停止按钮，接在 PLC 上的指示灯熄灭，同时组态王监控界面的指示灯也熄灭。

5) S7-200 PLC 按钮指示灯控制系统 PLC 控制程序

S7-200 PLC 按钮指示灯控制系统 PLC 控制程序如图 3-1-5 所示。

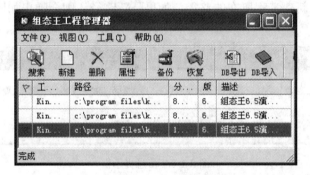

图 3-1-5 西门子 S7-200 PLC 按钮指示灯控制系统 PLC 控制程序

4. 按钮指示灯控制系统的组态

(1) 打开组态王 6.5 组态环境。单击"开始"菜单，按"开始"→"所有程序"→"组态王 6.5"→"组态王 6.5"的顺序打开组态王工程管理器，如图 3-1-6 所示。或双击桌面上的组态王 6.5 快捷图标打开组态王工程管理器。

按钮指示灯(词典画面)　　　　　图 3-1-6 组态王工程管理器　　　　　按钮指示灯(设备组态)

(2) 新建工程的操作步骤如下：

① 单击"文件"→"新建工程"选项，将会弹出如图 3-1-7 所示界面。

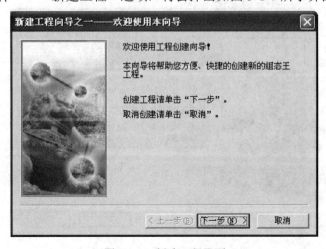

图 3-1-7 新建工程界面

② 单击"下一步"按钮，将会弹出如图 3-1-8 所示的对话框，在工程名称中输入"按钮指示灯控制系统"。

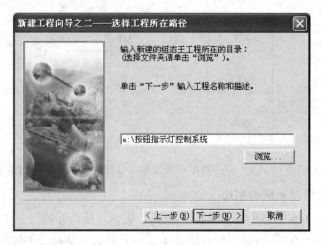

图 3-1-8　设置工程路径

③ 输入组态王新建工程所在的路径，如果是新路径，则会弹出如图 3-1-9 所示的信息提示框。

图 3-1-9　信息提示框

④ 单击"确定"按钮，将会弹出如图 3-1-10 所示的对话框，在"工程名称"下面输入组态王新建工程的名称"按钮指示灯控制系统"，在"工程描述"下面输入对工程的描述，如图 3-1-10 所示。

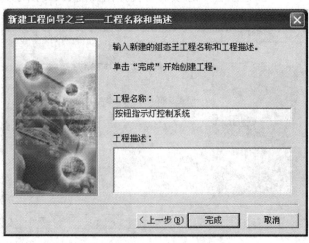

图 3-1-10　新建工程的名称和描述

⑤ 单击"完成"按钮，弹出如图 3-1-11 所示的信息提示框。

⑥ 单击"是"按钮，完成工程的创建，如图 3-1-12 所示。

图 3-1-11 信息提示框

图 3-1-12 完成新建工程

(3) 三菱 FX2N 系列 PLC 设备组态的操作步骤如下：

① 双击新建的工程。

② 在组态王"工程浏览器"界面中选择设备标签中的"COM1"，将会弹出如图 3-1-13 所示的窗口。

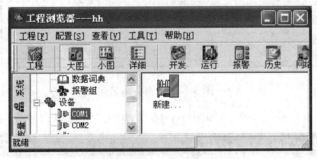

图 3-1-13 选择设备窗口

③ 双击右侧窗口中的"新建"图标，将会弹出如图 3-1-14 所示的对话框。

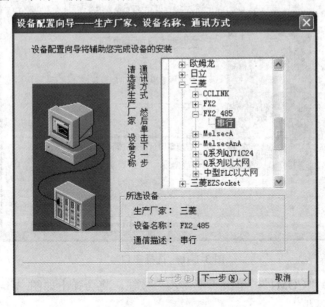

图 3-1-14 选择设备类型

④ 依次选择"PLC""三菱""FX2_485""串行",单击"下一步"按钮,将会弹出如图 3-1-15 所示对话框,在文本框中完成设备的命名。

图 3-1-15 设备命名

⑤ 单击"下一步"按钮,弹出如图 3-1-16 所示的"选择串口号"对话框。

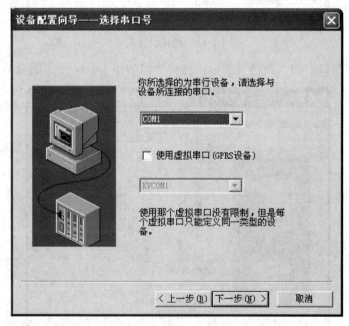

图 3-1-16 选择串口号

⑥ 串口号选择"COM1",单击"下一步"按钮,将会弹出如图 3-1-17 所示的"设备地址设置指南"对话框。

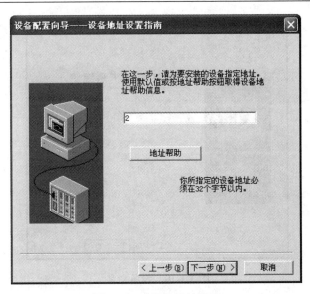

图 3-1-17 设备地址设置

⑦ 填入设备地址"2",单击"下一步"按钮,其余选择默认值。再单击"下一步"按钮,直到结束。

(4) 西门子 S7-200 系列 PLC 设备组态的操作步骤:

① 双击新建的工程。

② 在组态王工程浏览器中选择设备标签中的"COM1",将会弹出如图 3-1-13 所示的窗口。

③ 双击右侧窗口中的"新建",将会弹出如图 3-1-18 所示对话框。

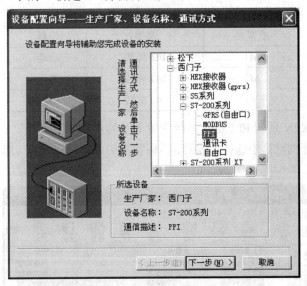

图 3-1-18 选择设备类型

④ 依次选择"PLC""西门子""S7-200 系列""PPI",单击"下一步"按钮,弹出如图 3-1-19 所示对话框,在文本框中完成设备的命名。

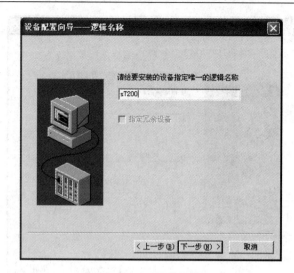

图 3-1-19　设备命名

⑤ 单击"下一步"按钮,弹出如图 3-1-16 所示对话框。

⑥ 串口号选择"COM1",单击"下一步"按钮,弹出如图 3-1-17 所示对话框。

⑦ 填入设备的地址"2",单击"下一步"按钮,其余选择默认值。单击"下一步"按钮,直到结束。

(5) 数据词典。实时数据库是组态王控制系统的核心,也是应用系统的数据处理中心,系统各部分均以实时数据库为数据公用区,在此进行数据交换、数据处理和实现数据的可视化处理。

① 数据库规划,见表 3-1-4。

表 3-1-4　数据库规划

变量名	类型	注释
M1	I/O 离散	启动
M2	I/O 离散	停止
Y1	I/O 离散	灯

② 定义三菱 FX2N 系列 PLC I/O 离散变量 M1 的步骤如下:

a. 在组态王工程浏览器中选择"数据库"标签页中的"数据词典"选项,弹出如图 3-1-20 所示的窗口。

图 3-1-20　选择数据词典

b. 双击右侧窗口中的"新建"按钮,弹出如图 3-1-21 所示对话框。变量名定义为"M1",变量类型选择"I/O 离散",连接设备选择"FX2N",寄存器选择"M1",数据类型选择"Bit",读写属性选择"读写"。

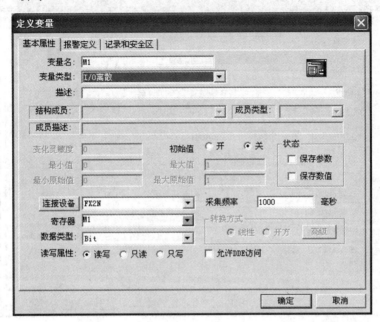

图 3-1-21　I/O 离散变量的定义(三菱 FX2N 系列 PLC)

c. 定义 M2、Y1 对象的方法同 M1。变量名分别定义为"M2""Y1",变量类型选择"I/O 离散",连接设备选择"FX2N",寄存器分别选择"M2""Y1",数据类型选择"Bit",读写属性选择"读写"。

d. 数据库组态窗口如图 3-1-22 所示。

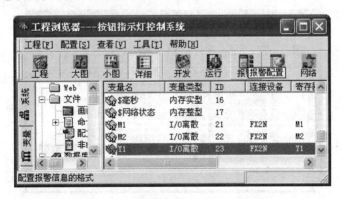

图 3-1-22　数据库组态窗口(三菱 FX2N 系列 PLC)

③ 定义西门子 S7-200 系列 PLC I/O 离散变量 M1 的步骤如下:

a. 在组态王工程浏览器中选择数据库标签中的"数据词典",弹出如图 3-1-20 所示的窗口。

b. 双击右侧窗口中的"新建"按钮,弹出如图 3-1-23 所示对话框。变量名为"M1"的变量类型选择"I/O 离散"，连接设备选择"s7200"，寄存器选择"M1.0"，数据类型选择"Bit"，读写属性选择"读写"。

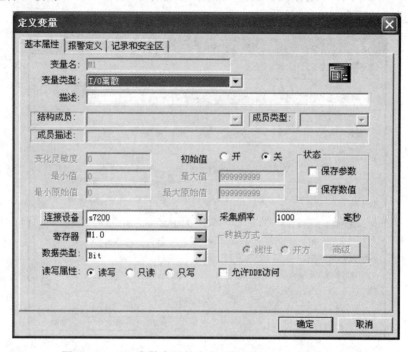

图 3-1-23　I/O 离散变量的定义(西门子 S7-200 系列 PLC)

　　c. 定义 M2、Y1 对象的方法同 M1。变量名分别为"M2""Y1"，变量类型均为"I/O 离散"，连接设备仍选择"s7200"，只是 M2、Y1 的寄存器分别选择为"M1.1""Q0.0"，其他设置不变。

　　d. 数据库组态窗口如图 3-1-24 所示。

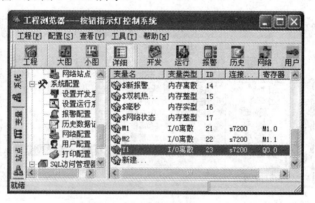

图 3-1-24　数据库组态窗口(西门子 S7-200 系列 PLC)

　　(6) 用户窗口的组态。用户窗口主要用于设置工程中人机交互的界面，可生成各种动画显示画面、报警输出、数据与曲线图表等。

　　① 新建画面的操作步骤如下：

　　a. 在组态王工程浏览器中选择"文件"标签中的"画面"，弹出如图 3-1-25 所示的窗口。

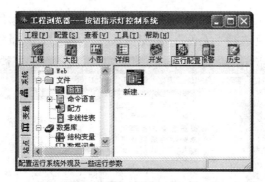

图 3-1-25　画面组态窗口

b. 双击窗口右侧中的"新建",弹出如图 3-1-26 所示对话框,在画面名称中输入"按钮指示灯控制系统"。

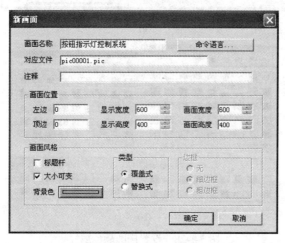

图 3-1-26　新建画面

c. 双击按钮指示灯控制系统窗口,打开画面组态窗口。

② 指示灯的绘制步骤如下:

a. 单击工具箱中的椭圆图标,在动画组态界面上画一个椭圆,如图 3-1-27 所示。

图 3-1-27　绘制椭圆

　　b. 选中椭圆，单击工具箱中的显示调色板图标，设置椭圆的颜色属性，如图 3-1-28(a)、图 3-1-28(b)所示。线条色选择"无色"，填充色选择"黑色"，背景色选择"白色"。

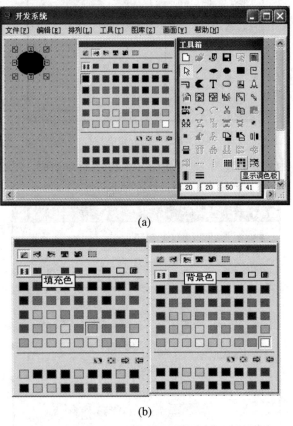

(a)

(b)

图 3-1-28　设置椭圆颜色属性

　　c. 用同样的方法绘制一个大小相同的红色的椭圆，双击该红色椭圆，在弹出的窗口中选择"隐含"，在"隐含连接"对话框中，条件表达式为"\\本站点\L1"，如图 3-1-29 所示。

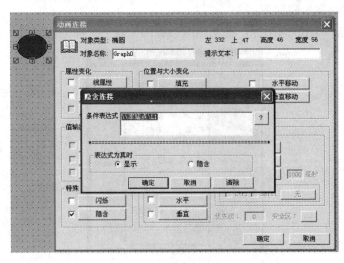

图 3-1-29　指示灯的设计

d. 将红色椭圆置于黑色椭圆上方，将其全部覆盖。

③ 文本的绘制步骤如下：

a. 选择"工具箱"中的"文本"图标，鼠标的光标呈"十"字形，在窗口适当的位置单击鼠标，即可在绘图界面上显示一个跳动的光标，将光标移到需要输入文字的地方，输入所需文字即可，如图 3-1-30 所示。

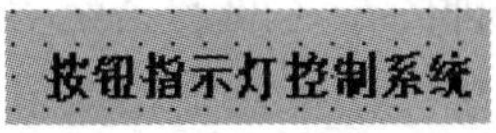

按钮指示灯控制系统

图 3-1-30 文本的绘制

b. 选中文字，选择"工具箱"中的"字体"图标，设置文本的字体及大小，如图 3-1-31 所示。

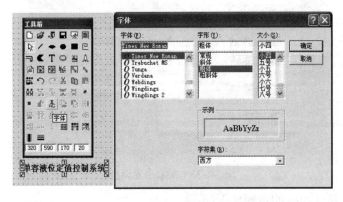

图 3-1-31 字体属性设置

c. 选中文字，选择"工具箱"中的"显示调色板"图标，设置文本的颜色。

按以上步骤绘制其他文本。

④ 各种图符的绘制步骤如下：

a. 选择"工具箱"中的"打开图库"图标，单击进入"图库管理器"，选择所需要的元件，将其放在动画组态界面上，如图 3-1-32 所示。

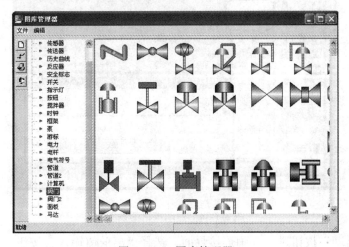

图 3-1-32 图库管理器

b. 按以上步骤在动画组态界面上绘制各种图符，若所需图符在"图库管理器"中不存在，则需要自己构建。具体的做法：选中图库中现有的插件，拖至动画组态界面上，然后选中，单击鼠标右键，选择组合拆分下的组合单元、拆分单元、合成组合图素等菜单中的其中一个，对图符进行拆分或组合操作。

⑤ 图素位置调整的操作方法：在流程图绘制过程中，要求画面清晰、美观，能较准确地反映监控的实际情况，所以对各种图符之间的搭配等提出了较高的要求。但是在实际画图的过程中，由于各种图符的先后顺序不一定能恰好满足美观的要求，此时就涉及显示调整的问题。先选中需要调整的图符，再单击鼠标右键，选择"图素位置"中的"图素后移"等选项(如图 3-1-33 所示)，直到监控界面达到美观要求为止。

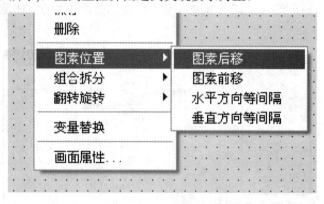

图 3-1-33　图素位置调整

⑥ 数字输入按钮组态的步骤如下：

a. 打开工具箱选择按钮，在动画组态界面上画一个按钮，单击鼠标右键选择"字符串"来替换，将按钮文本改为"启动"，如图 3-1-34 所示。

图 3-1-34　启动按钮的设置

b. 双击"启动"按钮进入动画连接界面，选择"离散值输入"按钮，在"离散值输入连接"对话框中与"\\本站点\M1"建立连接,如图 3-1-35 所示。

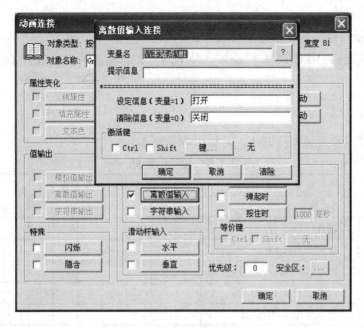

图 3-1-35　按钮的动画连接

c. 采用同样的方法绘制"停止"按钮,并与数据库中的"M2"进行连接。监控界面如图 3-1-36 所示。

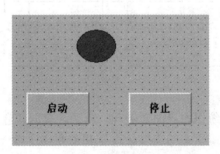

图 3-1-36　监控界面

5. 按钮指示灯控制系统自动运行画面的设置

(1) 在工程浏览器中双击"运行系统设置",弹出如图 3-1-37 所示的对话框。

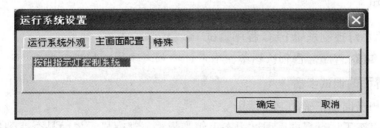

图 3-1-37　"运行系统设置"对话框

(2) 选择"主画面配置"标签页,并选择按钮指示灯控制系统作为启动界面,单击"确定"按钮,完成设置。

6. 按钮指示灯控制系统模拟运行

以上组态完成后,依次选择"文件""VIEW",自动进入按钮指示灯控制系统画面运行界面。

五、实操考核

项目考核采用步进式考核方式,考核内容见表 3-1-5。

表 3-1-5 项目考核表

学 号		1	2	3	4	5	6	7	8	9	10	11
姓 名												
考核内容 进程分值	硬件接线(5 分)											
	控制原理(10 分)											
	PLC 程序设计(20 分)											
	PLC 程序调试(10 分)											
	数据库组态(10 分)											
	设备组态(10 分)											
	用户窗口组态(25 分)											
	系统统调(10 分)											
扣分	安全文明											
	纪律卫生											
	总评											

六、注意事项

(1) 按钮指示灯控制系统组态界面要美观、新颖,有创新意识。

(2) 按钮指示灯控制系统组态的连接必须与 PLC 的 I/O 口一一对应。

(3) PLC 程序要按按钮指示灯控制系统的控制要求设计。

(4) 按钮指示灯控制系统组态王监控界面要尽可能包含 PLC 的输入点和输出点。

(5) 组态王监控界面要实现按钮指示灯控制系统控制过程的模拟。

七、系统调试

1. 按钮指示灯控制系统 PLC 程序调试

反复调试 PLC 程序,直到达到按钮指示灯控制系统的控制要求为止。

2. 监控界面的调试步骤

(1) 运行初步调试正确的 PLC 程序。

(2) 进入组态王运行界面,调试组态王组态界面,观察显示界面是否达到按钮指示灯控制系统的控制要求。根据按钮指示灯控制系统的显示需求添加必要的动画,再根据动画要求修改 PLC 程序。

反复调试，直到组态界面和 PLC 程序都达到控制要求为止。

3. 调试过程中常见的问题及解决办法

(1) 问题：程序在 PLC 中能正常运行，但与组态连接时程序就无法正常运行。

解决办法：在数据词典中解决数据交叉使用的现象。

(2) 问题：组态界面灯的闪烁不合程序的逻辑。

解决办法：在属性设置中添加"隐含"设置，删除脚本程序。

八、思考题

(1) 按下启动按钮后，指示灯亮 3 s 灭 3 s，不断交替循环，控制系统应该怎样修改？

(2) 指示灯的点动控制应该怎样修改？

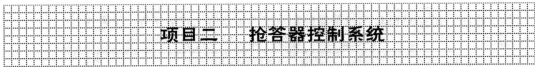

本项目主要讨论基于西门子 S7-200 PLC 的抢答器控制系统的组成、工作原理、组态王软件组态方法及统调等内容，使学生初步具备组建简单的组态王软件监控系统的能力。

一、学习目标

1. 知识目标

(1) 掌握抢答器控制系统的控制要求。

(2) 掌握抢答器控制系统的硬件接线。

(3) 掌握抢答器控制系统的通信方式。

(4) 掌握抢答器控制系统的控制原理。

(5) 掌握使用组态王创建工程的方法。

(6) 掌握抢答器控制系统设备的连接方法。

(7) 掌握抢答器控制系统的组态设计方法。

2. 能力目标

(1) 初步具备简单工程的分析能力。

(2) 初步具备抢答器控制系统的构建能力。

(3) 增强独立分析、综合开发研究、解决具体问题的能力。

(4) 初步具备对抢答器控制系统的设计能力。

(5) 初步具备抢答器控制系统的分析能力。

(6) 初步具备抢答器控制系统的组态能力。

(7) 初步具备抢答器控制系统的统调能力。

二、必备知识与技能

1. 必备知识

(1) 西门子 S7-200 PLC 系统的构成。

(2) 西门子 S7-200 PLC 编程的基本知识。

(3) 西门子 S7-200 PLC 硬件接线的基本知识。

(4) 抢答器控制系统的组成。

(5) 计算机组态软件的基本知识。

2. 必备技能

(1) 熟练的计算机操作技能。

(2) 西门子 S7-200 PLC 编程软件使用的技能。

(3) 西门子 S7-200 PLC 简单程序调试的技能。

(4) 西门子 S7-200 PLC 硬件的接线能力。

(5) 计算机组态监控系统的组建能力。

三、教学任务

基于西门子 S7-200 PLC 的抢答器控制系统理实一体化教学任务，见表 3-2-1。

表 3-2-1　理实一体化教学任务

任务一	抢答器控制系统的控制要求
任务二	抢答器控制系统实训设备的基本配置
任务三	抢答器控制系统接线图
任务四	抢答器控制系统的控制原理
任务五	抢答器控制系统的 PLC 控制程序
任务六	抢答器控制系统的组态

四、理实一体化学习内容

1. 抢答器控制系统的控制要求

设计四组抢答器控制及监控系统，具体要求如下：一个四组抢答器，任一组抢先按下按钮后，显示器(七段数码管)能及时显示该组的编号并使蜂鸣器发出响声，同时锁住抢答器，使其他组按下按钮无效。抢答器有复位开关，复位后可重新抢答。

使用组态王软件设计完成抢答器的监控系统，监控各按钮动作情况及七段数码管显示。

2. 抢答器控制系统实训设备的基本配置

1) 实训设备基本配置

抢答器系统　　　　　　　　　　　　　一套；

西门子 S7-200 系列 PLC(CPU226)　　　一块；

PC/PPI 通信电缆　　　　　　　　　　　一条；

组态王(Kingview 6.53)软件　　　　　　一套；

STEP 7 MicroWIN V4.0 软件　　　　　　一套；

计算机　　　　　　　　　　　　　　　一台；

连接导线　　　　　　　　　　　　　　若干。

2) 抢答器控制系统 I/O 分配

基于西门子 S7-200 PLC 的四组抢答器控制系统输入、输出各端子对应关系如表 3-2-2

所示。

表 3-2-2　抢答器控制系统 I/O 分配表

输　入		输　出	
对　象	S7-200 PLC 端口	对　象	S7-200 PLC 端口
1 号按钮 SB1	I0.1	蜂鸣器	Q0.0
2 号按钮 SB2	I0.2	数码管字段 a	Q0.1
3 号按钮 SB3	I0.3	数码管字段 b	Q0.2
4 号按钮 SB4	I0.4	数码管字段 c	Q0.3
复位按钮 SB5	I0.0	数码管字段 d	Q0.4
		数码管字段 e	Q0.5
		数码管字段 f	Q0.6
		数码管字段 g	Q0.7

3. 抢答器控制系统接线图

抢答器控制系统接线时，L、N 接 220 V 交流电源，PLC 的输入及输出使用直流 24 V 电源供电。在 PLC 输出的 Q0.0 端接了一个直流 24 V 的蜂鸣器，七段数码管采用共阴极接法，即直流 24 V 电源负极接数码管的公共端，数码管字段 a 至字段 g 通过电阻分别接在 PLC 输出的 Q0.1 至 Q0.7 端，PLC 输出的公共端 1M、2M 并接在直流 24 V 的电源正极，如图 3-2-1 所示。

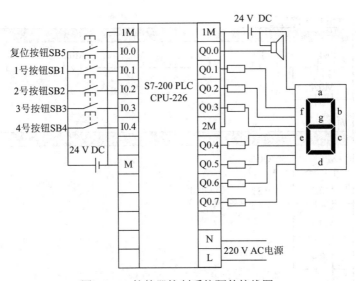

图 3-2-1　抢答器控制系统硬件接线图

4. 抢答器控制系统的控制原理

在设计抢答器控制系统的梯形图时，注意每个按钮的"自锁"及"互锁"关系，对于 1 号按钮 SB1，中间继电器 M0.1 实现"自锁"，M0.2、M0.3、M0.4 实现"互锁"，该系统显示器采用七段数码管，按下各按钮时，通过分别点亮七段数码管相应的字段，从而组合出需要的数字。例如，当按下 1 号按钮 SB1 时，接通 PLC 的输出端 Q0.2 和 Q0.3，即点亮字段 b 和字段 c，组合出数字 1。

5. 抢答器控制系统的 PLC 控制程序

抢答器控制系统的梯形图如图 3-2-2 所示。

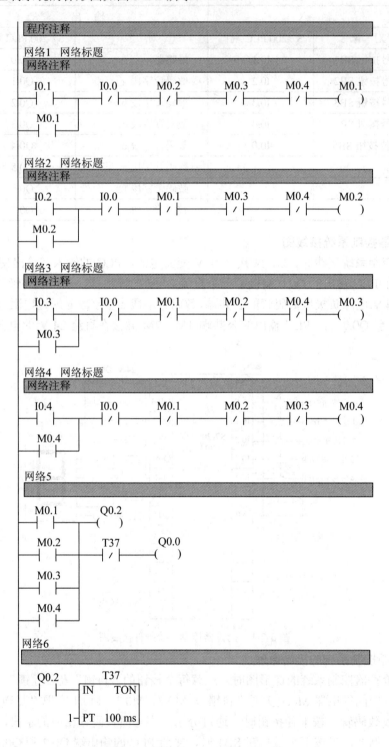

图 3-2-2　四组抢答器控制系统梯形图(1)

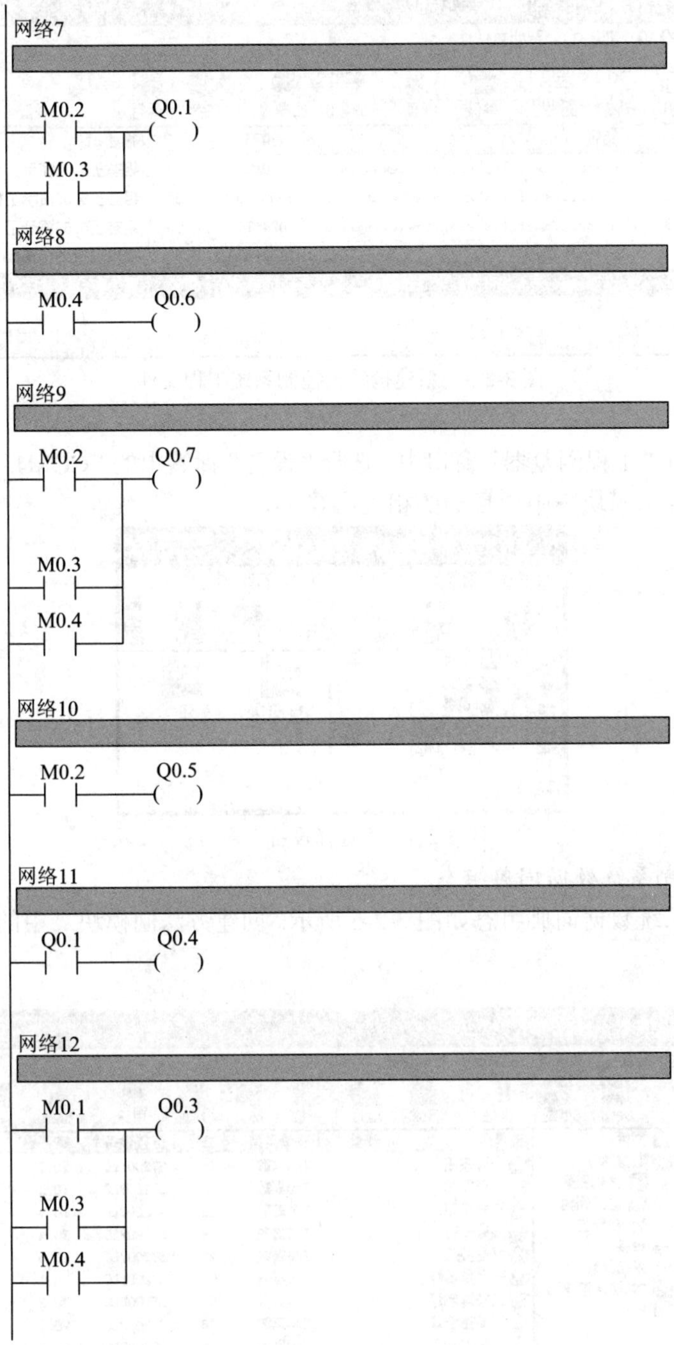

网络7

M0.2　　　Q0.1
├─┤ ├──┬──( )
M0.3　　 │
├─┤ ├──┘

网络8

M0.4　　　Q0.6
├─┤ ├─────( )

网络9

M0.2　　　Q0.7
├─┤ ├──┬──( )

M0.3　　 │
├─┤ ├──┤
M0.4　　 │
├─┤ ├──┘

网络10

M0.2　　　Q0.5
├─┤ ├─────( )

网络11

Q0.1　　　Q0.4
├─┤ ├─────( )

网络12

M0.1　　　Q0.3
├─┤ ├──┬──( )

M0.3　　 │
├─┤ ├──┤
M0.4　　 │
├─┤ ├──┘

图 3-2-2　四组抢答器控制系统梯形图(2)

6. 抢答器控制系统的组态

1) 新建工程

在"工程管理器"窗口中，选择"文件"→"新建工程"，新建"抢答器控制系统"的工程文件，如图 3-2-3 所示。

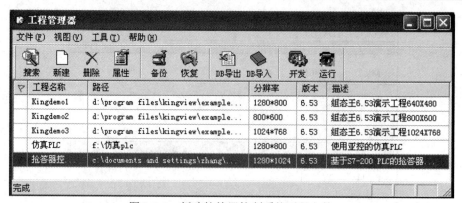

图 3-2-3　新建抢答器控制系统工程文件

2) 设备组态

在组态王软件"工程浏览器"窗口中,选择"设备"标签中的"COM1",创建如图 3-2-4 所示的设备。可参考模块三中项目一的相关内容。

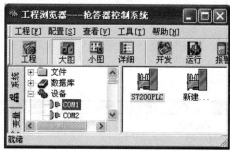

图 3-2-4　"选择设备"窗口

3) 抢答器控制系统数据词典组态

抢答器控制系统数据词典组态如图 3-2-5 所示。创建方法同模块二中的项目三或模块三中的项目一。

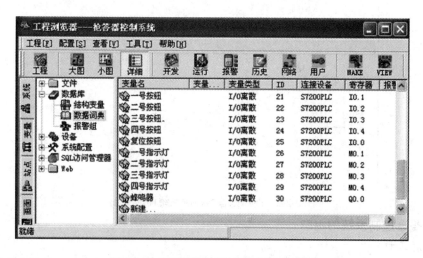

图 3-2-5　抢答器控制系统数据词典组态

4) 创建画面窗口

创建抢答器控制系统画面组态窗口如图 3-2-6 所示。创建方法同模块二中的项目三。

图 3-2-6　"抢答器控制系统画面组态"窗口

5) 用户窗口组态

(1) 双击抢答器控制系统画面窗口，打开动画组态界面，绘制如图 3-2-7 所示的图形。可参考模块二中的项目四或模块三中的项目一。

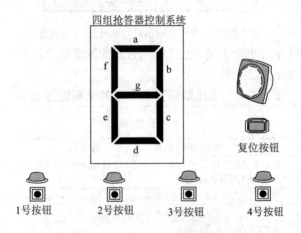

图 3-2-7　抢答器控制系统控制界面

(2) 按钮及指示灯的动画连接。"1 号按钮""2 号按钮""3 号按钮""4 号按钮""复位按钮"的动画连接方法是相同的，以"1 号按钮"动画连接为例来进行说明，具体设置如图 3-2-8 所示。当按下"1 号按钮"时，按钮开启，同时对应的变量名为"\\本站点\一号按钮 =1"，按钮呈绿色。

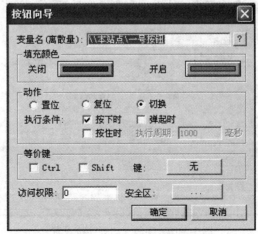

图 3-2-8　1 号按钮动画连接设置

"1号按钮""2号按钮""3号按钮""4号按钮"对应的指示灯动画连接方法是相同的，以"1号按钮"对应的指示灯动画连接为例来说明，具体设置如图3-2-9所示。

图3-2-9　1号按钮指示灯动画连接具体设置

(3) 七段数码管对应的动画连接。七段数码管对应的字段"a""b""c""d""e""f""g"对应的动画连接效果如表3-2-3所示。

表3-2-3　七段数码管各字段的动画连接效果

对象	动画连接	条件表达式	表达式为"真"时
字段 a	隐含	\\本站点\二号指示灯|\\本站点\三号指示灯	显示
字段 b	隐含	\\本站点\一号指示灯|\\本站点\二号指示灯|\\本站点\三号指示灯|\\本站点\四号指示灯	显示
字段 c	隐含	\\本站点\一号指示灯|\\本站点\三号指示灯|\\本站点\四号指示灯	显示
字段 d	隐含	\\本站点\二号指示灯|\\本站点\三号指示灯	显示
字段 e	隐含	\\本站点\二号指示灯	显示
字段 f	隐含	\\本站点\四号指示灯	显示
字段 g	隐含	\\本站点\二号指示灯|\\本站点\三号指示灯|\\本站点\四号指示灯	显示

以字段 a 为例，动画连接具体设置如图3-2-10和图3-2-11所示。

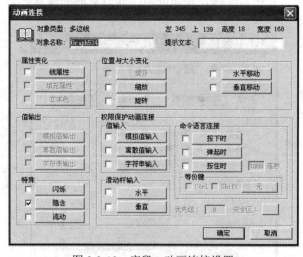

图3-2-10　字段 a 动画连接设置

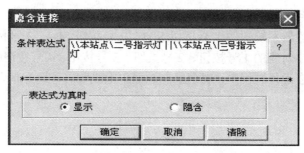

图 3-2-11 字段 a 隐含连接设置

五、实操考核

项目考核采用步进式考核方式，考核内容如表 3-2-4 所示。

表 3-2-4 项目考核表

学 号		1	2	3	4	5	6	7	8	9	10
姓 名											
考核内容进程分值	硬件接线(5 分)										
	控制原理(10 分)										
	数据词典组态(20 分)										
	设备组态(10 分)										
	用户窗口组态(20 分)										
	命令语言组态(10 分)										
	系统统调(25 分)										
扣分	安全文明										
	纪律卫生										
总 评											

六、注意事项

(1) 在进行抢答器控制系统接线时，要注意 PLC 端子与七段数码管各字段的对应关系。

(2) 在进行抢答器控制系统组态时，要注意七段数码管各字段的动画连接。

七、系统调试

1. 抢答器控制系统 PLC 的程序调试

(1) 按照抢答器控制系统外部接线图接好线，将图 3-2-2 所示的程序输入 PLC 中并运行。

(2) 按下 1 号按钮 SB1，观察 PLC 的运行情况，七段数码管应显示数字"1"，即字段 b、字段 c 点亮。按下 2 号按钮 SB2、3 号按钮 SB3、4 号按钮 SB4，观察 PLC 的运行情况，七段数码管应显示数字"1"不变；若按下复位按钮 SB5，系统将停止运行。

(3) 按照上述方法依次调试 2 号按钮 SB2、3 号按钮 SB3、4 号按钮 SB4，直到显示正常为止。

2. 抢答器控制系统组态王仿真界面的调试

(1) 分别按下抢答器系统硬件 1 号按钮 SB1、2 号按钮 SB2、3 号按钮 SB3、4 号按钮 SB4，观察组态画面中对应的 1 号按钮、2 号按钮、3 号按钮、4 号按钮的颜色是否呈绿色。

(2) 抢答器系统在运行过程中，观察组态画面中七段数码管运行是否正常，是否与实际的数码管运行一致。

八、思考题

(1) 如何实现在抢答器控制系统中七段数码管各字段的显示？使用了组态王软件中的什么运算符？

(2) 如何设计实现一个五组抢答器的监控系统？

项目三　交通灯控制系统

本项目主要讨论基于西门子 S7-200 PLC 的交通灯控制系统的组成、工作原理、组态王组态方法及统调等内容，使学生具备组建简单的组态王监控系统的能力。

一、学习目标

1. 知识目标

(1) 掌握交通灯控制系统的控制要求。

(2) 掌握交通灯控制系统的硬件接线。

(3) 掌握交通灯控制系统的通信方式。

(4) 掌握交通灯控制系统的控制原理。

(5) 掌握使用组态王创建工程的方法。

(6) 掌握交通灯控制系统设备连接的设置方法。

(7) 掌握交通灯控制系统的组态设计方法。

2. 能力目标

(1) 初步具备简单工程的分析能力。

(2) 初步具备交通灯控制系统的构建能力。

(3) 增强独立分析、综合开发研究、解决具体问题的能力。

(4) 初步具备对交通灯控制系统的设计能力。

(5) 初步具备交通灯控制系统的分析能力。

(6) 初步具备交通灯控制系统的组态能力。

(7) 初步具备交通灯控制系统的统调能力。

二、必备知识与技能

1. 必备知识

(1) 西门子 S7-200 PLC 系统的控制基本知识。

(2) 西门子 S7-200 PLC 编程的基本知识。

(3) 西门子 S7-200 PLC 硬件接线的基本知识。

(4) 交通灯控制系统的组成。

(5) 计算机组态软件的基本知识。

2. 必备技能

(1) 熟练的计算机操作技能。

(2) 西门子 S7-200 PLC 编程软件使用的技能。

(3) 西门子 S7-200 PLC 简单程序调试的技能。

(4) 西门子 S7-200 PLC 硬件的接线能力。

(5) 计算机组态监控系统的组建能力。

三、相关知识

如图 3-3-1 所示，是一个十字路口交通灯控制模拟实验板，设置一个启动按钮 SB1、停止按钮 SB2、强制按钮 SB3、循环选择开关 S。当按下启动按钮 SB1 之后，信号灯控制系统开始工作，首先南北红灯亮，东西绿灯亮。当按下停止按钮 SB2 后，信号控制系统停止，所有信号灯灭；当按下强制按钮 SB3 后，东西南北黄灯、绿灯灭，红灯亮。循环选择开关 SA 可以用来设定系统单次运行还是连续循环运行。

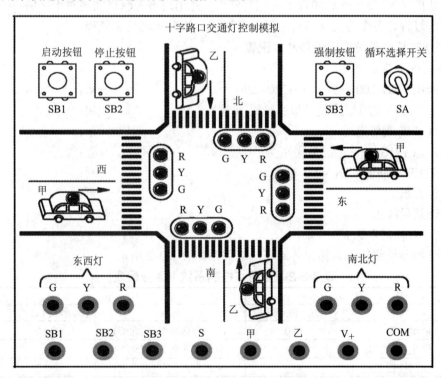

图 3-3-1　十字路口交通灯控制模拟实验板

四、教学任务

基于西门子 S7-200 PLC 的交通灯控制系统理实一体化教学任务，见表 3-3-1。

表 3-3-1　理实一体化教学任务

任务一	交通灯控制系统的控制要求
任务二	交通灯控制系统实训设备基本配置
任务三	交通灯控制系统接线图
任务四	交通灯控制系统 PLC 程序设计
任务五	交通灯控制系统的组态

五、理实一体化学习内容

1. 交通灯控制系统的控制要求

设计十字路口交通灯控制及监控系统，具体要求如下：东西红灯亮并保持 25 s，同时南北绿灯亮，保持 20 s，20 s 之后，南北绿灯闪亮 3 次(每周期 1 s)后熄灭。继而南北黄灯亮并保持 2 s，到 2 s 后，南北黄灯灭，南北红灯亮并保持 25 s，同时东西红灯灭，东西绿灯亮 20 s，20 s 之后，东西绿灯闪亮 3 次(每周期 1 s)后熄灭。继而东西黄灯亮并保持 2 s，到 2 s 后，东西黄灯灭，东西红灯亮，同时南北红灯灭，南北绿灯亮。至此完成一个循环。

使用西门子 S7-200 PLC 实现上述控制要求，并用组态王软件实现对十字路口交通灯控制系统操作过程、各个方向交通灯运行及车辆通行情况实现动态监控。

2. 交通灯控制系统实训设备基本配置

1) 实训设备基本配置

西门子 S7-200 系列 PLC(CPU-226)	一块；
十字路口交通灯控制模拟实验板(可选)	一块；
PC/PPI 通信电缆	一条；
组态王(Kingview 6.53)软件	一套；
STEP 7 MicroWIN V4.0 软件	一套；
计算机	一台；
连接导线	若干。

2) 交通灯控制系统 I/O 分配

交通灯控制系统输入、输出各端子对应关系如表 3-3-2 所示。

表 3-3-2　交通灯控制系统 I/O 分配表

输　　入		输　　出	
对象	S7-200 PLC 端口	对象	S7-200 PLC 端口
启动按钮 SB1	I0.0	南北方向绿灯(南北 G)	Q0.0
停止按钮 SB2	I0.1	南北方向黄灯(南北 Y)	Q0.1
强制按钮 SB3	I0.2	南北方向红灯(南北 R)	Q0.2
循环选择开关 SA	I0.3	东西方向绿灯(东西 G)	Q0.3
		东西方向黄灯(东西 Y)	Q0.4
		东西方向红灯(东西 R)	Q0.5
		南北方向车辆(乙)	Q0.6
		东西方向车辆(甲)	Q0.7

3. 交通灯控制系统接线图

对交通灯控制系统接线时，L、N 接 220 V 交流电源，PLC 的输入及输出使用直流 24 V 电源供电，输入的公共端 1 M 与 M 短接，输出地公共端 1 L 与 2 L 短接，如图 3-3-2 所示。

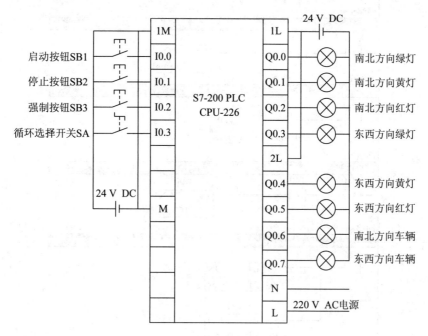

图 3-3-2　交通灯控制系统硬件接线图

4. 交通灯控制系统 PLC 程序设计

交通灯控制系统梯形图如图 3-3-3 所示。

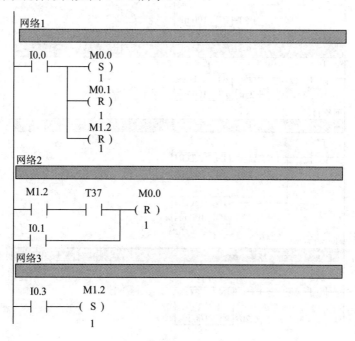

图 3-3-3　交通灯控制系统梯形图(1)

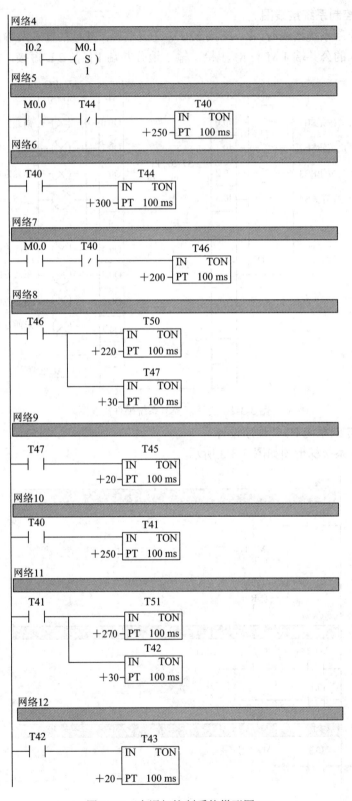

图 3-3-3　交通灯控制系统梯形图(2)

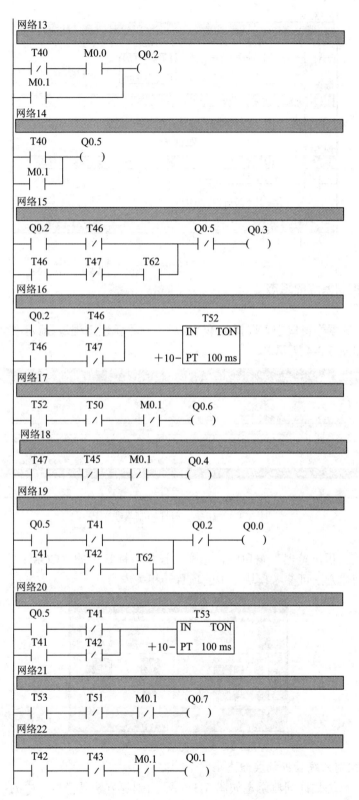

图 3-3-3　交通灯控制系统梯形图(3)

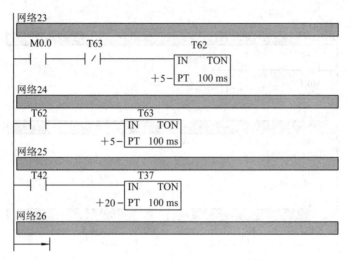

图 3-3-3　交通灯控制系统梯形图(4)

5. 交通灯控制系统的组态

1) 新建工程

在"工程管理器"窗口中，选择菜单"文件"→"新建工程"，新建"交通灯控制系统"的工程文件，如图 3-3-4 所示。

图 3-3-4　新建交通灯控制系统工程

2) 设备组态

在组态王"工程浏览器"窗口中，选择"设备"标签中的"COM1"，创建如图 3-3-5 所示的设备，创建方法可参考模块三中的项目一相关内容。

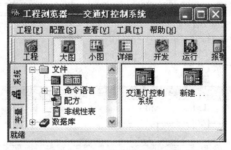

图 3-3-5　"选择设备"窗口

3) 交通灯控制系统数据词典组态

交通灯控制系统数据词典组态如图 3-3-6 所示(创建方法同模块二中的项目三)或模块三中的项目一。

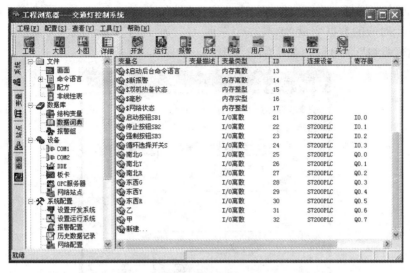

图 3-3-6　交通灯控制系统数据词典组态窗口

4) 创建画面窗口

创建交通灯控制系统画面如图 3-3-7 所示。创建方法同模块二中的项目三。

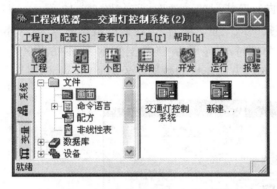

图 3-3-7　交通灯控制系统画面组态窗口

5) 用户窗口组态

(1) 双击交通灯控制系统画面窗口，打开动画组态界面，绘制如图 3-3-8 所示的图形。

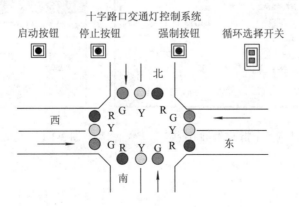

图 3-3-8　交通灯控制系统控制界面

(2) 东西方向绿灯、黄灯、红灯，南北方向绿灯、黄灯、红灯的动画连接。以东西方向绿灯为例，当对应的数据变量"\\本站点\东西 G"为 1 时，显示颜色为绿色；当数据变量"\\本站点\东西 G"为 0 时，显示颜色为黑色，如图 3-3-9 所示。

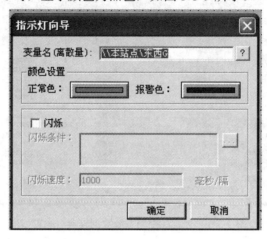

图 3-3-9　东西方向绿灯动画连接

(3) 东西及南北方向行车指示的动画连接。如图 3-3-10 所示，以南北方向有车通行的指示"→"为例，动画连接的效果是"隐含"，连接的数据对象为"\\本站点\乙"。当对应的数据变量"\\本站点\乙"为 1 时，"显示"；当数据变量"\\本站点\乙"为 0 时，"隐含"，如图图 3-3-11 所示。同理，东西方向连接的数据对象为"\\本站点\甲"。

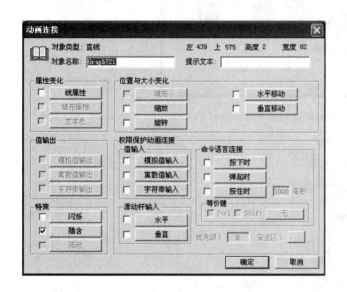

图 3-3-10　南北方向行车指示的动画连接　　　　图 3-3-11　南北方向行车指示隐含连接

六、实操考核

项目考核采用步进式考核方式，考核内容如表 3-3-3 所示。

表 3-3-3 项 目 考 核 表

学 号		1	2	3	4	5	6	7	8	9	10
姓 名											
考核内容进程分值	硬件接线(5 分)										
	控制原理(10 分)										
	数据词典组态(20 分)										
	设备组态(10 分)										
	用户窗口组态(20 分)										
	命令语言组态(10 分)										
	系统统调(25 分)										
扣分	安全文明										
	纪律卫生										
总 评											

七、注意事项

(1) 交通灯控制系统接线时,要注意 PLC 端子与指示灯的对应关系。

(2) 交通灯控制系统组态时,注意绿灯闪烁时的采样时间设置。

八、系统调试

1. 交通灯控制系统 PLC 程序调试

(1) 按照交通灯控制系统外部接线图接好线,将图 3-3-3 所示的程序输入 PLC 中并运行。

(2) 将循环选择开关断开,按下启动按钮"SB1",观察 PLC 的运行情况;按下停止按钮"SB2",系统将停止运行。

(3) 将循环选择开关"SA"闭合,按下启动按钮"SB1",观察 PLC 运行情况。

(4) 在交通灯控制系统运行过程中,按下强制按钮"SB3",观察 PLC 运行情况。

2. 交通灯控制系统组态王仿真界面调试

(1) 分别按下交通灯系统实际的启动按钮"SB1"、停止按钮"SB2"、强制按钮"SB3"、循环选择开关"SA",观察组态画面中对应的"启动""停止""强制""循环选择"按钮或开关的颜色是否呈绿色。

(2) 当交通灯系统运行时,观察组态画面中东西方向的灯"R""Y""G"和南北方向的灯"R""Y""G"运行是否正常,是否与各输出端口的指示灯一致。

(3) 当交通灯系统运行时,观察组态画面中南北方向车辆与东西方向车辆运行是否正常。

九、思考题

(1) 如何实现在交通灯控制系统中东西、南北方向车辆交替通行?

(2) 交通信号灯中绿灯的闪烁效果是如何实现的?

(3) 组态王软件是如何实现对 PLC 进行监控的?

项目四　两种液体的混合装置控制系统

本项目主要讨论基于西门子 S7-200 PLC 的两种液体的混合装置控制系统的组成、工作原理、组态王组态方法及统调等内容,使学生具备组建简单的组态王监控系统的能力。

一、学习目标

1. 知识目标

(1) 掌握两种液体的混合装置控制系统的控制要求。

(2) 掌握两种液体的混合装置控制系统的硬件接线。

(3) 掌握两种液体的混合装置控制系统的通信方式。

(4) 掌握两种液体的混合装置控制系统的控制原理。

(5) 掌握使用组态王创建工程的方法。

(6) 掌握两种液体的混合装置控制系统设备连接的设置方法。

(7) 掌握两种液体的混合装置控制系统的组态设计方法。

2. 能力目标

(1) 初步具备简单工程的分析能力。

(2) 初步具备两种液体的混合装置控制系统的构建能力。

(3) 增强独立分析、综合开发研究、解决具体问题的能力。

(4) 初步具备两种液体的混合装置控制系统的设计能力。

(5) 初步具备两种液体的混合装置控制系统的分析能力。

(6) 初步具备两种液体的混合装置控制系统的组态能力。

(7) 初步具备两种液体的混合装置控制系统的统调能力。

二、必备知识与技能

1. 必备知识

(1) 西门子 S7-200 PLC 系统的组成。

(2) 西门子 S7-200 PLC 的编程知识。

(3) 西门子 S7-200 PLC 硬件接线的基本知识。

(4) 两种液体混合装置控制系统的组成。

(5) 计算机组态软件的基本知识。

2. 必备技能

(1) 熟练的计算机操作技能。

(2) 西门子 S7-200 PLC 编程软件使用的技能。

(3) 西门子 S7-200 PLC 简单程序调试的技能。

(4) 西门子 S7-200 PLC 硬件接线的能力。

(5) 计算机组态监控系统的组建能力。

三、教学任务

基于西门子 S7-200 PLC 的两种液体混合装置控制系统理实一体化教学任务，见表 3-4-1。

表 3-4-1 理实一体化教学任务

任务一	两种液体的混合装置控制系统的控制要求
任务二	两种液体的混合装置控制系统实训设备基本配置
任务三	两种液体的混合装置控制系统接线图
任务四	两种液体的混合装置控制系统 PLC 程序设计
任务五	两种液体的混合装置控制系统的组态

四、理实一体化学习内容

1. 两种液体的混合装置控制系统的控制要求

设计两种液体的混合装置控制系统及监控系统，具体要求是：两种液体的混合装置如图 3-4-1 所示，H、I、L 为液位传感器，液位淹没该点时为"ON"。YV1、YV2、YV3 为电磁阀，M 为搅拌电机。

控制要求如下：

(1) 初始状态液体容器是空的，各个阀门均关闭 (YV1 = YV2 = YV3 = OFF)，H = I = L = OFF，M = OFF。

(2) 启动操作。按下"启动"按钮，按下列规律操作：

① YV1 = ON，液体 A 流入容器。当液位升到 I 时，I = ON，使 YV1 = OFF，YV2 = ON，即关闭液体 A 阀门，打开液体 B 阀门。

② 当液位升到 H 时，使 YV2 = OFF，M = ON，即关掉液体 B 阀门，开始搅拌。

③ 搅拌 6 s 后，停止搅拌(M = OFF)，开始放出混合液体(YV3 = ON)。

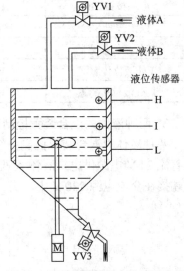

图 3-4-1 两种液体混合装置示意图

④ 当液位降到 L 时(L 从 ON→OFF)，再过 2 s 后，容器即可放空，使 YV3 = OFF，由此完成一个混合搅拌周期。随后将开始一个新的周期，如此循环不止。

(3) 停止操作。按下"停止"按钮，只有在当前的混合操作处理完毕后，才停止操作(停在初始状态上)。

使用组态王软件设计完成两种液体混合装置的监控系统，系统设置有手动和计算机两种操作模式。在手动模式下，使用启动按钮 SB1 和停止按钮 SB2 控制两种液体混合装置，组态王软件起到监视作用；在计算机模式下，在组态王画面中点击"启动"和"停止"控制系统运行，并且可以通过点击液位传感器 H、I、L 实现系统的组态模拟运行。

2. 两种液体混合装置控制系统实训设备基本配置

1) 实训设备基本配置

液体混合装置模拟系统   一套；

西门子 S7-200 系列 PLC(CPU-226)	一块;
PC/PPI 通信电缆	一条;
组态王(Kingview 6.53)软件	一套;
STEP 7 MicroWIN V4.0 软件	一套;
计算机	一台;
连接导线	若干。

2) 两种液体的混合装置控制系统 I/O 分配

基于西门子 S7-200 PLC 的两种液体的混合装置控制系统输入、输出各端子对应关系如表 3-4-2 所示。

表 3-4-2 两种液体的混合装置控制系统 I/O 分配表

输 入		输 出	
对 象	S7-200 PLC 端口	对 象	S7-200 PLC 端口
手动/计算机选择	I0.0	液体 A 阀门 YV1	Q0.0
启动按钮 SB1	I0.1	液体 B 阀门 YV2	Q0.1
停止按钮 SB2	I0.2	排液阀门 YV3	Q0.2
H 处液位传感器	I0.3	搅拌电机 M	Q0.3
I 处液位传感器	I0.4		
L 处液位传感器	I0.5		

3. 两种液体的混合装置控制系统接线图

两种液体的混合装置控制系统接线时，L、N 接 220 V 交流电源，PLC 的输入及输出使用直流 24 V 电源供电，液体 A 阀门 YV1、液体 B 阀门 YV2、排液阀门 YV3、搅拌电机 M 一端接在交流电源 220 V 上，另一端接在 PLC 对应的输入、输出端子上，如图 3-4-2 所示。

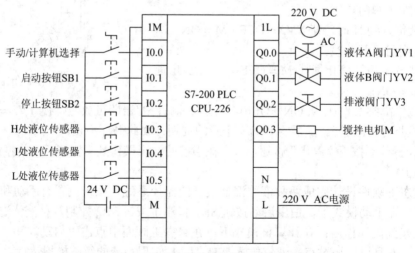

图 3-4-2 两种液体混合装置控制系统硬件接线图

4. 两种液体的混合装置控制系统 PLC 程序设计

两种液体的混合装置控制系统 PLC 程序梯形图，如图 3-4-3 所示。

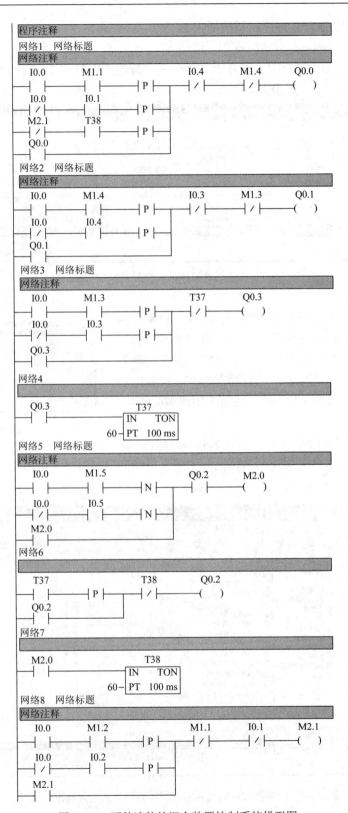

图 3-4-3　两种液体的混合装置控制系统梯形图

5. 两种液体的混合装置控制系统的组态

1) 新建工程

在"工程管理器"窗口中,选择"文件"→"新建工程",新建"两种液体的混合装置控制系统"的工程文件,如图 3-4-4 所示。

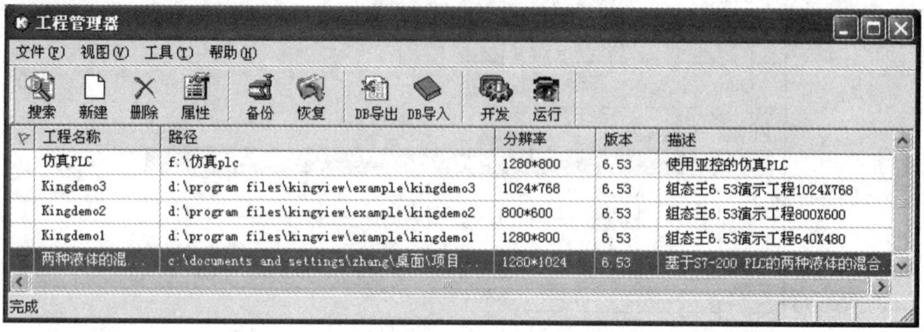

图 3-4-4　新建两种液体的混合装置控制系统工程

2) 设备组态

在组态王"工程浏览器"窗口中,选择"设备"标签中的"COM1",双击"新建"菜单,选择设备驱动"PLC"→"西门子"→"S7-200 系列"→"PPI",设备逻辑名称为"S7200 PLC",选择串口号为"COM1",设备地址指南设置为"2",通信参数为默认设置。创建如图 3-4-5 所示的设备。

图 3-4-5　"选择设备"窗口

3) 两种液体的混合装置控制系统数据词典组态

"两种液体的混合装置控制系统"数据词典组态窗口如图 3-4-6 所示(创建方法同模块三中的项目一)。

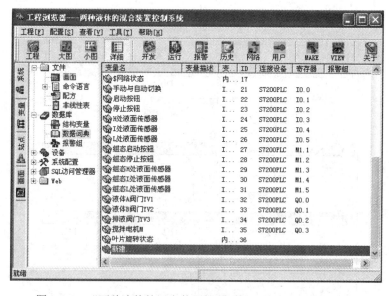

图 3-4-6　"两种液体的混合装置控制系统"数据词典组态窗口

4) 创建画面窗口

创建"两种液体的混合装置控制系统画面组态"窗口，如图 3-4-7 所示。

5) 用户窗口组态

(1) 双击"两种液体的混合装置控制系统画面组态"窗口，打开动画组态界面，绘制如图 3-4-8 所示的图形。

图 3-4-7　"两种液体的混合装置控制系统画面组态"窗口

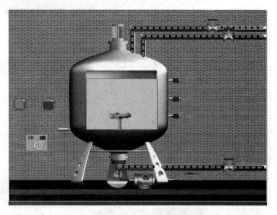

图 3-4-8　两种液体的混合装置控制系统控制界面

(2) 两种液体的混合装置控制系统组态画面中"启动""停止""手动/计算机选择"、阀门"YV1"、阀门"YV2"、阀门"YV3""搅拌电机 M"按钮或开关的动画连接设置参见模块三中项目三的相关内容。

(3) 两种液体的混合装置控制系统组态画面中液位传感器的制作及动画连接。

在开发系统工具箱中，使用圆角矩形功能按钮"■"绘制一矩形块，在"动画连接"的属性变化效果中选择"填充属性"，在"命令语言连接"中选择"按下时"，设置如图 3-4-9 所示。

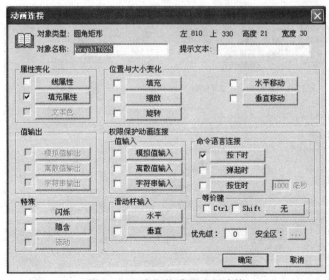

图 3-4-9　液位传感器动画连接

在"填充属性连接"窗口中，以"液位 H"为例，输入表达式"\\本站点\H 处液面传感器!\\本站点\组态 H 处液面传感器",设置如图 3-4-10 所示。

图 3-4-10　液位传感器填充属性连接

在"命令语言连接"选项中,选择"按下时"按钮,并输入命令语言"\\本站点\组态 H 处液面传感器=!\\本站点\组态 H 处液面传感器;",如图 3-4-11 所示。每按一次,变量"\\本站点\组态 H 处液面传感器"取反。

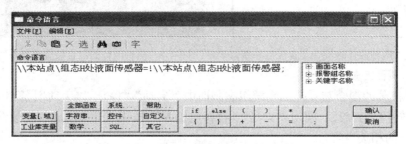

图 3-4-11　H 处液面传感器"按下时"命令语言

(4) 两种液体的混合装置控制系统组态画面中,立体管道流动属性设置以阀门"YV1"所连接的立体管道为例来进行说明。在"动画连接"窗口中选择"流动"效果按钮,如图 3-4-12 所示。绘制立体管道时,若在阀门"YV1"右侧,绘制时由右向左;若在阀门"YV1"左侧,绘制时由右向左,即由阀门指向水罐。

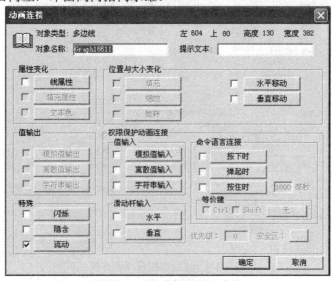

图 3-4-12　立体管道动画连接

在"管道流动连接"窗口中输入流动条件："\\本站点\液体 A 阀门 YV1"，设置如图 3-4-13 所示。

(5) 在两种液体的混合装置控制系统组态画面中，当搅拌电机 M 转动时，叶片旋转效果制作在工程浏览器窗口选择"应用程序命令语言"，如图 3-4-14 所示。

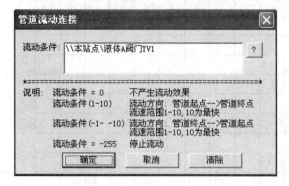

图 3-4-13　立体管道流动连接　　　图 3-4-14　两种液体的混合装置控制系统命令语言窗口

在"应用程序命令语言"的"运行时"窗口中输入如下命令语言：

ShowPicture("两种液体的混和装置");

/* 控制叶片旋转　*/

if(搅拌电机 M)

{叶片旋转状态=叶片旋转状态+1;}

if(叶片旋转状态>5)

{叶片旋转状态=0;}

其中，函数"ShowPicture("两种液体的混和装置");"表示系统运行时自动打开画面"两种液体的混和装置"，其余的语言实现搅拌电机 M "控制叶片旋转"，如图 3-4-15 所示。

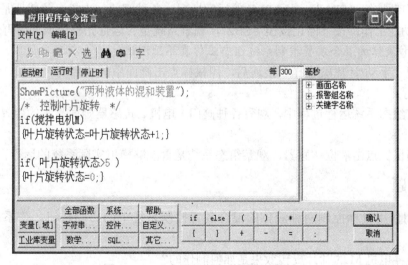

图 3-4-15　"应用程序命令语言"窗口

五、实操考核

项目考核采用步进式考核方式，考核内容如表 3-4-3 所示。

表 3-4-3　项目考核表

	学　号	1	2	3	4	5	6	7	8	9	10
	姓　名										
考核内容进程分值	硬件接线(5 分)										
	控制原理(10 分)										
	数据词典组态(20 分)										
	设备组态(10 分)										
	用户窗口组态(20 分)										
	命令语言组态(10 分)										
	系统统调(25 分)										
扣分	安全文明										
	纪律卫生										
总　评											

六、注意事项

(1) 两种液体的混合装置控制系统接线时要注意阀门及电机的接线。

(2) 两种液体的混合装置控制系统组态时，要注意绘制立体管道的方向。

(3) 在"应用程序命令语言"窗口中，输入函数及命令语言时要注意格式。

七、系统调试

1) 两种液体的混合装置控制系统 PLC 的程序调试

按下启动按钮"SB1"，观察 PLC 的运行情况，各种阀门、电机、传感器是否严格按照控制要求功能工作；按下停止按钮"SB2"，观察系统是否运行完整个周期后再停止工作。

2) 两种液体的混合装置控制系统组态王仿真界面调试

(1) 把"手动/计算机选择"接通后，用鼠标点击画面中的"启动"按钮，观察系统是否启动运行。

(2) 在组态系统运行过程中，观察各种阀门、电机、传感器画面显示的效果是否与实际运行系统一致。

(3) 用鼠标点击液位传感器，观察组态系统是否能够模拟实际系统的运行。

八、思考题

(1) 如何用鼠标控制两种液体的混合装置控制系统中的启动按钮，使系统进入运行状态？

(2) 搅拌电机 M 的叶片旋转效果是如何制作的？

(3) 如果希望点击"停止"按钮后，系统立即停止运行，那么两种液体的混合装置的 PLC 程序应如何进行修改？

项目五　　四层电梯监控系统

本项目主要讨论基于西门子 S7-200 PLC 的四层电梯监控系统的组成、工作原理、组态王组态方法及统调等内容，使学生初步具备组建简单的组态王监控系统的能力。

一、学习目标

1. 知识目标
(1) 掌握四层电梯监控系统的控制要求。
(2) 掌握四层电梯监控系统的硬件接线。
(3) 掌握四层电梯监控系统的通信方式。
(4) 掌握四层电梯监控系统的控制原理。
(5) 掌握使用组态王软件创建工程的方法。
(6) 掌握四层电梯监控系统的设备连接。
(7) 掌握四层电梯监控系统的组态设计方法。

2. 能力目标
(1) 初步具备简单工程的分析能力。
(2) 初步具备四层电梯监控系统的构建能力。
(3) 增强独立分析、综合开发研究、解决具体问题的能力。
(4) 初步具备对四层电梯监控系统的设计能力。
(5) 初步具备四层电梯监控系统的分析能力。
(6) 初步具备四层电梯监控系统的组态能力。
(7) 初步具备四层电梯监控系统的统调能力。

二、必备知识与技能

1. 必备知识
(1) 西门子 S7-200 PLC 的系统构成。
(2) 西门子 S7-200 PLC 编程的基本知识。
(3) 西门子 S7-200 PLC 硬件接线的基本知识。
(4) 四层电梯监控系统的组成。
(5) 计算机组态软件的基本知识。

2. 必备技能
(1) 熟练的计算机操作技能。
(2) 西门子 S7-200 PLC 编程软件使用的技能。
(3) 西门子 S7-200 PLC 简单程序调试的技能。
(4) 西门子 S7-200 PLC 硬件的接线能力。
(5) 计算机组态监控系统的组建能力。

三、相关知识讲解

1．垂直移动连接

垂直移动连接是使被连接对象在画面中的位置随连接表达式的值而垂直移动。移动距离以像素为单位，以被连接对象在画面制作系统中的原始位置作为参考基准。垂直移动连接常用来表示对象实际的垂直运动，选择"动画连接"对话框中的"垂直移动"，弹出"垂直移动连接"对话框，如图 3-5-1 所示。

图 3-5-1　"垂直移动连接"对话框

下面简单介绍该对话框中各项设置的含义：

表达式：在此编辑框内输入合法的连接表达式，单击"？"按钮可以查看已定义的变量名和变量域。

向上：输入图素在垂直方向向上移动(以被连接对象在画面中的原始位置为参考基准)的距离。

向下：输入图素在垂直方向向下移动(以被连接对象在画面中的原始位置为参考基准)的距离。

最上边：输入与图素处于最上边时相对应的变量值，当连接表达式的值为对应值时，被连接对象的中心点向上(以原始位置为参考基准)移到最上边规定的位置。

最下边：输入与图素处于最下边时相对应的变量值，当连接表达式的值为对应值时，被连接对象的中心点向下(以原始位置为参考基准)移到最下边规定的位置。

2．缩放连接

缩放连接是使被连接对象的大小随连接表达式的值而变化，例如绘制一个温度计，用一矩形表示水银柱(将其设置"缩放连接"动画连接属性)，以反映变量"温度"的变化。设置如图 3-5-2 所示。

图 3-5-2　"缩放连接"对话框

该对话框中各项设置的含义如下：

表达式：在此编辑框内输入合法的连接表达式，单击"？"按钮可以查看已定义的变量名和变量域。

最小时：输入对象最小时占据的被连接对象的百分比(占据百分比)及对应的表达式的值(对应值)。百分比为 0 时此对象不可见。

最大时：输入对象最大时占据的被连接对象的百分比(占据百分比)及对应的表达式的值

(对应值)。若此百分比为 100，则当表达式值为对应值时，对象大小为制作时该对象大小。

变化方向：选择缩放变化的方向。变化方向共有五种，用"方向选择"按钮旁边的指示器来形象地表示。箭头是变化的方向，圆点或椭圆点是参考点。单击"方向选择"按钮，可选择如图 3-5-3 所示五种变化方向之一。

向下变化　　　　向上变化　　　　向中心变化　　　　向左变化　　　　向右变化

图 3-5-3　缩放连接变化方向

3. 模拟值输出连接

模拟值输出连接是使文本对象的内容在程序运行时被连接表达式的值所取代，例如建立文本对象以表示系统时间。文本对象连接的变量是系统预定义变量 $ 时、$ 分、$ 秒。模拟值输出连接的设置方法：在"动画连接"对话框中选择"模拟值输出"，弹出如图 3-5-4 所示的对话框。

图 3-5-4　"模拟值输出连接"对话框

该对话框中各项设置的含义如下：

表达式：在此编辑框内输入合法的连接表达式，单击右侧的"？"按钮可以查看已定义的变量名和变量域。

整数位数：输出值的整数部分占据的位数，若实际输出时的值的位数少于此处输入的值，则高位填"0"。如：规定整数位是 4 位，而实际值是 12，则显示为"0012"。如果实际输出值的位数多于此值，则应按照实际位数输出。如：实际值是 12345，则显示为"12345"。若不想有前补零的情况出现，则可令整数位数为 0。

小数位数：输出值的小数部分位数。若实际输出时值的位数小于此值，则应填"0"补充。如：规定小数位是 4 位，而实际值是 0.12，则显示为"0.1200"。如果实际值输出的值位数多于此值，则应按照实际位数输出。

科学计数法：规定输出值是否用科学计数法显示。

对齐方式：运行时输出的模拟值字符串与当前被连接字符串在位置上按照居左、居中、居右方式对齐。

四、教学任务

基于西门子 S7-200 PLC 的四层电梯监控系统理实一体化教学任务，见表 3-5-1。

表 3-5-1　理实一体化教学任务

任务一	四层电梯监控系统控制要求
任务二	四层电梯监控系统实训设备基本配置
任务三	四层电梯监控系统接线图
任务四	四层电梯监控系统 PLC 程序设计
任务五	四层电梯监控系统的组态

五、理实一体化学习内容

1. 四层电梯监控系统控制要求

设计四层电梯监控系统的具体要求如下：

四层教学仿真电梯系统在各类院校的 PLC 实践教学中得到了广泛的应用，其基本控制要求如下：当呼叫电梯的楼层大于电梯所停置的楼层时，电梯上升，到呼叫层时电梯停止运行；当呼叫电梯的楼层小于电梯所停置的楼层时，电梯下降，到呼叫层时电梯停止运行；当同时有多个呼叫梯信号时，电梯先按照同方向依次响应呼叫梯信号，当响应完同向信号后，再响应反向呼叫梯信号，响应完所有呼叫梯信号后，电梯停止运行。

使用组态王软件设计完成四层电梯模拟监控系统，组态软件要能够及时准确地监控电梯的运行状态，能够显示电梯上行或下行、当前所处楼层等信息。

2. 四层电梯监控系统实训设备基本配置

1) 实训设备基本配置

西门子 S7-200 系列 PLC(CPU-226)	一块;
PC/PPI 通信电缆	一条;
组态王(Kingview 6.53)软件	一套;
STEP 7 MicroWIN V4.0 软件	一套;
计算机	一台;
连接导线	若干。

2) 四层电梯监控系统 I/O 分配

四层电梯监控系统输入、输出各端子对应关系如表 3-5-2 所示。其中输入部分未使用外部实际端口，只是使用了中间继电器 M，所以该系统只能进行组态监控及操作。

表 3-5-2　四层电梯监控系统 I/O 分配表

输　入		输　出	
对　象	S7–200 PLC 继电器 M	对　象	S7–200 PLC 接线端子
复位，高电平有效	M0.0	电梯上升，高电平有效	Q0.0
一楼平层开关，高电平有效	M1.0	电梯下降，高电平有效	Q0.1
二楼平层开关，高电平有效	M1.1	一层外呼上指示，高电平有效	Q0.4
三楼平层开关，高电平有效	M1.2	二层外呼下指示，高电平有效	Q0.5
四楼平层开关，高电平有效	M1.3	二层外呼上指示，高电平有效	Q0.6
厢内选层按钮 1，高电平有效	M2.0	三层外呼下指示，高电平有效	Q0.7
厢内选层按钮 2，高电平有效	M2.1	三层外呼上指示，高电平有效	Q1.0
厢内选层按钮 3，高电平有效	M2.2	四层外呼下指示，高电平有效	Q1.1

续表

输　入		输　出	
对　象	S7–200 PLC 继电器 M	对　象	S7–200 PLC 接线端子
厢内选层按钮 4，高电平有效	M2.3		
一层呼梯按钮，高电平有效	M3.0		
二层呼梯按钮下，高电平有效	M3.1		
二层呼梯按钮上，高电平有效	M3.2		
三层呼梯按钮下，高电平有效	M3.3		
三层呼梯按钮上，高电平有效	M3.4		
四层呼梯按钮，高电平有效	M3.5		

3. 四层电梯监控系统接线图

四层电梯监控系统接线时，L、N 接 220 V 交流电源，PLC 的输出使用直流 24 V 电源供电。本系统的输入信号采用西门子 S7-200 PLC 的位存储器 M 作为输入信号，所以输入端外部不需要接线；在 PLC 的输出端，电梯上升指示、电梯下降指示、一层外呼上指示、二层外呼下指示、二层外呼上指示、三层外呼下指示、三层外呼上指示、四层外呼下指示并连接在直流电源 24 V 的负极和 PLC 对应的输出点之间，PLC 输出地公共端 1L、2L、3L 并连接在直流电源 24 V 的正极，如图 3-5-5 所示。

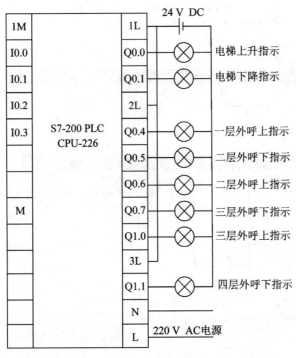

图 3-5-5　四层电梯监控系统硬件接线图

4. 四层电梯监控系统 PLC 程序设计

四层电梯监控系统梯形图如图 3-5-6 所示。

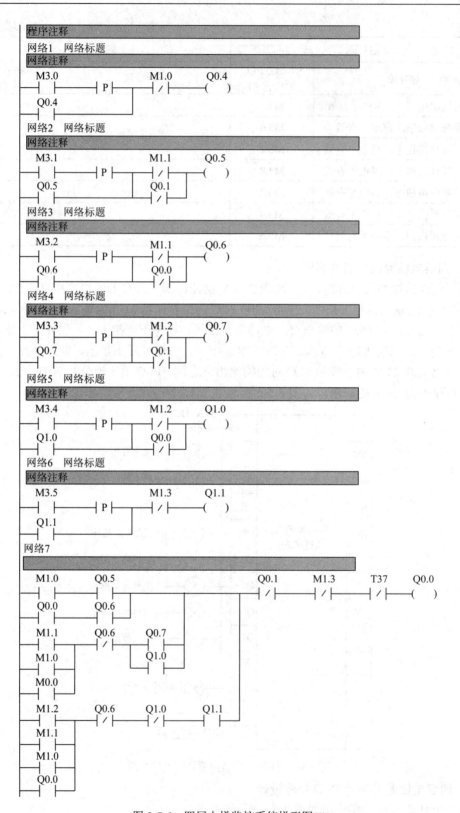

图 3-5-6　四层电梯监控系统梯形图(1)

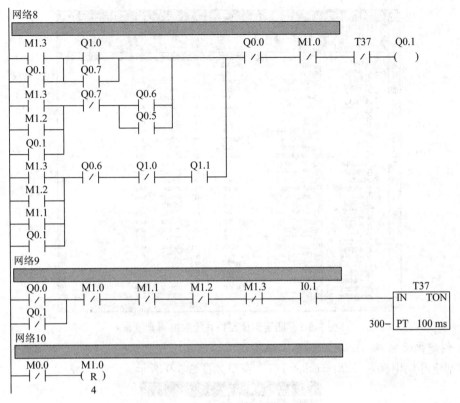

图 3-5-6　四层电梯监控系统梯形图(2)

5. 四层电梯监控系统的组态

1) 新建电梯模拟控制系统工程

新建电梯模拟控制系统工程可参考模块二中的项目三相关内容。

2) 设备组态

在组态王"工程浏览器"窗口中,选择"设备"标签中的"COM1"选项,创建如图 3-5-7 所示的设备。创建方法请参考模块三中的项目一相关内容。

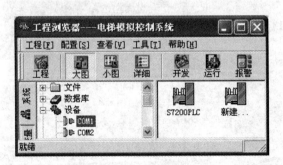

图 3-5-7　"选择设备"窗口

3) 四层电梯监控系统数据词典组态

四层电梯监控系统数据词典组态如图 3-5-8 所示。创建方法同模块二中的项目三或模块三中的项目一。

图 3-5-8 四层电梯监控系统数据词典组态

4) 创建画面窗口

"创建四层电梯监控系统画面组态"窗口如图 3-5-9 所示。

图 3-5-9 "四层电梯监控系统画面组态"窗口

5) 用户窗口组态

(1) 双击四层电梯监控系统画面窗口,打开动画组态界面,绘制如图 3-5-10 所示的图形。

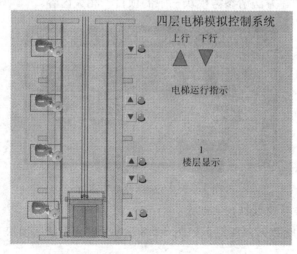

图 3-5-10 四层电梯监控系统控制界面

(2) 各个呼梯按钮、平层开关动画设置同模块三中的项目四。

(3) 四层电梯监控系统电梯轿厢动画效果制作。电梯轿厢动画连接效果为"位置与大小变化"中的"垂直移动",如图 3-5-11 所示;"垂直移动连接"各参数设置,如图 3-5-12 所示。

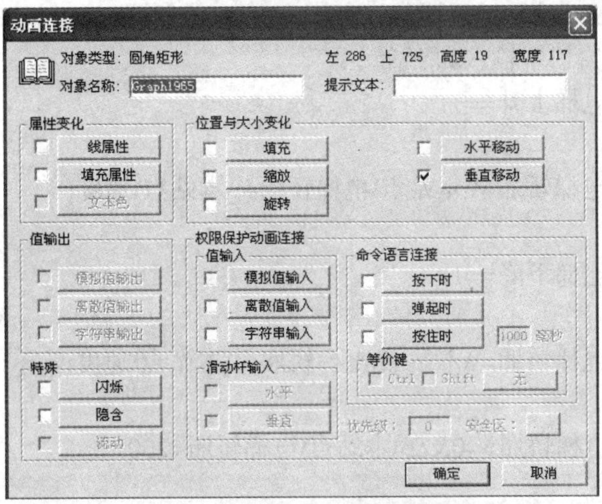

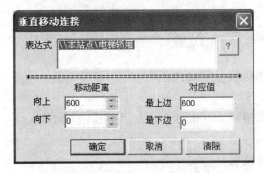

图 3-5-11 电梯轿厢动画连接

图 3-5-12 垂直移动连接设置

单击打开"应用程序命令语言"窗口的"启动时"标签页,在其中输入如图 3-5-13 所示命令。

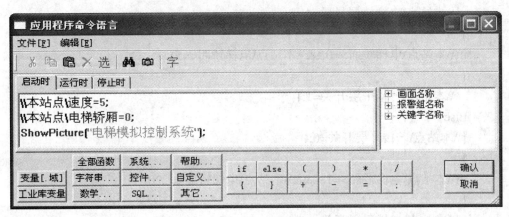

图 3-5-13 启动时的应用程序命令语言

- 在"启动时"窗口中输入如下命令:

  \\本站点\速度=5;

  \\本站点\电梯轿厢=0;

  ShowPicture("电梯模拟控制系统");

- 在"运行时"窗口中输入如下命令:

  if(\\本站点\电梯上升==1)

  {

     \\本站点\电梯轿厢=\\本站点\电梯轿厢+\\本站点\速度;

  }

  if(\\本站点\电梯下降==1)

  {

     \\本站点\电梯轿厢=\\本站点\电梯轿厢–\\本站点\速度;

  }

  if(\\本站点\电梯轿厢>=0&&\\本站点\电梯轿厢<200)

  {

     \\本站点\电梯楼层显示=1;

  }

  if(\\本站点\电梯轿厢>=200&&\\本站点\电梯轿厢<400)

  {

     \\本站点\电梯楼层显示=2;

  }

  if(\\本站点\电梯轿厢>=400&&\\本站点\电梯轿厢<600)

  {

     \\本站点\电梯楼层显示=3;

  }

  if(\\本站点\电梯轿厢>=600)

  {

     \\本站点\电梯楼层显示=4;

  }

  if(\\本站点\电梯轿厢>=0&&\\本站点\电梯轿厢<=5)

  {

     \\本站点\一楼平层开关=1;}

  Else

  {\\本站点\一楼平层开关=0;

  }

  if(\\本站点\电梯轿厢>=180&&\\本站点\电梯轿厢<=220)

  {

     \\本站点\二楼平层开关=1;}

  else {\\本站点\二楼平层开关=0;

```
}
if(\\本站点\电梯轿厢>=380&&\\本站点\电梯轿厢<=420)
{
    \\本站点\三楼平层开关=1;}
else {\\本站点\三楼平层开关=0;
}
if(\\本站点\电梯轿厢>=580)
{
    \\本站点\四楼平层开关=1;}
else
{\\本站点\四楼平层开关=0;
}
```

在"停止时"窗口中输入如下命令：

```
\\本站点\电梯轿厢=0;
\\本站点\一层呼梯按钮=0;
\\本站点\二层呼梯按钮下=0;
\\本站点\二层呼梯按钮上=0;
\\本站点\三层呼梯按钮下=0;
\\本站点\三层呼梯按钮上=0;
\\本站点\四层呼梯按钮=0;
\\本站点\厢内选层按钮 1=0;
\\本站点\厢内选层按钮 2=0;
\\本站点\厢内选层按钮 3=0;
\\本站点\厢内选层按钮 4=0;
```

(4) 四层电梯监控系统组态画面中的楼层显示动画制作。楼层显示的动画连接效果是在"输出值"中的"模拟值输出"中设置的，如图 3-5-14 所示。

(5) 四层电梯监控系统组态画面中电梯轿厢上部的钢缆动画效果制作。电梯轿厢上部的钢缆动画效果为缩放，设置如图 3-5-15 所示。

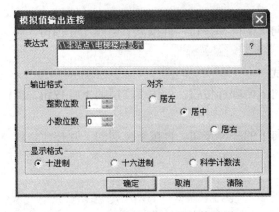

图 3-5-14　楼层显示的动画连接设置

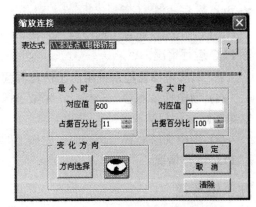

图 3-5-15　钢缆动画效果设置

六、实操考核

项目考核采用步进式考核方式，考核内容如表 3-5-3 所示。

表 3-5-3 项目考核表

学 号	1	2	3	4	5	6	7	8	9	10
姓 名										
考核内容进程分值 / 硬件接线(5 分)										
控制原理(10 分)										
数据词典组态(20 分)										
设备组态(10 分)										
用户窗口组态(20 分)										
命令语言组态(10 分)										
系统统调(25 分)										
扣分 / 安全文明										
纪律卫生										
总 评										

七、注意事项

(1) 四层电梯监控系统接线时要注意 PLC 端子与指示灯的对应。

(2) 构建四层电梯监控系统组态时，要注意电梯轿厢上部钢缆缩放效果"最大时""最小时"对应值的设置。

八、系统调试

1. 四层电梯监控系统 PLC 程序调试

(1) 按照四层电梯监控系统外部接线图接好线，将图 3-5-6 所示的程序输入 PLC 中，并运行。

(2) 当电梯轿厢置于一楼时，先按下四楼向下的呼梯按钮，再按下二层的上呼按钮，观察 PLC 运行情况。

(3) 当电梯轿厢置于一楼时，先按下四楼向下的呼梯按钮，再按下二层的下呼按钮，观察 PLC 运行情况。

(4) 当电梯轿厢置于四楼时，先按下一楼向上的呼梯按钮，再按下二层的上呼按钮，观察 PLC 运行情况。

2. 四层电梯监控系统组态王仿真界面调试

(1) 当电梯轿厢置于一楼时，先按下四楼向下的呼梯按钮，再按下二层的上呼按钮，观察组态画面运行情况。

(2) 当电梯轿厢置于一楼时，先按下四楼向下的呼梯按钮，再按下二层的下呼按钮，观察 PLC 运行情况。

九、思考题

(1) 在四层电梯监控系统中，如何用 PLC 实现轿厢运行的"同向优先"原则？

(2) 组态监控画面中的轿厢运动是如何实现的？

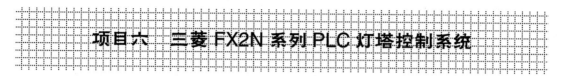

项目六　三菱 FX2N 系列 PLC 灯塔控制系统

本项目主要讨论灯塔控制系统的组成、工作原理、PLC 程序设计与调试、组态王软件组态方法及统调等内容，使学生具备组建简单计算机监督控制系统的能力。

一、学习目标

1. 知识目标
(1) 掌握灯塔控制系统的控制要求。
(2) 掌握灯塔控制系统的硬件接线。
(3) 掌握灯塔控制系统的通信方式。
(4) 掌握灯塔控制系统的控制原理。
(5) 掌握灯塔控制系统的程序设计方法。
(6) 掌握灯塔控制系统的组态设计方法。

2. 能力目标
(1) 初步具备灯塔控制系统的分析能力。
(2) 初步具备 PLC 灯塔控制系统的设计能力。
(3) 初步具备灯塔控制系统 PLC 的程序设计能力。
(4) 初步具备灯塔控制系统的组态能力。
(5) 初步具备灯塔控制系统 PLC 程序与组态的统调能力。

二、必备知识与技能

1. 必备知识
(1) PLC 应用技术基本知识。
(2) 数字量输入通道基本知识。
(3) 数字量输出通道基本知识。
(4) 闭环控制系统基本知识。
(5) 组态技术基本知识。

2. 必备技能
(1) 数字量输入通道构建的基本技能。
(2) 数字量输出通道构建的基本技能。
(3) 熟练的 PLC 接线操作技能。
(4) 熟练的 PLC 编程调试技能。
(5) 计算机监督控制系统的组建能力。

三、教学任务

理实一体化教学任务见表 3-6-1。

表 3-6-1　理实一体化教学任务

任务一	灯塔控制系统控制要求
任务二	灯塔控制系统实训设备基本配置及控制接线图
任务三	三菱 FX2N 系列 PLC 灯塔控制系统接线图
任务四	灯塔控制系统的组成及控制原理
任务五	灯塔控制系统 PLC 控制程序
任务六	灯塔控制系统的组态

四、理实一体化学习内容

1. 灯塔控制系统控制要求

如图 3-6-1 所示，灯塔由四层灯和两个灯柱构成，按下"启动"按钮后，灯塔开始工作，灯塔指示灯每隔 1 s 由上到下，一层一层点亮，并依次点亮两个灯柱，L6 点亮 3 s 后所有的灯再全部熄灭 1 s。重复上述过程，直到按下"停止"按钮时，灯塔停止工作。

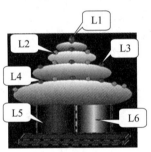

图 3-6-1　灯塔组成外观图

2. 灯塔控制系统实训设备基本配置及控制接线图

1) 实训设备基本配置

灯塔系统　　　　　　　　　　　　一套；
24 V 直流稳压电源　　　　　　　　一台；
RS-232 转换接头及传输线　　　　　一根；
组态王运行狗　　　　　　　　　　一个；
计算机(尽量保证每人一机)　　　　多台；
三菱 FX2N 系列 PLC　　　　　　　一台。

2) 灯塔控制系统 I/O 分配

灯塔控制系统 I/O 分配见表 3-6-2。

表 3-6-2　灯塔控制系统 I/O 分配表

PLC 中 I/O 口分配		注　　释	组态王实时数据对应的变量
元件	地址		
SB1	X0	启动	
SB2	X1	停止	
L1	Y0	第一层灯亮	L1
L2	Y1	第二层灯亮	L2
L3	Y2	第三层灯亮	L3
L4	Y3	第四层灯亮	L4
L5	Y4	第五层灯亮	L5
L6	Y5	第六层灯亮	L6

3. 三菱 FX2N 系列 PLC 灯塔控制系统接线图

三菱 FX2N 系列 PLC 灯塔控制系统接线图如图 3-6-2 所示。

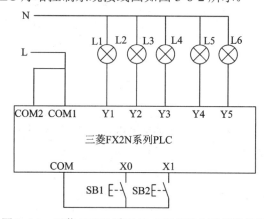

图 3-6-2　三菱 FX2N 系列 PLC 灯塔控制系统接线图

控制系统接线说明：在该控制系统接线中，计算机与三菱 FX2N PLC 之间采用 RS-232 接线方式，L1～L6 为四层灯和两个灯柱，分别接到灯塔的相应灯上；PLC 所有的输入、输出点均送往组态王监控界面，作为监控界面的控制参数。

4. 灯塔控制系统的组成及控制原理

按下"启动"按钮后，程序开始运行；通过中间继电器使 M1 得电，点亮组态王界面顶层的灯，通过 PLC 中的定时器间隔 1 s 分别点亮 Y0～Y5，即组态王界面的四层灯和两个灯柱，L6 亮 3 s 后所有的灯全部熄灭 1 s。重复上述过程，直到按下"停止"按钮时，灯塔停止工作。

5. 灯塔控制系统 PLC 控制程序

灯塔控制系统 PLC 控制程序梯形图如图 3-6-3 所示。

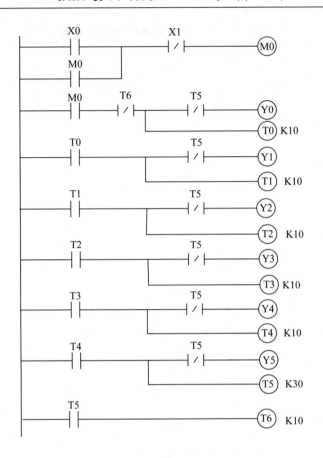

图 3-6-3　灯塔控制系统 PLC 控制程序梯形图

6. 灯塔控制系统的组态

1) 新建工程

选择"文件"→"新建工程",新建"灯塔控制系统"的工程文件。

2) 设备组态

在组态王工程浏览器中,选择"设备"标签中的"COM1",创建如图 3-6-4 所示的设备(创建方法同模块三中的项目一)。

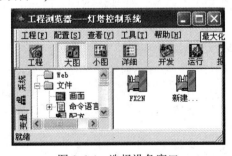

图 3-6-4　选择设备窗口

3) 灯塔控制系统数据词典组态

灯塔控制系统数据词典组态如图 3-6-5 所示。创建方法同模块二中的项目三或模块三中的项目一。

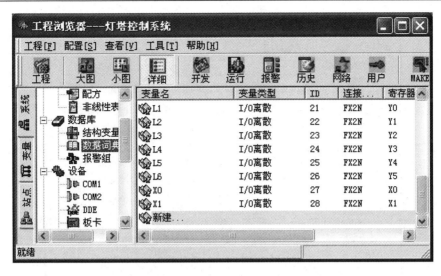

图 3-6-5 灯塔控制系统数据词典组态窗口

(1) L1~L6 变量的定义如图 3-6-6 所示。

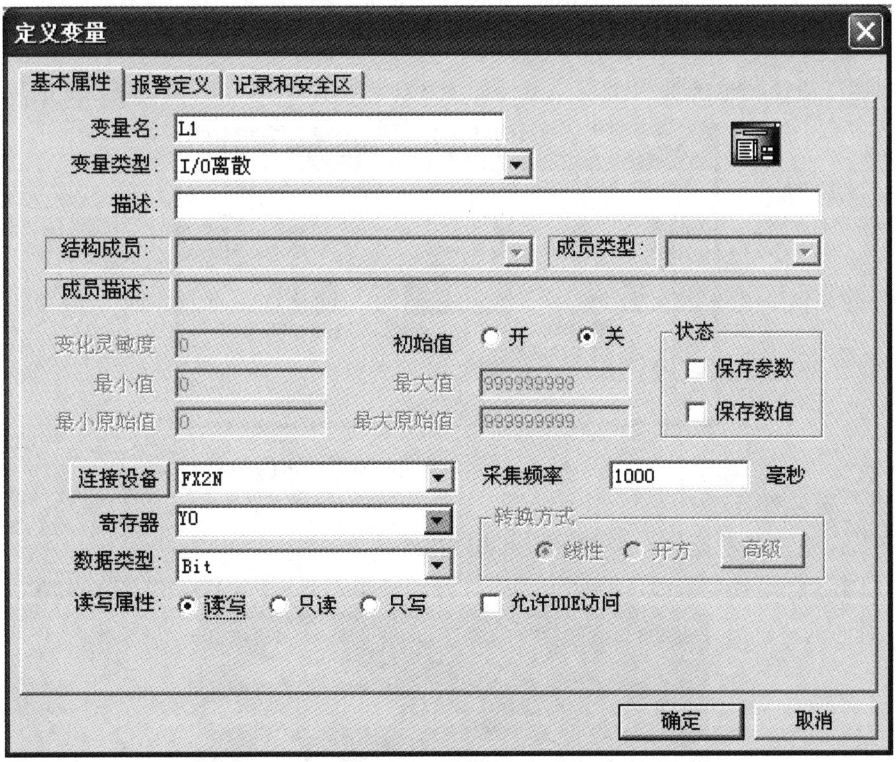

图 3-6-6 变量 L1 的定义

(2) X0、X1 变量的定义如图 3-6-7 所示。

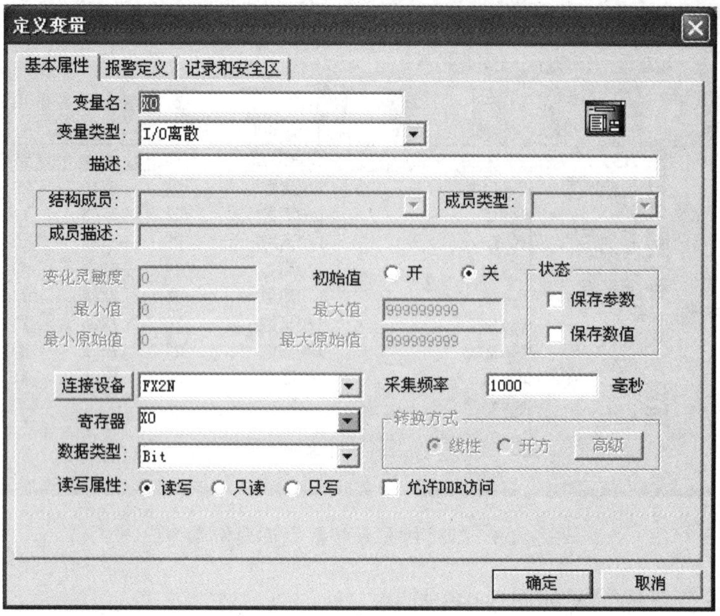

图 3-6-7　变量 X0 的定义

4) 创建画面窗口

"创建灯塔控制系统画面组态"窗口如图 3-6-8 所示(创建方法同模块二中的项目三)。

图 3-6-8　灯塔控制系统画面组态窗口

5) 用户窗口组态

用户窗口组态参考模块二中的项目四相关内容。

(1) 双击"灯塔控制系统"画面窗口,打开动画组态界面,绘制如图 3-6-9 所示的图形。

图 3-6-9　灯塔控制系统控制界面

(2) 顶层灯的属性设置如图 3-6-10 所示。

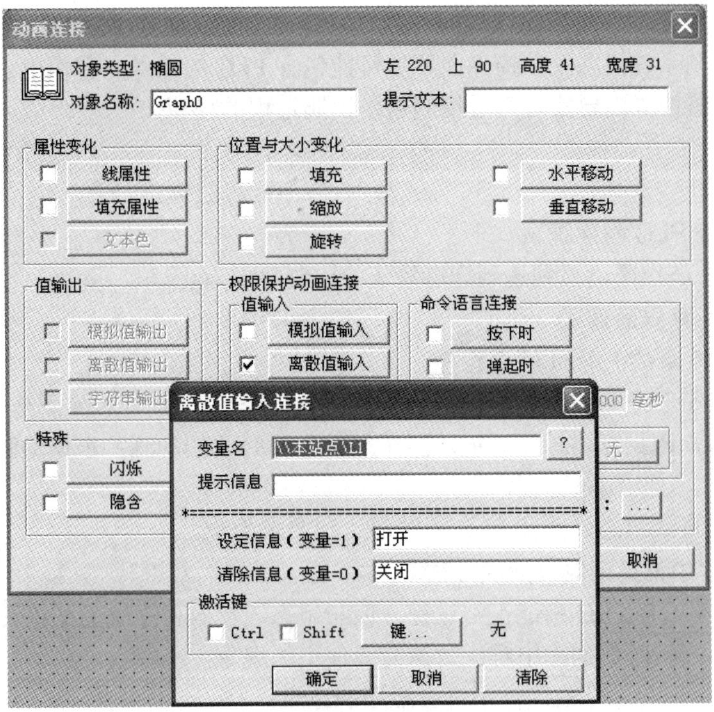

图 3-6-10　顶层灯的属性设置

(3) 其他层灯与灯柱的设置分别与实时数据库中的 L2～L6 连接。

五、实操考核

项目考核采用步进式考核方式，考核内容见表 3-6-3。

表 3-6-3　项 目 考 核 表

学　号		1	2	3	4	5	6	7	8	9	10
姓　名											
考核内容进程分值	硬件接线(10 分)										
	控制原理(10 分)										
	数据词典组态(20 分)										
	设备组态(10 分)										
	用户窗口组态(25 分)										
	系统统调(25 分)										
扣分	安全文明										
	纪律卫生										
总　评											

六、注意事项

(1) 灯塔控制系统组态王组态界面要美观、新颖，有创新意识。

(2) 灯塔控制系统组态的连接必须与 PLC 的 I/O 口一一对应。

(3) PLC 程序要按灯塔控制系统的控制要求设计。

(4) 灯塔控制系统组态王监控界面要尽可能包含 PLC 的输入点和输出点。

(5) 组态王监控界面要实现灯塔控制系统控制过程的模拟。

七、系统调试

1. 灯塔系统 PLC 程序调试
反复调试 PLC 程序，直到达到灯塔系统的控制要求为止。

2. 组态王仿真界面调试
(1) 运行初步调试正确的 PLC 程序。

(2) 进入组态王软件运行界面，调试组态王组态界面，观察显示界面是否达到灯塔控制系统的控制要求，根据灯塔控制系统的显示需求添加必要的动画，根据动画要求修改 PLC 程序。

反复调试，直到组态界面和 PLC 程序都达到要求为止。

3. 调试过程中常见问题及解决办法
(1) 问题：程序在 PLC 中能正常运行，但与组态连接时程序就无法正常执行。

解决办法：在实时数据库中解决数据交叉使用的现象。

(2) 问题：组态界面灯的闪烁不符合程序的逻辑。

解决办法：在属性设置中添加可见度设置，删除脚本程序。

八、思考题

(1) 在组态界面中，灯塔的控制是由脚本程序完成的吗？

(2) 将灯塔的控制由原先的亮 1 s 改为亮 3 s，应该在控制系统中怎样调整？

模块四　模拟量组态工程

本模块主要介绍了多种模拟量组态王监控系统的构建方法。分别对单容液位定值控制系统、温度控制系统、百特仪表液位控制系统、风机变频控制系统、液位串级控制系统、西门子S7-300 PLC液位控制系统的组成、工作原理、组态王组态方法及统调等作了详细的介绍。

项目一　单容液位定值控制系统(泓格 7000 系列智能模块)

本项目主要讨论单容液位定值控制系统的组成、工作原理、组态王组态方法及统调等内容，使学生具备组建简单计算机直接数字控制系统的能力。

一、学习目标

1. 知识目标

(1) 掌握单容液位定值控制系统的控制要求。

(2) 掌握单容液位定值控制系统的硬件接线。

(3) 掌握单容液位定值控制系统的通信方式。

(4) 掌握单容液位定值控制系统的控制原理。

(5) 掌握单容液位定值控制系统 PID 控制的设计方法。

(6) 掌握单容液位定值控制系统脚本程序的设计方法。

(7) 掌握单容液位定值控制系统的组态设计方法。

2. 能力目标

(1) 初步具备简单工程的分析能力。

(2) 初步具备简单控制系统的构建能力。

(3) 增强独立分析、综合开发研究、解决具体问题的能力。

(4) 初步具备对 PID 闭环控制系统的设计能力。

(5) 初步具备单容液位定值控制系统的分析能力。

(6) 初步具备单容液位定值控制系统的组态能力。

(7) 初步具备单容液位定值控制系统的统调能力。

二、必备知识与技能

1. 必备知识

(1) 检测仪表及调节仪表的基本知识。

(2) 简单控制系统的组成。

(3) 计算机控制基本知识。

(4) 泓格 7017 模拟量输入模块基本知识。

(5) 泓格 7024 模拟量输出模块基本知识。

(6) 计算机输入通道基本知识。

(7) 计算机输出通道基本知识。

(8) PID 控制原理。

(9) 计算机直接数字控制系统的基本知识。

(10) 闭环控制系统的基本知识。

(11) 组态技术基本知识。

2. 必备技能

(1) 熟练的计算机操作技能。

(2) 变送器的调校技能。

(3) 控制器的调校技能。

(4) 泓格 7017 模拟量输入模块的接线能力。

(5) 泓格 7024 模拟量输出模块的接线能力。

(6) 计算机直接数字控制系统的组建能力。

三、相关知识讲解

1. 泓格 7000 系列智能模块的功能

泓格 ICP 系列智能采集模块通过串口通信协议(RS-232、RS-485 等)或其他通信协议与 PC 机相连，并与外界现场信号直接相连或与由传感器转换过的外界信号相连，由 PC 机中的程序控制可实现采集现场的模拟信号、处理采集到的现场信号、输出模拟控制信号、输入/输出开关量等功能。

2. 泓格 7017 模拟量输入模块简介

泓格 ICP7017 模块是利用 RS-485 与上位机进行通信的 8 通道模拟量输入采集模块；输入信号有电压输入和电流输入两种类型；输入范围：$-150\sim150$ mV、$-500\sim500$ mV、$-1\sim1$ V、$-5\sim5$ V、$-10\sim10$ V、$-20\sim20$ mA。具体接线端子如图 4-1-1 所示。

如果输入信号是电流信号，则先通过 250 Ω 的标准电阻将其转换成 $1\sim5$ V 的电压信号，具体接线方式如图 4-1-2 所示。

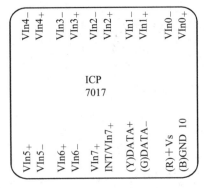

图 4-1-1　泓格 ICP7017 模拟量输入模块引脚图

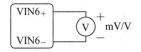

图 4-1-2　泓格 ICP7017 接线图

3. 泓格 7024 模拟量输出模块简介

泓格 ICP7024 是利用 RS-485 与上位机进行通信的 4 通道模拟量输出模块,可输出 4 路电压信号或 4 路电流信号;电流输出信号范围:0~20 mA、4~20 mA;电压输出信号范围:−10~10 V、0~10 V、−5~5 V、0~5 V。具体接线端子如图 4-1-3 所示。输出信号的接线方式如图 4-1-4 所示。

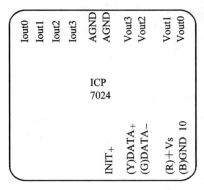

图 4-1-3　泓格 ICP7024 模拟量输出模块引脚图

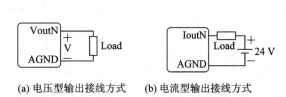

(a) 电压型输出接线方式　　(b) 电流型输出接线方式

图 4-1-4　泓格 ICP7024 接线方式

4. 7000 Utility 软件的使用说明

7000 Utility 软件主要为泓格模块提供以下功能:

(1) 检测与主机相连的泓格 7000 模块。

(2) 设置泓格 7000 的相关配置。

(3) 对泓格 7000 各个模块执行数据输入或数据输出。

(4) 保存检测到的泓格模块的信息(文件格式为*.map)。

四、教学任务

理实一体化教学任务见表 4-1-1。

表 4-1-1　理实一体化教学任务

任务一	单容液位定值控制系统工艺流程
任务二	单容液位定值控制系统控制方案的设计
任务三	单容液位定值控制系统实训设备基本配置及接线
任务四	单容液位定值控制系统的组成及控制原理
任务五	单容液位定值控制系统的组态

五、理实一体化学习内容

1. 单容液位定值控制系统工艺流程

单容液位定值控制系统工艺流程图如图 4-1-5 所示。

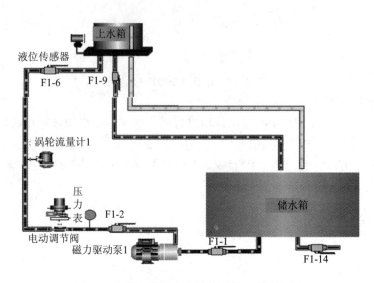

图 4-1-5　单容液位定值控制系统工艺流程图

图中的单容液位定值控制系统是一个简单控制系统，上水箱是被控对象，液位是被控变量，在没有干扰的情况下，液位稳定的条件是进水流量等于出水流量，在出水阀开度一定时，要使水箱里的液位稳定，必须改变进水电动调节阀的开度，这样才能使液位稳定。

2. 单容液位定值控制系统控制方案的设计

用泓格 7017 智能模块、泓格 7024 智能模块、PID 控制软设备实现对单容液位的定值控制，并用组态王软件实现对各种参数的显示、存储与控制功能。

3. 单容液位定值控制系统实训设备基本配置及接线

1) 实训设备基本配置

液位对象(有液位变送器和电动调节阀)　　　一套;

泓格 7017 模拟量输入模块　　　　　　　　一块;

泓格 7024 模拟量输出模块　　　　　　　　一块;

RS-485/RS-232 转换接头及传输线　　　　　一根;

计算机(尽量保证每人一机)　　　　　　　多台。

2) 单容液位定值控制系统接线

单容液位定值控制系统接线图如图 4-1-6 所示，如果没有液位对象，可用信号发生器和电流表代替液位变送器和电动调节阀。

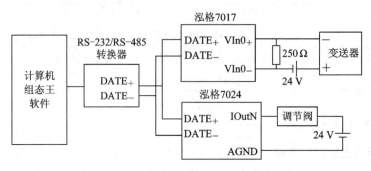

图 4-1-6　单容液位定值控制系统接线图

4. 单容液位定值控制系统的组成及控制原理

1) 控制系统的组成

单容液位定值控制系统采用计算机直接数字控制系统，其组成如图 4-1-7 所示。

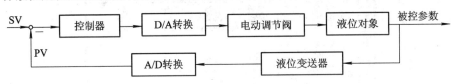

图 4-1-7　计算机直接数字控制系统的组成

控制系统由液位对象、液位变送器、A/D 转换、控制器、D/A 转换、电动调节阀等组成，其中计算机完成控制器的作用。

2) 控制系统的控制原理

液位信号经液位变送器的转换，将其按量程范围转换为 4～20 mA 的电流信号，经 250 Ω 的标准电阻转换为 1～5 V 的电压信号，然后送到模数转换模块泓格 7017 的 01 通道，将 1～5 V 的电压信号转换为数字信号，经信号转换器 RS-485 到 RS-232 的转换，转换为计算机能够接收的信号并传送到计算机；计算机按人们预先规定的控制程序，对被测量对象进行分析、判断、处理，按预定的控制算法(如 PID 控制)进行运算，从而传送出一个控制信号；经信号转换器 RS-232 到 RS-485 的转换，然后传送到数模转换模块 7024 的 01 通道，转换为 4～20 mA 的电流信号再传送到调节阀，从而控制水箱进水流量的大小。

5. 单容液位定值控制系统的组态

1) 新建工程

选择"文件"→"新建工程"，新建单容液位定值控制系统的工程文件。

2) 设备组态

在组态王工程浏览器中选择"设备"标签中的"COM1"，创建如图 4-1-8 所示的设备。创建方法同模块二中的项目三相关内容。

3) 单容液位定值控制系统数据词典组态

单容液位定值控制系统数据词典组态如图 4-1-9 所示。创建方法同模块二中的项目三相关内容。

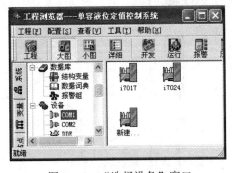

图 4-1-8　"选择设备"窗口

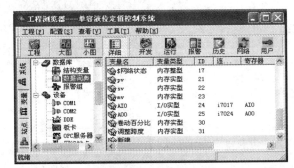

图 4-1-9　单容液位定值控制系统数据词典组态

4) 创建画面窗口

创建如图 4-1-10 所示的画面窗口，创建方法参考模块二中的项目三相关内容。

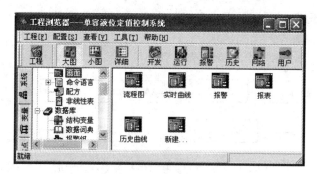

图 4-1-10　单容液位定值控制系统画面窗口

5) 用户窗口组态

用户窗口组态，参考模块二中的项目四相关内容。

(1) 双击单容液位定值控制系统画面窗口，打开动画组态界面，绘制如图 4-1-11 所示的图形。

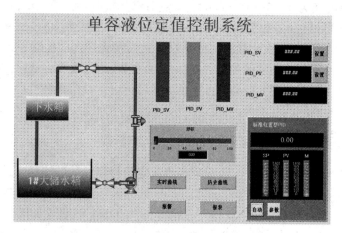

图 4-1-11　单容液位定值控制系统控制界面

① 条形显示、数字显示、控制器的数字显示及设置按钮分别与 SV、PV、MV 建立连接。

② 控制器的设置如图 4-1-12 所示。

图 4-1-12　控制器的设置

(2) 实时曲线的组态，参考模块二中的项目五相关内容。

① 绘制如图 4-1-13 所示的图形。

实时曲线

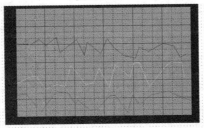

图 4-1-13 绘制实时曲线

② 实时趋势曲线的设置如图 4-1-14 所示。

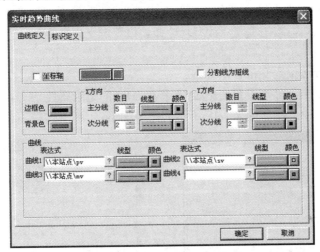

图 4-1-14 实时趋势曲线的设置

(3) 历史曲线的组态，参考模块二中的项目五相关内容。

① 绘制如图 4-1-15 所示的图形。

历史曲线

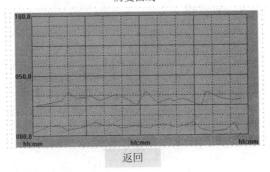

图 4-1-15 历史曲线的组态

② 历史曲线的设置如图 4-1-16 所示。

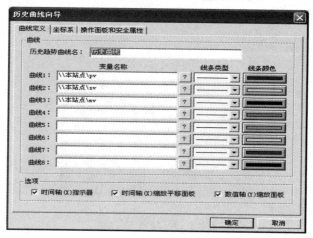

图 4-1-16　历史曲线的设置

(4) 报警的组态，参考模块二中的项目五相关内容。

① 打开数据词典，双击变量"PV"，选择"报警定义"标签页，设置 PV 的报警属性，如图 4-1-17 所示。

② 用同样的方法设置变量 SV、MV。

③ 在数据词典中，分别设置变量 SV、PV、MV 的记录属性。

④ 在报警画面中绘制如图 4-1-18 所示的报警图形。

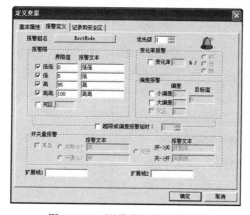

图 4-1-17　测量值报警属性设置

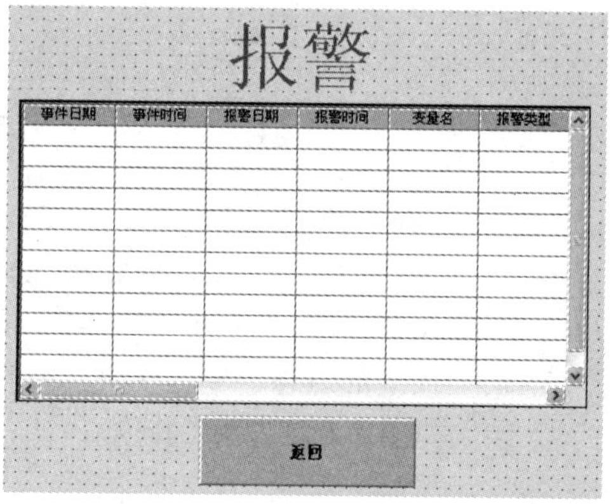

图 4-1-18　报警的组态

⑤ 报警窗口的运行效果如图 4-1-19 所示。

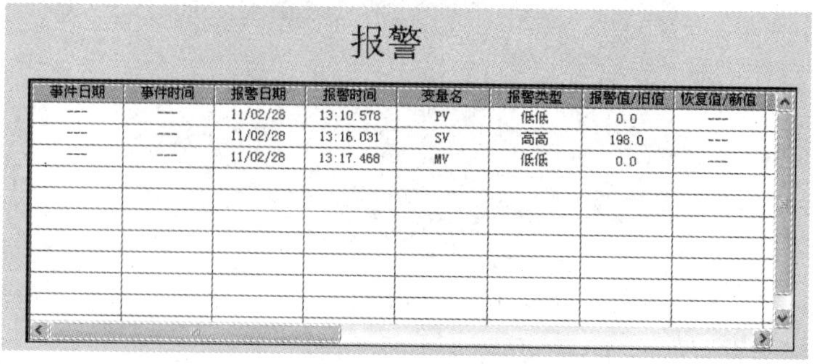

事件日期	事件时间	报警日期	报警时间	变量名	报警类型	报警值/旧值	恢复值/新值
——	——	11/02/28	13:10.578	PV	低低	0.0	——
——	——	11/02/28	13:16.031	SV	高高	198.0	——
——	——	11/02/28	13:17.468	MV	低低	0.0	——

图 4-1-19　报警效果图

(5) 报表的组态。

① 在报表画面中绘制如图 4-1-20 所示的报表图形。

② 将相应的单元分别与变量 PV、SV、MV 建立连接。

③ 报表窗口的运行效果如图 4-1-21 所示。

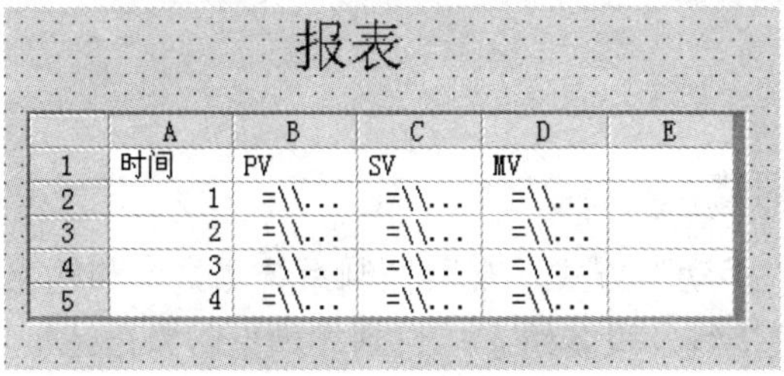

	A	B	C	D	E
1	时间	PV	SV	MV	
2	1	=\\...	=\\...	=\\...	
3	2	=\\...	=\\...	=\\...	
4	3	=\\...	=\\...	=\\...	
5	4	=\\...	=\\...	=\\...	

图 4-1-20 报表的组态

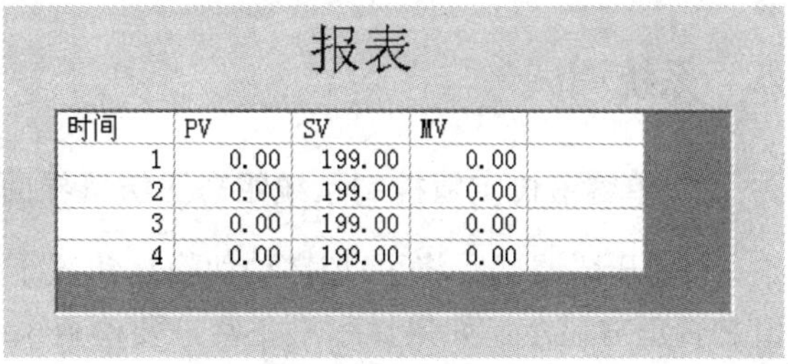

时间	PV	SV	MV	
1	0.00	199.00	0.00	
2	0.00	199.00	0.00	
3	0.00	199.00	0.00	
4	0.00	199.00	0.00	

图 4-1-21 报表效果图

6) 命令语言

打开单容液位定值控制系统画面组态界面，单击鼠标右键选择“画面属性”，单击“命令语言”按钮，添加如下的命令语言：

```
//数据转换
PV=AI0;
AO0= MV;
```

六、实操考核

项目考核采用步进式考核方式，考核内容如表 4-1-2 所示。

表 4-1-2 项目考核表

	学 号	1	2	3	4	5	6	7	8	9	10	11	12	13
	姓 名													
考核内容进程分值	硬件接线(5 分)													
	控制原理(10 分)													
	数据库组态(20 分)													
	设备组态(10 分)													
	用户窗口组态(20 分)													
	循环脚本组态(10 分)													
	系统统调(25 分)													
扣分	安全文明													
	纪律卫生													
	总 评													

七、注意事项

(1) 两个智能模块的接线一定要正确。

(2) 数据库组态时，一定要注意变量的数据类型是否正确。

(3) 设备组态时要注意通道的连接是否正确。

(4) 历史曲线组态时要注意组对象、单个对象的存盘属性设置务必正确。

(5) 各项组态必须在仿真机房调试通过。

八、系统调试

1. 单容液位定值控制系统组态王仿真界面调试

(1) 开环调试：将手动/自动切换按钮置于"手动"方式，观察控制系统测量值和输出值是否正常显示，如果显示不正常，要检查系统接线及设备组态，直到显示正常为止。

(2) 闭环调试：将手动/自动切换按钮置于"自动"方式，观察控制系统的控制效果是否达到控制要求，如果没有达到控制要求，则须反复调试，直到达到控制要求为止。

2. 调试过程中常见的问题及解决办法

(1) 问题：数据不显示。

解决办法：在设备组态中解决通道连接问题。

(2) 问题：历史曲线不显示。

解决办法：检查是否设置了对象的存盘属性。

(3) 问题：报警不产生。

解决办法：检查属性设置中的存盘属性和报警属性设置。

(4) 问题：报表不产生。

解决办法：检查报表设置中的数据连接是否正确。

九、思考题

(1) 计算机通过什么方式接收现场的模拟信号？

(2) 计算机通过什么方式操纵现场的调节阀？

(3) 如何实现单容液位定值控制系统的开环控制？

(4) 如何实现单容液位定值控制系统的定值控制？

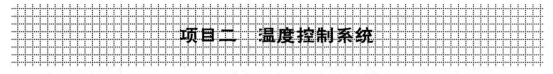

项目二　温度控制系统

本项目主要讨论 EM235 模块、温度控制系统的组成及工作原理、PLC 程序的设计与调试、组态王组态方法及统调等内容，使学生具备组建简单计算机监控系统的能力。

一、学习目标

1. 知识目标

(1) 掌握 EM235 模块的使用方法。

(2) 掌握温度传感器的使用方法。

(3) 掌握温度控制系统的控制要求。

(4) 掌握温度控制系统的硬件接线。

(5) 掌握温度控制系统的通信方式。

(6) 掌握温度控制系统的控制原理。

(7) 掌握温度控制系统的 PID 控制的设计方法。

(8) 掌握温度控制系统的程序设计方法。

(9) 掌握温度控制系统的组态设计方法。

2. 能力目标

(1) 初步具备温度控制系统的分析能力。

(2) 初步具备 PLC 温度控制系统的设计能力。

(3) 初步具备温度控制系统 PLC 的程序设计能力。

(4) 初步具备对 PID 闭环控制系统的设计能力。

(5) 初步具备温度控制系统的组态能力。

(6) 初步具备温度控制系统 PLC 程序与组态的统调能力。

二、必备知识与技能

1. 必备知识

(1) PLC 应用技术基本知识。

(2) 闭环控制系统基本知识。

(3) 组态技术基本知识。

(4) 温度传感器基本知识。

(5) PID 控制原理。

2. 必备技能

(1) 熟练的 PLC 接线操作技能。

(2) 熟练的温度传感器接线操作技能。

(3) 熟练的 PLC 编程调试技能。

(4) 计算机监督控制系统的组建能力。

三、相关知识讲解

1. EM235 模块

西门子 S7-200 PLC 的 CPU 本身不能处理模拟信号，若要处理模拟信号，则需要外加模拟量扩展模块。模拟量扩展模块 EM235 提供了模拟量输入、输出的功能，采用 12 位的 A/D 转换器，多种输入、输出范围，不用加放大器即可直接与执行器和传感器相连。EM235 模块能直接与 Pt100 热电阻相连，供电电源为 24 V DC。EM235 模块有四路模拟量输入和一路模拟量输出。输入、输出都可以为 0～10 V 电压或 0～20 mA 电流。图 4-2-1 为 EM235 模块的输入、输出连线示意图。

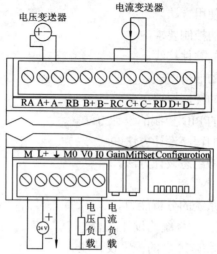

图 4-2-1 EM235 的输入、输出接线图

用 DIP 开关可以设置 EM235 模块,如图 4-2-2 所示,开关 1~6 用于选择模拟量输入范围和分辨率,所有的输入设置成相同的模拟量输入范围和格式。开关 1、2、3 是衰减设置,开关 4、5 是增益设置,开关 6 为单/双极性设置。

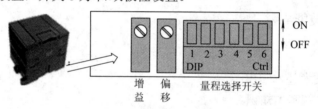

图 4-2-2 EM235 DIP 开关设置外形图

EM235 模块选择单/双极性、增益和衰减的开关设置及模块选择模拟量输入范围和分辨率的开关设置,分别如表 4-2-1、表 4-2-2 所示。

表 4-2-1 EM 235 模块选择单/双极性、增益和衰减的开关设置表

EM235 模块开关						单/双极性选择	增益选择	衰减选择
SW1	SW2	SW3	SW4	SW5	SW6			
					ON	单极性		
					OFF	双极性		
			OFF	OFF			X1	
			OFF	ON			X10	
			ON	OFF			X100	
			ON	ON			无效	
ON	OFF	OFF						0.8
OFF	ON	OFF						0.4
OFF	OFF	ON						0.2

表 4-2-2 EM 235 模块选择模拟量输入范围和分辨率的开关设置表

单 极 性						满量程输入	分辨率
SW1	SW2	SW3	SW4	SW5	SW6		
ON	OFF	OFF	ON	OFF	ON	0～50 mV	12.5 μV
OFF	ON	OFF	ON	OFF	ON	0～100 mV	25 μV
ON	OFF	OFF	OFF	ON	ON	0～500 mV	125 μV
OFF	ON	OFF	OFF	ON	ON	0～1 V	250 μV
ON	OFF	OFF	OFF	OFF	ON	0～5 V	1.25 mV
ON	OFF	OFF	OFF	OFF	ON	0～20 mA	5 μA
OFF	ON	OFF	OFF	OFF	ON	0～10 V	2.5 mV
双 极 性						满量程输入	分辨率
SW1	SW2	SW3	SW4	SW5	SW6		
ON	OFF	OFF	ON	OFF	OFF	±25 mV	12.5 μV
OFF	ON	OFF	ON	OFF	OFF	±50 mV	25 μV
OFF	OFF	ON	ON	OFF	OFF	±100 mV	50 μV
ON	OFF	OFF	OFF	ON	OFF	±250 mV	125 μV
OFF	ON	OFF	OFF	ON	OFF	±500 mV	250 μV
OFF	OFF	ON	OFF	ON	OFF	±1 V	500 μV
ON	OFF	OFF	OFF	OFF	OFF	±2.5 V	1.25 mV
OFF	ON	OFF	OFF	OFF	OFF	±5 V	2.5 mV
OFF	OFF	ON	OFF	OFF	OFF	±10 V	5 mV

本系统中 DIP 开关设置如表 4-2-3 所示。

表 4-2-3 本系统 DIP 开关设置

SW1	SW2	SW3	SW4	SW5	SW6	满量程输入	分辨率
ON	OFF	OFF	OFF	OFF	ON	0～20 mA	5 μA

在单极性时，对应的数据字是 0～32 000；在双极性时，对应的数据字是 -32 000～ 32 000。在本系统中用的是 4～20 mA 电流，是单极性，所以对应 4 mA 电流数据字是 0，20 mA 电流数据字是 32 000。

2. 温度控制模块介绍

温度控制模块的硬件组成如图 4-2-3 所示。

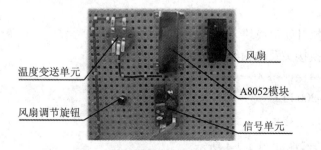

图 4-2-3 温度控制模块的硬件组成

A8052 模块作为一个小型控制对象，系统由冷却风扇电机、调压器、加热模块、测温单元等组成。测温单元 Pt100 检测到的信号经温度变送器转换成 4～20 mA 的电流；经信号单元转换成电压信号传送给 A8052 的加热模块，以改变加热器的加热速度；通过改变风扇调节旋钮改变加热器的散热速度。

四、教学任务

理实一体化教学任务见表 4-2-4。

表 4-2-4　理实一体化教学任务

任务一	温度控制系统的控制要求
任务二	温度控制系统实训设备的基本配置及控制接线图
任务三	温度控制系统 I/O 分配
任务四	温度控制系统的组成及控制原理
任务五	温度控制系统 PLC 控制程序
任务六	温度控制系统的组态

五、理实一体化学习内容

1. 温度控制系统的控制要求

设计一个温度控制系统，具体要求如下：

(1) 用 Pt100 热电阻、调压器、风扇、西门子 S7-200 PLC、EM235 模拟量处理模块等构成温度闭环控制系统。

(2) 用组态王软件来监控温度控制系统。

(3) 实现对温度控制系统的定值调节。

2. 温度控制系统实训设备的基本配置及控制接线图

1) 实训设备基本配置

Pt100 热电阻　　　　　　　　一个；
温度变送器　　　　　　　　　一个；
风扇　　　　　　　　　　　　一个；
EM235 模拟量处理模块　　　　一块；
RS-232 转换接头及传输线　　　一根；
计算机(尽量保证每人一机)　　多台；
西门子 S7-200 PLC　　　　　　一台。

2) 温度控制系统接线图

温度控制系统接线图如图 4-2-4 所示。

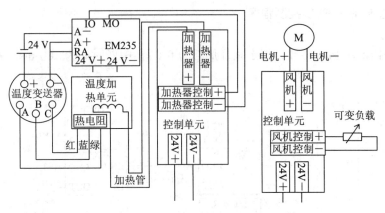

图 4-2-4　温度控制系统接线图

3. 温度控制系统 I/O 分配

温度控制系统 I/O 分配见表 4-2-5。

表 4-2-5　温度控制系统 I/O 分配

PLC 中 I/O 口分配		注　释	组态王数据词典对应的变量
元　件	地　址		
EM235	AIW0	温度信号输入	
PID_PV	VD100	测量值	PID_PV
PID_SP	VD104	设定值	PID_SP
PID_MV	VD108	自动输出值	PID_MV
PID_P	VD112	比例系数	PID_P
PID_TS	VD116	采样时间，以秒为单位，必须为正数	PID_TS
PID_I	VD120	积分时间	PID_I
PID_D	VD124	微分时间	PID_D
PID_AM	VD184	手动/自动切换	PID_AM
PID_MAN	VD188	手动输出值	PID_MAN
PID_OUT	VD192	总输出	PID_OUT
EM235	AQW0	控制信号输出	

4. 温度控制系统的组成及控制原理

Pt100 热电阻将检测到的温度信号经温度变送器的转换，转换成 4～20 mA 的模拟信号传送到模拟量处理模块 EM235；EM235 处理后转换成标准的 16 位数字信号存放到 PLC 的寄存器中，在 PLC 程序中设计 100 ms 的中断程序来读取温度的当前值，并经过标度变换将其转换成 0～1 之间的实数传送到 PID 模块，与设定值进行比较后对偏差进行 PID 运算，将运算结果转换成 PLC 的标准数字输出信号，经模拟量处理模块再转换成 4～20 mA 的输出信号传送到调压器，从而改变加热管的加热速度；在冷却风扇的作用下，使温度对象的温度稳定在设定值上。利用组态王组态平台来实时地监控 PLC 中相关数据的变化，使温度控制系统的工艺生产状态在监控界面上真实地再现出来，以便操作人员监控工艺生产的各个参数。

5. 温度控制系统 PLC 控制程序

1) 主程序

网络 1：初始化 PID 参数，指定采样周期为 0.1 s，中断时间为 100 ms。初始化程序如图 4-2-5 所示。

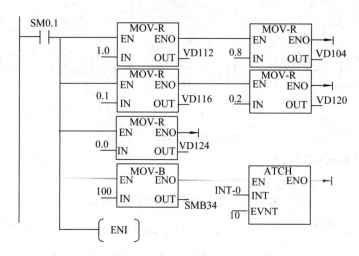

图 4-2-5　初始化程序

2) 中断服务程序

(1) 网络 1：将温度检测元件热电阻检测到的信号转换为 0～1 之间的数再传送到 PID-PV。

数据采集程序如图 4-2-6 所示。

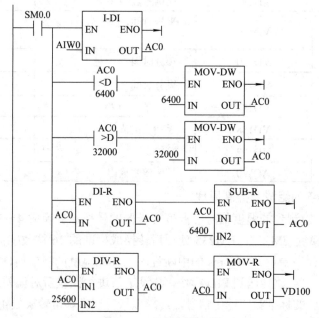

图 4-2-6　数据采集程序

(2) 网络 2：实现手动/自动切换。手动/自动切换程序如图 4-2-7 所示。

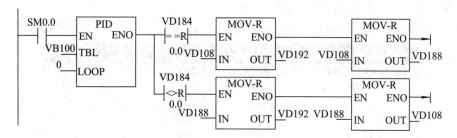

图 4-2-7 手动/自动切换程序

(3) 网络 3：将 0～1 之间的输出值转换为标准的输出值传送到 AQW0。

输出处理程序如图 4-2-8 所示。

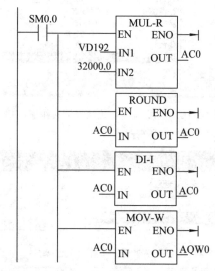

图 4-2-8 输出处理程序

6. 温度控制系统的组态

1) 新建工程

选择"文件"→"新建工程"，新建温度控制系统的工程文件。

2) 设备组态

在组态王工程浏览器中选择"设备"标签页中的"COM1"选项，创建如图 4-2-9 所示的设备(创建方法同模块三中的项目一)。

图 4-2-9 选择设备窗口

3) 温度控制系统数据词典的组态

温度控制系统数据词典组态窗口如图 4-2-10 所示(创建方法同模块二中的项目三)。

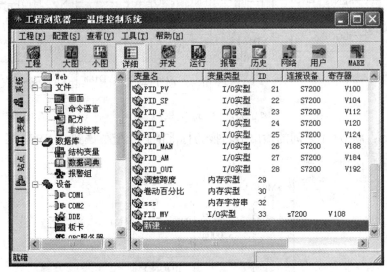

图 4-2-10　温度控制系统数据词典组态窗口

(1) PID_PV 变量定义如图 4-2-11 所示。

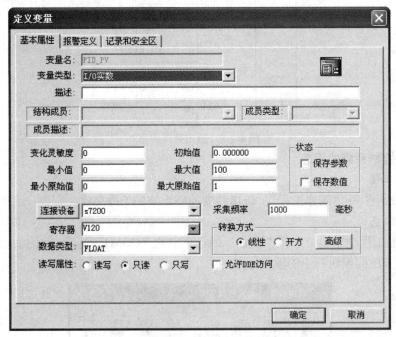

图 4-2-11　PID_PV 的定义

(2) PID_SP、PID_MV 等变量的定义与 PID_PV 类似,读写属性设置为“读写”。寄存器号与数据词典对应。

4) 创建画面窗口

温度控制系统画面组态窗口如图 4-2-12 所示(创建方法同模块三中的项目一)。

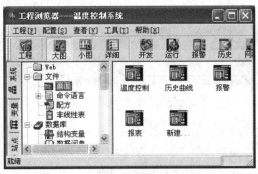

图 4-2-12　温度控制系统画面组态窗口

5) 用户窗口组态

用户窗口组态参考模块二中的项目四或模块三中的项目一。

(1) 双击温度控制系统画面窗口，打开动画组态界面，绘制如图 4-2-13 所示的图形。

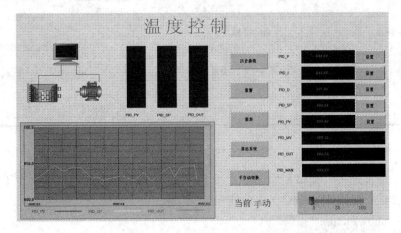

图 4-2-13　温度控制系统控制界面

(2) 条形显示、数字显示、设置按钮分别与 PID_PV、PID_SP、PID_MV、PID_P、PID_I、PID_D、PID_AM、PID_MAN、PID_OUT 等建立连接。

(3) 实时曲线的组态参考模块二中的项目五。实时曲线的设置如图 4-2-14 所示。

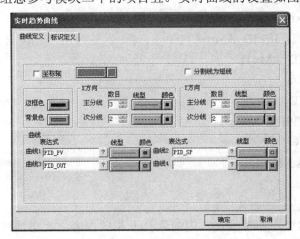

图 4-2-14　实时曲线的设置

(4) 按钮的设置如图 4-2-15 所示。

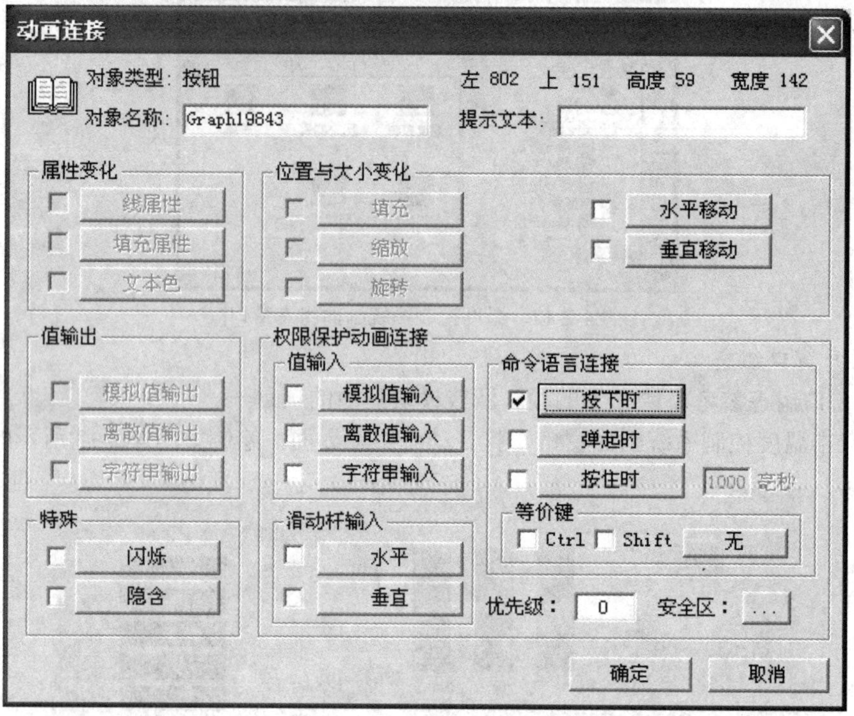

图 4-2-15　按钮的设置

在"命令语言连接"编辑栏中选中"按下时",分别对按钮输入以下命令语言:

- 历史曲线:ShowPicture("历史曲线");
- 报警:ShowPicture("报警");
- 报表:ShowPicture("报表");
- 退出系统:ClosePicture("温度控制");
  PID_SP=0;
  PID_OUT=0;
  Exit(0);
- 手动/自动切换:if(PID_AM==0)
  PID_AM=1;
  Else
  PID_AM=0;
  if(PID_AM==0)
  sss="手";
  else
  sss="自";

(5) 当前状态与内存字符串"sss"连接。

(6) 历史曲线的组态参考模块二中的项目五相关内容。历史曲线的设置如图 4-2-16 所示。

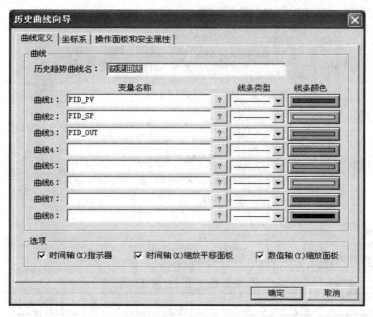

图 4-2-16　历史曲线的设置

(7) 报警的组态参考模块二中的项目五相关内容。

● 打开数据词典，双击变量"PID_PV"，选择"报警定义"标签页，设置 PID_PV 的报警属性，如图 4-2-17 所示。

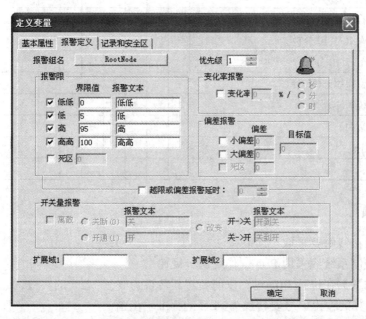

图 4-2-17　测量值报警属性设置

● 采用同样的方法设置变量 PID_SP、PID_MV。

● 在数据词典中，分别设置变量 PID_SP、PID_PV、PID_MV 的记录属性。

● 在报警画面中绘制报警图形。

(8) 报表的组态。在报表画面中绘制如图 4-2-18 所示的报警图形。将相应的单元分别与变量 PID_PV、PID_SP、PID_MV 建立连接。

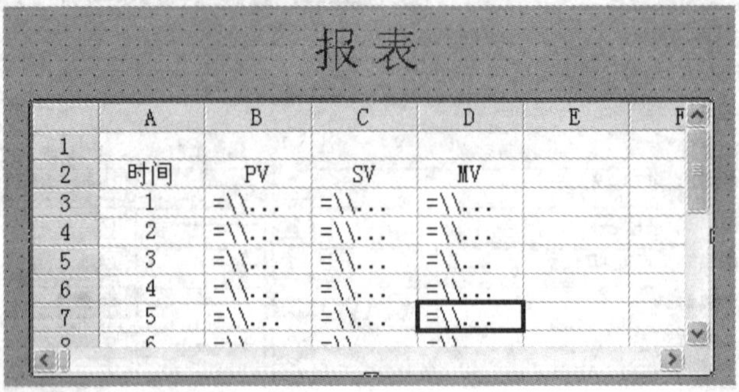

图 4-2-18 报表的组态

六、实操考核

项目考核采用步进式考核方式，考核内容如表 4-2-6 所示。

表 4-2-6 项目考核表

学　号		1	2	3	4	5	6	7	8	9	10	11	12
姓　名													
考核内容进程分值	硬件接线(5 分)												
	控制原理(10 分)												
	PLC 程序设计(20 分)												
	PLC 程序调试(10 分)												
	数据库组态(10 分)												
	设备组态(10 分)												
	用户窗口组态(25 分)												
	系统统调(10 分)												
扣分	安全文明												
	纪律卫生												
总　评													

七、注意事项

(1) 热电阻接线时要采取三线制接法。

(2) 温度控制系统应采用 PID 三作用调节规律。

(3) 采集的数据在进行 PID 运算以前要将其转换为 0～1 之间的实数。

(4) PID 运算的输出信号要转换为 PLC 的标准输出值。

(5) 控制信号在送往调压器之前要通过 EM235 模拟量处理模块进行处理。

八、系统调试

1. 温度控制系统 PLC 程序调试

在开环状态下，测试温度信号是否能采集，手动控制信号是否能够传送到执行机构。

2. 组态王仿真界面调试

(1) 运行初步调试正确的 PLC 程序。

(2) 进入组态王运行界面，将系统置于"手动"方式，观察输入、输出信号是否能正常显示。如果显示不正常，则须检查硬件接线及设备组态，直到显示正常为止。

(3) 将系统置于"自动"方式，观察显示曲线是否能达到温度控制系统的控制要求。如果不能达到要求，则须修改相应的程序或参数。

反复调试，直到组态界面和 PLC 程序都达到温度控制系统的控制要求为止。

3. 调试过程中的常见问题与解决办法

(1) 问题：测量值不显示。

解决办法：检查温度变送器的接线是否正常；检查数据采集程序是否正确。

(2) 问题：温度调节性能差。

解决办法：采取 PID 三作用调节规律，调整 PID 的控制参数。

九、思考题

(1) 热电阻测温时，为什么要采取三线制接法？

(2) 在 PLC 中如何实现温度输入信号的标度变换？

(3) 在 PLC 中如何对输出信号进行转换？

(4) 温度控制一般采取哪种调节规律？

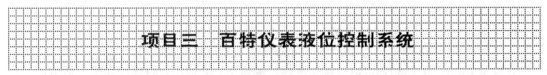

项目三　百特仪表液位控制系统

本项目主要讨论百特仪表液位控制系统的组成、工作原理、组态王组态方法及统调等内容，使学生具备组建简单计算机监控系统的能力。

一、学习目标

1. 知识目标

(1) 掌握百特仪表的功能及使用方法。

(2) 掌握百特仪表液位控制系统的控制要求。

(3) 掌握百特仪表液位控制系统的硬件接线。

(4) 掌握百特仪表液位控制系统的通信方式。

(5) 掌握百特仪表液位控制系统的控制原理。

(6) 掌握百特仪表液位控制系统的组态设计方法。

2. 能力目标

(1) 初步具备百特仪表液位控制系统的分析能力。

(2) 初步具备百特仪表液位控制系统的设计能力。

(3) 初步具备 PID 闭环控制系统的设计能力。

(4) 初步具备百特仪表液位控制系统的组态能力。

(5) 初步具备百特仪表液位控制系统的调试能力。

二、必备知识与技能

1. 必备知识

(1) 自动控制基本知识。

(2) 闭环控制系统基本知识。

(3) 组态技术基本知识。

(4) PID 控制原理。

2. 必备技能

(1) 熟练的自动控制系统接线操作技能。

(2) 熟练的自动控制系统调试技能。

(3) 计算机监督控制系统的组建能力。

三、相关知识讲解

1. XMA5000 百特仪表简介

(1) 适用范围：适用于温度控制、压力控制、流量控制、液位控制等各种控制系统中。

(2) 万能输入信号：只需做相应的按键设置和硬件跳线设置，即可在以下所有输入信号之间任意切换，即设即用。

热电阻：Pt100、Pt100.0、Cu50、Cu100、Pt10。

热电偶：K、E、S、B、T、R、N。

标准信号：0~10 mA、4~20 mA、0~5 V、1~5 V。

霍尔传感器：mV 输入信号，0~5 V 以内任意信号按键即设即用。

远传压力表：30~350 Ω，信号误差现场按键修正。其他用户特殊订制输入信号。

(3) 给定方式：有以下多种给定方式可选。

① 本机给定方式(LSP)。可通过面板上的增减键直接修改给定值，也可以加设密码锁定禁止修改。

② 时间程序给定(TSP)。时间程序给定曲线图如图 4-3-1 所示。

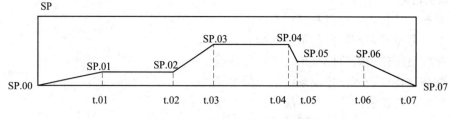

图 4-3-1 时间程序给定曲线图

每段程序最长 6000 min。曲线最多可设 16 段。

③ 外部模拟给定信号(远程给定)(RSP)。

0~10 mA/4~20 mA/0~5 V/1~5 V 通用。

(4) 多种控制输出方式可选择：10 mA、4~20 mA、0~5 V、1~5 V 控制输出；时间比例控制继电器输出(1A/220V AC 阻性负载)；时间比例控制 5~30V SSR 控制信号输出；时间比例控制双向可控硅输出(3A，600 V)；单相 2 路可控硅过零或移相触发控制输出(独创电路可触发 3～1000 A 可控硅）；三相 6 路可控硅过零（独创电路可触发 3～1000 A 可控硅），外挂三相 SCR 触发器。

(5) 专家自整定算法。独特的 PID 参数专家自整定算法，将先进的控制理论和丰富的工程经验相结合，使得 PID 控制器可适应各种现场，对一阶惯性负载、二阶惯性负载、三阶惯性负载、一阶惯性加纯滞后负载、二阶惯性加纯滞后负载、三阶惯性加纯滞后负载这六种有代表性的典型负载的全参数测试表明，PID 参数专家自整定的成功率达 95% 以上。

(6) 可带 RS-485/RS-232/Modem 隔离通信接口或串行标准打印机接口。

(7) 单片机智能化设计。

(8) 零点、满度自动跟踪，长期运行无漂移，全部参数按键均可设定。

2. XMA5000 百特仪表面板简介

1) 面板示意图

XMA5000 百特仪表面板示意图如图 4-3-2 所示。

图 4-3-2　XMA5000 百特仪表面板示意图

2) 主显示屏(PV)

上电复位时，第一屏显示表型"**HnA**"(XMA 控制器)。

正常工作时，显示测量值"PV"。

参数设定操作时，显示被设定参数名，或被设定参数当前值。

信号断线时，显示"**broƎ**"。

信号超量程时，显示"**HoFL**"或"**LoFL**"。

3) 副显示屏

上电复位时，第一屏显示"**F9.bƎ**"(福光百特)。

在自动工作状态下，显示控制输出值 MV。在使用增值键、减值键调整给定值 SP 时，显示 SP 值。当停止增减 SP 值操作 2 s 后，恢复显示控制输出值 MV。

在手动工作状态下，显示控制输出值。

参数设定操作时，显示被设定参数名。

启动时间程序给定后，在自动状态下显示 SP 值，在手动状态下显示 MV 值。

自整定期间，交替显示"**AdPƎ**"和输出 MV。

4) LED 指示灯

HIGH：报警 2(上限)动作时，灯亮。

LOW：报警 1(下限)动作时，灯亮。

MAN：自动工作状态，灯灭；手动工作状态，灯亮。

OUT：时间比例输出"ON"时，灯亮。

3. XMA5000 百特仪表操作说明

1) 按键说明

(1) SET 键：在自动或手动工作状态下，按"SET"键进入参数设定状态；在参数设定状态下，按"SET"键确认参数设定操作。

(2) △键和▽键：在自动工作状态下，按"△"键或"▽"键可修改给定值(SP)，在副显示屏显示；在手动工作状态下，按"△"键或"▽"键可修改控制输出值(MV)；在参数设定时，"△"键和"▽"键用于参数设定菜单选择和参数值设定。

(3) A/M 键：该键可实现手动工作状态和自动工作状态的相互切换。

2) 给定值设置

(1) 单设定点(本机设定点)的 SP 设定操作。在自动工作状态下，按"△""▽"键可修改 SP 设定值，在副显示屏显示。上电复位后将调出停电前的 SP 值作为上电后的初始 SP 值。

(2) 时间程序给定 t.SP。在时间程序给定工作状态下，SP 将按预先设定好的程序运行，"△""▽"键操作无效。

上电复位时，具有 SP 跟踪 PV 功能，即从时间程序曲线中最接近当前 PV 值的点开始运行程序。

时间程序控制程序的启动：在本机定值给定状态下，同时按"SET"和"△"键，将会切换到时间程序、控制运行，并保持切换前后 SP 值和 MV 值不变。

时间程序控制的停止：在时间程序给定控制状态下，同时按"SET"键和"▽"键，将切换到本机单值给定运行，并保持切换前后 SP 值和 MV 值不变。

时间程序给定和单值给定控制的切换是双向无扰的。

3) 手动输出操作

不论本机处于单值给定工作状态，还是时间程序给定工作状态，按"A/M"键均可进入手动工作状态，可通过"△""▽"键直接修改 MV 值，在副显示屏显示。

在手动工作状态下，按"A/M"键将回到原先的自动工作状态。输出 MV 值在手动/自动状态的切换过程中是双向无扰的。

t.SP 给定时，手动操作转自动操作具有 SP 自动跟踪 PV 功能，即从时间程序曲线中最接近 PV 的点开始运行。

4) PID 自整定程序的启动

按本书"附录"中的附表 4 操作说明，可启动 PID 自整定程序。启动后，若偏差 (SP − PV)/FS＜5%，则继续维持常规 PID 运行，暂不进行 PID 参数自整定；若偏差大于 5%，则作两个周期全开全关位式控制，计算出系统合适的 PID 参数，按此参数进行常规 PID 控制。

自整定期间，副显示屏交替显示"AdPt"和 MV 值。

4. XMA5000 百特仪表(96 mm × 96 mm)接线端子图

XMA5000 百特仪表接线端子图如图 4-3-3 所示。

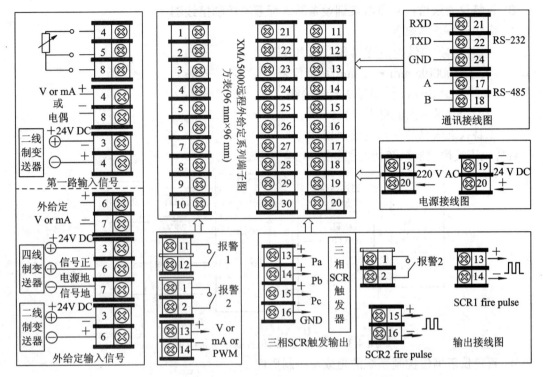

图 4-3-3　XMA5000 百特仪表(96 mm × 96 mm)接线端子图

四、教学任务

理实一体化教学任务见表 4-3-1。

表 4-3-1　理实一体化教学任务

任务一	百特仪表液位控制系统工艺流程图
任务二	百特仪表液位控制系统的控制要求
任务三	百特仪表液位控制系统实训设备基本配置及控制接线图
任务四	百特仪表液位控制系统的组成及控制原理
任务五	百特仪表液位控制系统的组态

五、理实一体化学习内容

1. 百特仪表液位控制系统工艺流程图

百特仪表液位控制系统工艺流程图如图 4-1-5 所示。

2. 百特仪表液位控制系统的控制要求

用百特仪表实现对单容液位的定值控制，并用组态王软件实现对各种参数的显示、存储与控制功能。

3. 百特仪表液位控制系统实训设备基本配置及控制接线图

1) 实训设备基本配置

　　液位对象(带液位变送器和电动调节阀)　　　　　一套;

　　XMA5000(96 mm × 96 mm)百特仪表　　　　　　一块;

　　RS-232/RS-485 转换接头及传输线　　　　　　　一根;

　　计算机(尽量保证每人一机)　　　　　　　　　　多台。

2) 百特仪表液位控制系统接线图

百特仪表液位控制系统接线图如图 4-3-4 所示。

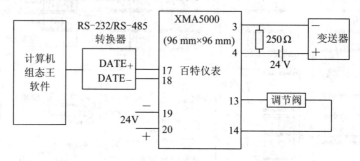

图 4-3-4　百特仪表液位控制系统接线图

4. 百特仪表液位控制系统的组成及控制原理

1) 控制系统的组成

百特仪表液位控制系统采用计算机监控系统, 其组成如图 4-3-5 所示。

图 4-3-5　计算机监控系统的组成

　　控制系统由计算机、液位对象、液位变送器、XMA5000(96 mm × 96 mm)百特仪表、电动调节阀等组成, 其中百特仪表完成控制器的作用, 计算机起监控作用。

2) 控制原理

　　液位信号经液位变送器的转换, 将其按量程范围转换为 4~20 mA 的电流信号, 然后传送到 XMA5000 智能仪表中进行 PID 运算, 从而传送出一个控制信号, 去控制现场的调节阀, 以此来控制水箱进水流量的大小。计算机通过 RS-232/RS-485 转换实现对智能仪表的监控。

5. 百特仪表液位控制系统的组态

1) 新建工程

选择"文件"→"新建工程", 新建百特仪表液位控制系统的工程文件。

2) 设备组态

　　在组态王工程浏览器中选择"设备"标签页中的"COM1"选项, 如图 4-3-6 所示, 选择"百特"——"XM 类仪表", 创建如图 4-3-7 所示的设备(创建方法同模块二中的项目三)。

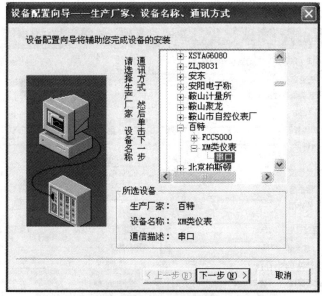

图 4-3-6 选择仪表类型

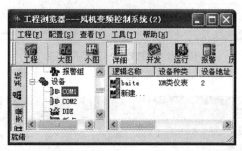

图 4-3-7 创建设备

3) 百特仪表液位控制系统数据词典组态

百特仪表液位控制系统数据词典组态如图 4-3-8 所示(创建方法同模块二中的项目三)。

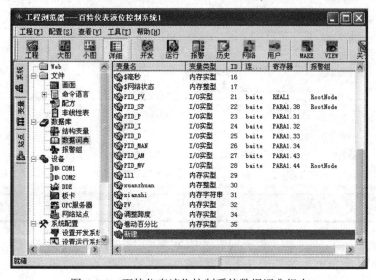

图 4-3-8 百特仪表液位控制系统数据词典组态

(1) PID_PV 变量的定义如图 4-3-9 所示。

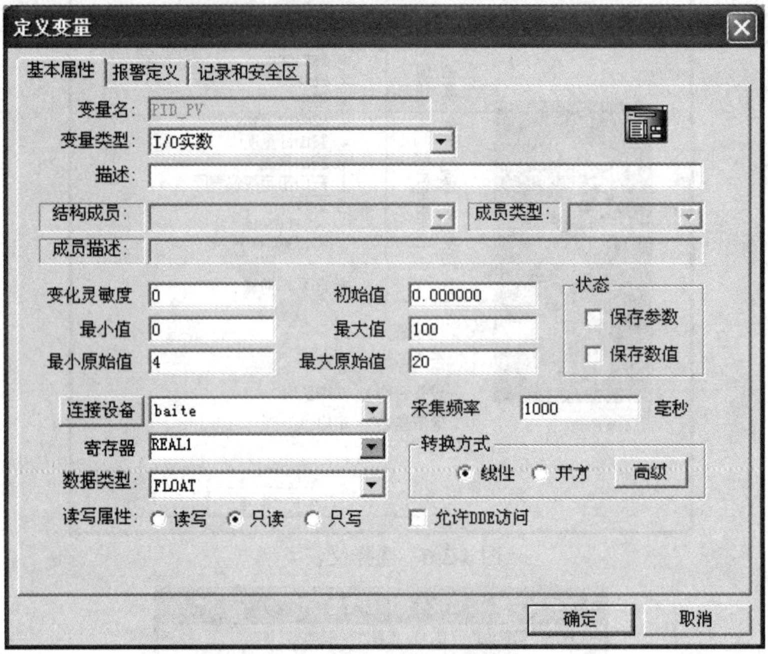

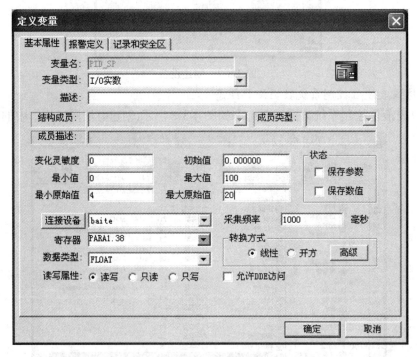

图 4-3-9   PID_PV 变量的定义

(2) PID_SP 变量的定义如图 4-3-10 所示。

图 4-3-10   PID_SP 变量的定义

(3) PID_MV 变量的定义如图 4-3-11 所示。

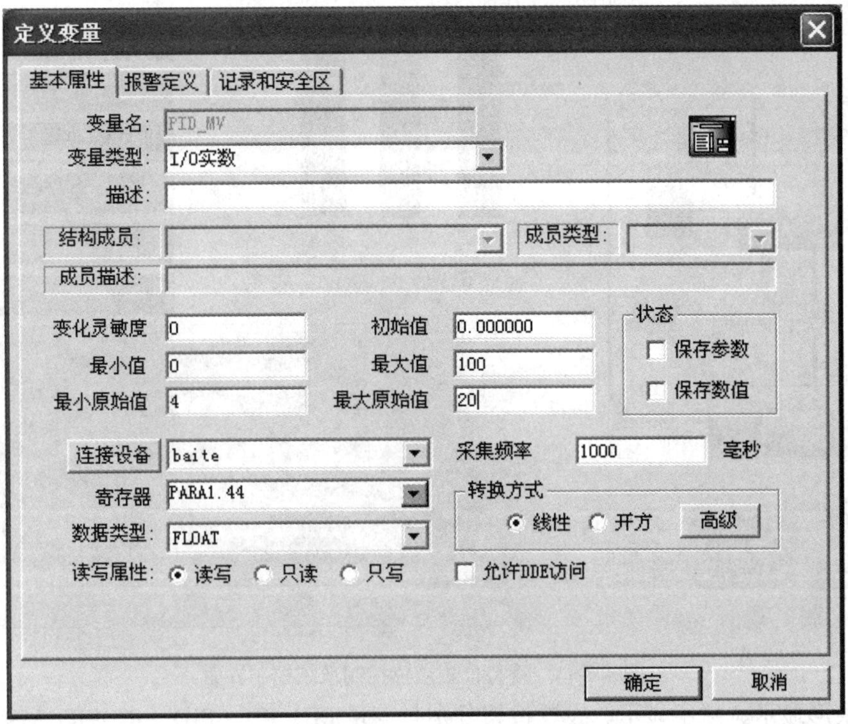

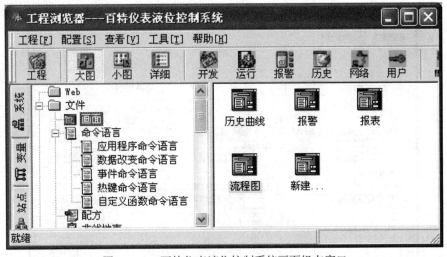

图 4-3-11 PID_MV 变量的定义

4) 创建画面窗口

创建画面窗口如图 4-3-12 所示(创建方法同模块二中的项目三)。

图 4-3-12 百特仪表液位控制系统画面组态窗口

5) 用户窗口组态

用户窗口组态参考模块二中的项目四相关内容。

(1) 双击百特仪表液位控制系统画面窗口,打开动画组态界面,绘制如图 4-3-13 所示的控制界面。

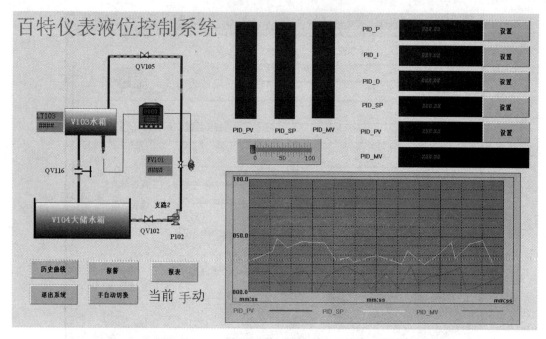

图 4-3-13   百特仪表液位控制系统控制界面

(2) 条形显示、数字显示、设置按钮分别与变量 PID_PV、PID_SP、PID_MV、PID_P、PID_I、PID_D、PID_AM 等建立连接。

(3) 实时曲线的组态参考模块二中的项目五相关内容。实时趋势曲线的设置如图 4-3-14 所示。

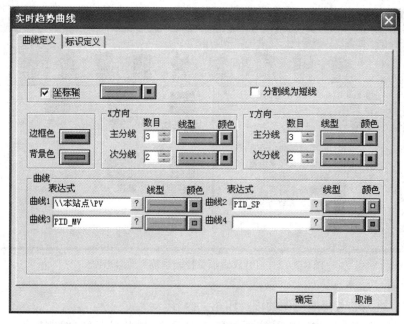

图 4-3-14   实时趋势曲线的设置

(4) 按钮的设置如图 4-3-15 所示。

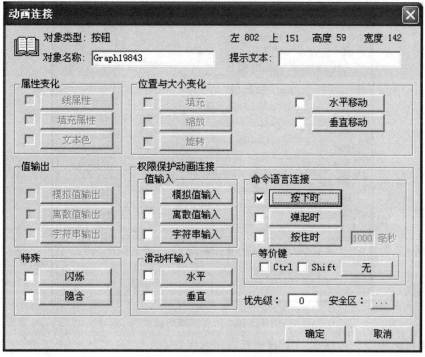

图 4-3-15　按钮的设置

在"命令语言连接"编辑栏中选择"按下时"选项，分别对按钮输入以下命令语言：

- 历史曲线：ShowPicture("历史曲线");
- 报警：ShowPicture("报警");
- 报表：ShowPicture("报表");
- 退出系统：ClosePicture("温度控制");

  　　　　　PID_SP=0;

  　　　　　PID_OUT=0;

  　　　　　Exit(0);
- 手动/自动切换：if(PID_AM==0)

  　　　　　PID_AM=1;

  　　　　　else

  　　　　　PID_AM=0;

  　　　　　if(PID_AM==0)

  　　　　　xianshi="手";

  　　　　　else

  　　　　　xianshi="自";

(5) 当前状态与内存字符串"xianshi"连接。

(6) 历史曲线的组态：参考模块二中的项目五相关内容。历史曲线的设置如图 4-3-16 所示。

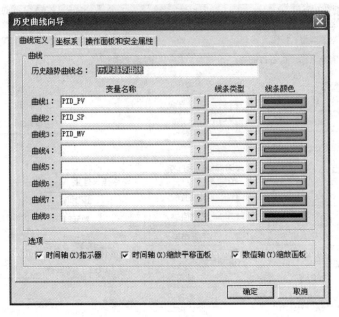

图 4-3-16　历史曲线的设置

(7) 报警的组态参考模块二中的项目五相关内容。

● 打开数据词典，双击变量"**PID_PV**"，选择"报警定义"标签页，设置变量"**PID_PV**"的报警属性，如图 4-3-17 所示。

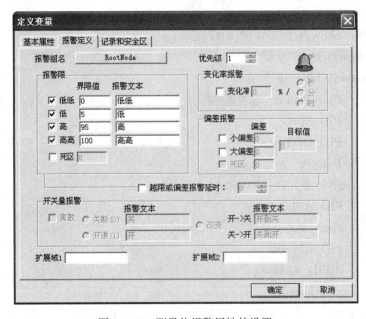

图 4-3-17　测量值报警属性的设置

● 用同样的方法设置变量 PID_SP、PID_MV。

● 在数据词典中，分别设置变量 PID_SP、PID_PV、PID_MV 的记录属性。

● 在报警画面中绘制报警图形。

(8) 报表的组态。在报表画面中绘制如图 4-3-18 所示的报表图形。

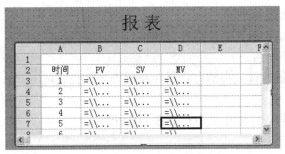

图 4-3-18　报表的组态

将相应的单元分别与变量 PID_PV、PID_SP、 PID_MV 建立连接。

六、实操考核

项目考核采用步进式考核方式，考核内容如表 4-3-2 所示。

表 4-3-2　项 目 考 核 表

	学　号	1	2	3	4	5	6	7	8	9	10	11	12	13
	姓　名													
考核内容进程分值	硬件接线(5 分)													
	控制原理(10 分)													
	PLC 程序设计(20 分)													
	PLC 程序调试(10 分)													
	数据库组态(10 分)													
	设备组态(10 分)													
	用户窗口组态(25 分)													
	系统统调(10 分)													
扣分	安全文明													
	纪律卫生													
	总　评													

七、注意事项

(1) 百特仪表液位控制系统采用计算机监控系统。

(2) 百特仪表液位控制系统组态的连接必须与百特仪表的存储器建立连接。

(3) 百特仪表液位控制系统中计算机只起监督作用，控制作用由百特仪表完成。

八、系统调试

1. 百特仪表液位控制系统组态王仿真界面调试

(1) 开环调试：将手动/自动切换按钮置于"手动"方式，观察控制系统的测量值和输出值是否能正常显示。如果显示不正常，则须检查系统接线及设备组态，直到显示正常为止。

(2) 闭环调试：将手动/自动切换按钮置于"自动"方式，观察控制系统的控制效果是否达到控制要求。如果没有达到控制要求，则须反复调试，直到达到控制要求为止。

2. 调试过程中的常见问题及解决办法

(1) 问题：数据不显示。

解决办法：在设备组态中解决通道连接问题。

(2) 问题：历史曲线不显示。

解决办法：检查是否设置对象的存盘属性。

(3) 问题：报警不产生。

解决办法：检查属性设置中的存盘属性和报警属性设置。

(4) 问题：报表不产生。

解决办法：检查报表设置中的数据连接是否正确。

九、思考题

(1) 计算机如何实现对百特仪表液位控制系统的监控？

(2) 如何实现百特仪表液位控制系统的开环控制？

(3) 如何实现百特仪表液位控制系统的定值控制？

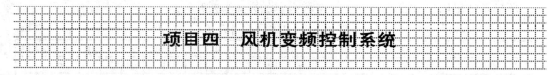

项目四　风机变频控制系统

本项目主要讨论速度测量传感器、台州富凌变频器、风机变频控制系统的组成、工作原理、PLC 程序设计与调试、组态王组态方法及统调等内容，使学生具备组建简单计算机监督控制系统的能力。

一、学习目标

1. 知识目标

(1) 掌握 EM235 模块的使用方法。

(2) 掌握速度测量传感器的使用方法。

(3) 掌握台州富凌变频器的使用方法。

(4) 掌握风机变频控制系统的控制要求。

(5) 掌握风机变频控制系统的硬件接线。

(6) 掌握风机变频控制系统的通信方式。

(7) 掌握风机变频控制系统的控制原理。

(8) 掌握风机变频控制系统的 PID 控制的设计方法。

(9) 掌握风机变频控制系统的 PLC 程序的设计方法。

(10) 掌握风机变频控制系统的组态设计方法。

2. 能力目标

(1) 初步具备风机变频控制系统的分析能力。

(2) 初步具备 PLC 风机变频控制系统的设计能力。

(3) 初步具备风机变频控制系统 PLC 的程序设计能力。

(4) 初步具备对 PID 闭环控制系统的设计能力。

(5) 初步具备风机变频控制系统的组态能力。

(6) 初步具备风机变频控制系统 PLC 程序与组态的统调能力。

二、必备知识与技能

1. 必备知识

(1) PLC 应用技术基本知识。

(2) 闭环控制系统基本知识。

(3) 组态技术基本知识。

(4) PID 控制原理。

2. 必备技能

(1) 熟练的 PLC 接线操作技能。

(2) 熟练的 PLC 编程调试技能。

(3) 计算机监督控制系统的组建能力。

三、相关知识讲解

1. EM235 模块

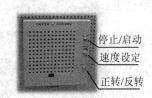

EM235 模块的有关知识参见模块四中的项目二相关内容。

2. 风机模块前面板

风机模块前面板图如图 4-4-1 所示。

图 4-4-1　风机模块前面板图

3. 调速器

调速器特性：电源输入 0～36 V，通过 PWM 技术，调节输出电压不超过输入电压。控制输入电压为 0～10 V，输入电阻＞100 kΩ。

4. 速度测量传感器

速度测量传感器为光电耦合器件。本项目采用夏普公司的高性能光电发射测量元件。其内部电路图和管脚图如图 4-4-2 所示。

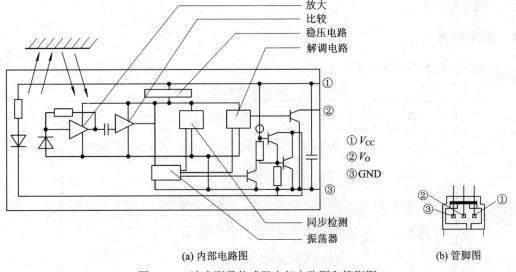

(a) 内部电路图　　　　　(b) 管脚图

图 4-4-2　速度测量传感器内部电路图和管脚图

5. 台州富凌变频器

台州富凌变频器前操作面板如图 4-4-3 所示。

变频器操作方法：变频器的操作面板采用三级菜单结构进行参数设置等操作。三级菜单分别为功能参数组(一级菜单)、功能码(二级菜单)和功能设定值(三级菜单)。变频器操作流程如图 4-4-4 所示。

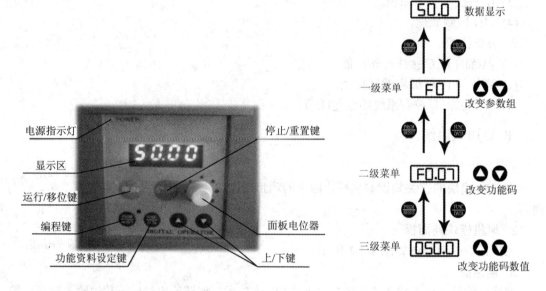

图 4-4-3　台州富凌变频器前操作面板图　　　　　　图 4-4-4　变频器操作流程图

6. 风机

采用小型的三相风机，其具有噪音小、耗电低的特点，同时可以实现正转、反转等控制，为变频器的控制提供了对象。由于其功率小，所以可以采用 220 V AC 输入，得到 220 V 相电压的三相输出。

四、教学任务

理实一体化教学任务见表 4-4-1。

表 4-4-1　理实一体化教学任务

任务一	风机变频控制系统的控制要求
任务二	风机变频控制系统实训设备基本配置及控制接线图
任务三	风机变频控制系统 I/O 分配
任务四	风机变频控制系统的组成及控制原理
任务五	风机变频控制系统 PLC 控制程序
任务六	风机变频控制系统的组态

五、理实一体化学习内容

1. 风机变频控制系统的控制要求

(1) 用速度测量传感器、风机、PLC、EM235 模拟量处理模块、变频器等构成风机闭环控制系统。

(2) 用组态王软件来监控风机变频控制系统。

(3) 实现对风机变频控制系统的定值调节。

2. 风机变频控制系统实训设备基本配置及控制接线图

1) 实训设备基本配置

速度测量传感器	一套;
风机	一个;
EM235 模拟量处理模块	一块;
变频器	一台;
RS-232 转换接头及传输线	一根;
计算机(尽量保证每人一机)	多台;
西门子 S7-200 PLC	一台。

2) 系统接线

(1) 风机变频控制系统接线图如图 4-4-5 所示。

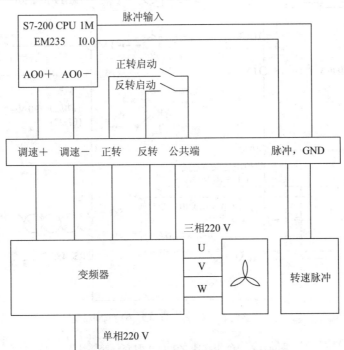

图 4-4-5　风机变频控制系统接线图

(2) 台州富凌 ZB2000 型变频器接线图如图 4-4-6 所示。

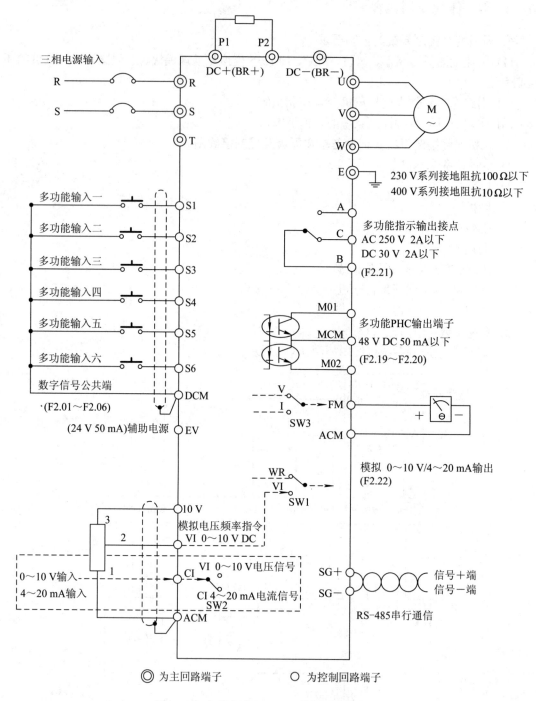

图 4-4-6　台州富凌 ZB2000 型变频器接线图

变频器的选择为单相输入，频率外部给定为电压型。

3. 风机变频控制系统 I/O 分配

风机变频控制系统 I/O 分配见表 4-4-2。

表 4-4-2 风机变频控制系统 I/O 分配表

PLC 中 I/O 口分配		注　　释	组态王数据词典对应的变量
元　件	地　址		
速度测量传感器	I0.0	脉冲输入	
PID_PV	VD100	测量值	PID_PV
PID_SP	VD104	设定值	PID_SP
PID_MV	VD108	自动输出值	PID_MV
PID_P	VD112	比例系数	PID_P
PID_TS	VD116	采样时间，以秒为单位，必须为正数	PID_TS
PID_I	VD120	积分时间	PID_I
PID_D	VD124	微分时间	PID_D
PID_AM	VD184	手动/自动切换	PID_AM
PID_MAN	VD188	手动输出值	PID_MAN
PID_OUT	VD192	总输出	PID_OUT
AQW0	EM235	控制信号输出	

4. 风机变频控制系统的组成及控制原理

如图 4-4-7 所示，速度测量传感器将风机的转速转换成脉冲信号，然后经 I0.0 传送给高速计数器，在 PLC 程序中设计 100 ms 的中断程序读取高速传感器的当前值，并经过标度变换将其转换成 0~1 之间的实数，传送到 PID 模块，与设定值进行比较后对偏差进行 PID 运算，将运算结果转换成 PLC 的标准数字输出信号，经模拟量处理模块转换成 4~20 mA 的输出信号传送到变频器，变频器通过面板来控制风机的正转、反转以及风机的转速，使风机的转速稳定在设定值。利用组态王组态平台来实时监控 PLC 中相关数据的变化，使风机变频控制系统的工艺生产状态在监控界面上真实地再现，以便操作人员监控工艺生产的各个参数。

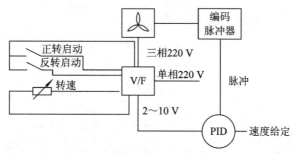

图 4-4-7　风机变频控制系统控制图

5. 风机变频控制系统 PLC 控制程序

1) 符号表

符号表见表 4-4-3。

表 4-4-3 符 号 表

符 号	地 址	注 释
always_on	SM0.0	PLC 运行时始终为"ON"
First_Scan_On	SM0.1	仅第一个扫描周期中接通为"ON"
INT_0	INT0	中断程序注释
PID_PV	VD100	测量值
PID_SP	VD104	设定值
PID_MV	VD108	自动输出值
PID_P	VD112	比例系数
PID_TS	VD116	采样时间,以秒为单位,必须为正数
PID_I	VD120	积分时间
PID_D	VD124	微分时间
PID_AM	VD184	手动/自动切换
PID_MAN	VD188	手动输出值
PID_OUT	VD192	总输出
Time_0_Intrvl	SMB34	定时中断 0 的时间间隔(从 1～255,以 1 ms 为增量)
HSCO_Ctrl	SMB37	HSCO 设备与控制
HSCO_PV	SMD42	HSCO 的新预置值
HSCO_CV	SMD38	HSCO 的新当前值

2) 主程序

主程序包括以下两个网络:

(1) 网络 1:初始化 PID 参数,指定采样周期为 0.1 s,中断时间为 100 ms。

初始化程序梯形图如图 4-4-8 所示。

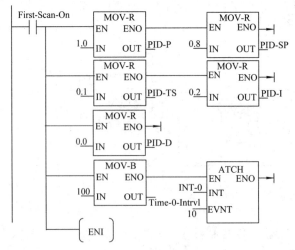

图 4-4-8 初始化程序梯形图 1

(2) 网络 2:定义高速计数器为 HSCO,当前值为 0,最大计数值为 1 000 000,并启动高速计数器 HSCO。初始化程序如图 4-4-9 所示。

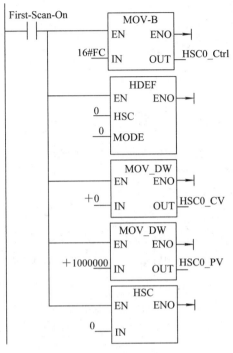

图 4-4-9　初始化程序梯形图 2

3) 中断服务程序

(1) 网络 1：风机每转一圈产生 7 个脉冲，将 100 ms 产生的脉冲数除以 0.7，得到风机每秒的转速，并给 LDO 赋值，然后重新启动计数器进行计数。

数据采集程序如图 4-4-10 所示。

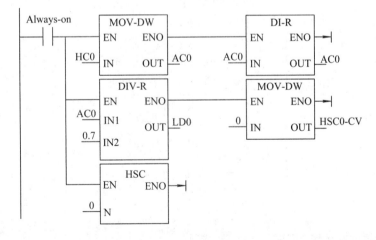

图 4-4-10　数据采集程序梯形图

(2) 网络 2：将转速转换为 0～1 之间的数，然后传送到 PID-PV。

输入处理程序如图 4-4-11 所示。

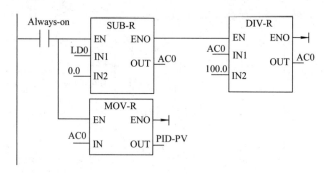

图 4-4-11　输入处理程序梯形图

(3) 网络 3：实现手动/自动切换。

手动/自动切换程序如图 4-4-12 所示。

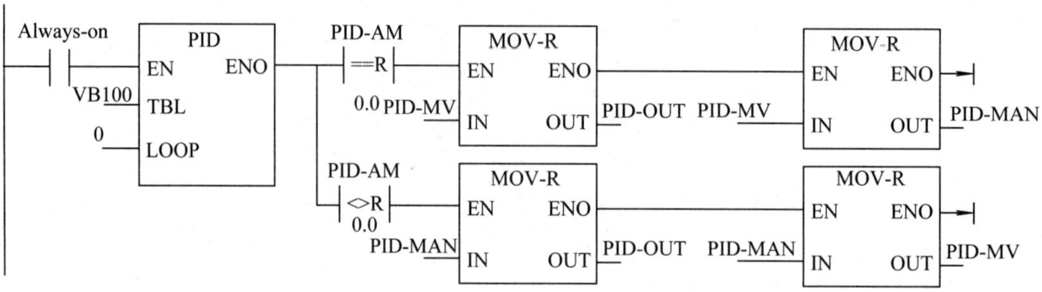

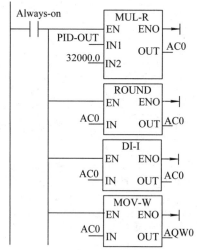

图 4-4-12　手动/自动切换程序梯形图

(4) 网络 4：将 0～1 之间的输出值转换为标准的输出值，然后传送到 AQW0。

输出处理程序如图 4-4-13 所示。

图 4-4-13　输出处理程序梯形图

6. 风机变频控制系统的组态

1) 新建工程

选择"文件"→"新建工程"，新建风机变频控制系统的工程文件。

2) 设备组态

在组态王软件工程浏览器中选择"设备"标签页中的"COM1"选项，创建如图 4-4-14

所示的设备(创建方法同模块三中的项目一)。

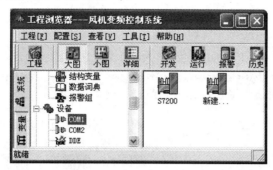

图 4-4-14 选择设备窗口

3) 风机变频控制系统数据词典组态

风机变频控制系统数据词典组态如图 4-4-15 所示。创建方法同模块二中的项目三或模块三中的项目一。

图 4-4-15 风机变频控制系统数据词典组态窗口

(1) 变量 PID_PV 的定义如图 4-4-16 所示。

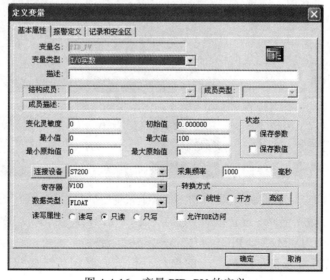

图 4-4-16 变量 PID_PV 的定义

(2) PID_SP、PID_MV 等变量的定义与变量 PID_PV 类似，读写属性设为"只读"。寄存器号与数据词典对应。

4) 创建画面窗口

创建画面窗口如图 4-4-17 所示。创建方法同模块二中的项目三。

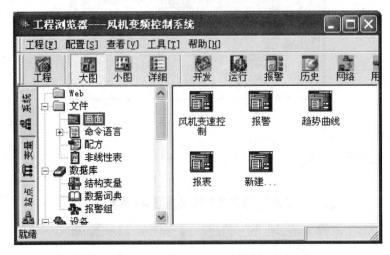

图 4-4-17　风机变频控制系统画面组态窗口

5) 用户窗口组态

用户窗口组态参考模块二中的项目四相关内容。

(1) 双击风机变频控制系统画面窗口，打开动画组态界面，绘制如图 4-4-18 所示的图形。

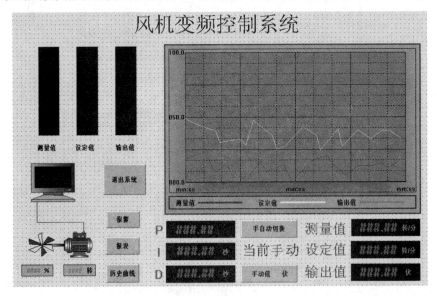

图 4-4-18　风机变频控制系统控制界面

(2) 条形显示、数字显示、设置按钮分别与 PID_PV、PID_SP、PID_MV、PID_P、PID_I、PID_D、PID_AM、PID_MAN、PID_OUT 等变量建立连接。

(3) 实时曲线的组态参考模块二中的项目五相关内容。实时曲线的设置如图 4-4-19 所示。

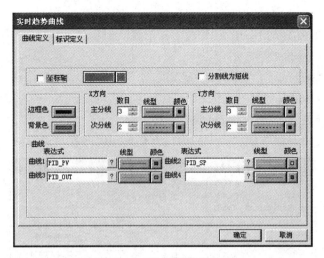

图 4-4-19 实时曲线的设置

(4) 切换按钮的设置如图 4-4-20 所示。

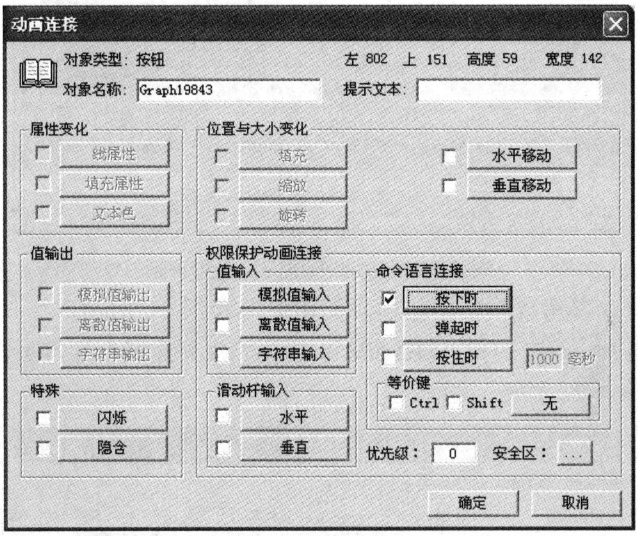

图 4-4-20 切换按钮的设置

在"命令语言连接"编辑栏中选择"按下时",分别对按钮输入以下命令语言:

- 历史曲线:ShowPicture("历史曲线");
- 报警:ShowPicture("报警");
- 报表:ShowPicture("报表");
- 退出系统:ClosePicture("风机变频控制");

  PID_SP=0;

  PID_OUT=0;

  Exit(0);

- 手动/自动切换:if(PID_AM==0)

  PID_AM=1;

  else

```
PID_AM=0;
if(PID_AM==0)
xianshi="手";
else
xianshi="自";
```

(5) 当前状态与内存字符串"xianshi"连接。

(6) 历史曲线的组态参考模块二中的项目五相关知识内容。设置如图 4-4-21 所示。

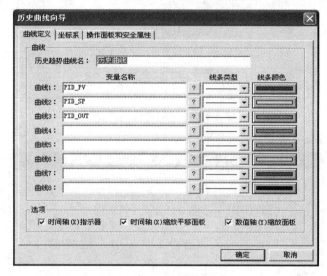

图 4-4-21　历史曲线的设置对话框

(7) 报警的组态，参考模块二中的项目五相关内容。

① 打开数据词典，双击变量"PID_PV"，选择"报警定义"标签页，设置变量 PID_PV 的报警属性，如图 4-4-22 所示。

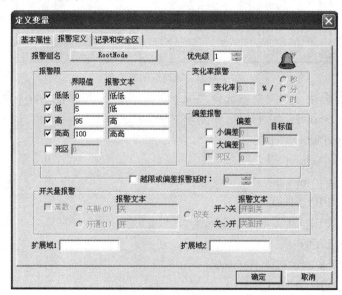

图 4-4-22　测量值报警属性设置对话框

② 用同样的方法设置变量 PID_SP、PID_MV。

③ 在数据词典中，分别设置变量 PID_SP、PID_PV、PID_MV 的记录属性。

④ 在报警画面中绘制报警图形。

(8) 报表的组态。在报表画面中绘制如图 4-4-23 所示的报表图形。

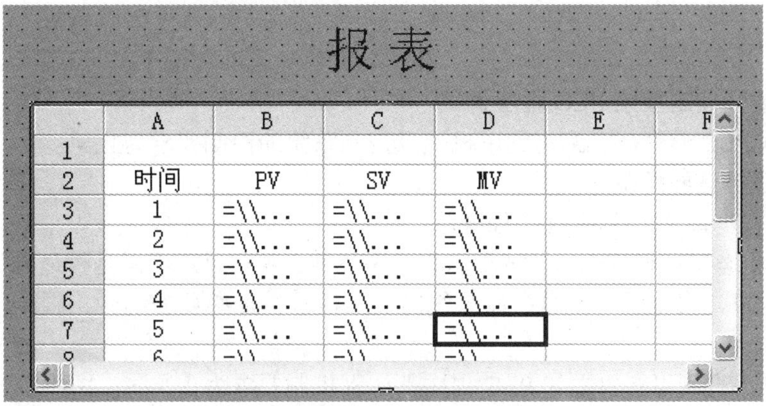

图 4-4-23 报表的组态

将相应的单元分别与变量 PID_PV、PID_SP、PID_MV 建立连接。

六、实操考核

项目考核采用步进式考核方式，考核内容如表 4-4-4 所示。

表 4-4-4 项目考核表

学 号		1	2	3	4	5	6	7	8	9	10	11	12	13
姓 名														
考核内容进程分值	硬件接线(5 分)													
	控制原理(10 分)													
	PLC 程序设计(20 分)													
	PLC 程序调试(10 分)													
	数据库组态(10 分)													
	设备组态(10 分)													
	用户窗口组态(25 分)													
	系统统调(10 分)													
扣分	安全文明													
	纪律卫生													
总 评														

七、注意事项

(1) 风机变频控制系统应采用高速计数器采集风机的转速。

(2) 风机变频控制系统组态的连接必须与 PLC 的 I/O 口一一对应。

(3) 采集的数据在进行 PID 运算以前要将其转换为 0~1 之间的实数。

(4) PID 运算的输出信号要转换为 PLC 的标准输出值。

(5) 控制信号在送往变频器之前要经过 EM235 模拟量处理模块进行处理。

八、系统调试

1. 风机变频控制系统 PLC 程序调试

反复调试 PLC 程序，直到达到风机变频控制系统的控制要求为止。

2. 组态王仿真界面调试

(1) 运行初步调试正确的 PLC 程序。

(2) 进入组态王运行界面，调试组态王组态界面，观察显示界面是否达到风机变频控制系统的控制要求，根据风机变频控制系统的显示需求添加必要的动画，根据动画要求修改 PLC 程序。

反复调试，直到组态界面和 PLC 程序都达到控制要求为止。

3. 调试过程中的常见问题及解决办法

(1) 问题：数据不显示。

解决办法：在设备组态中解决通道连接问题。

(2) 问题：变频器工作不正常。

解决办法：检查变频器的输入信号是否正常。若不正常，检查 PLC 的模拟量输出是否正常；若仍不正常，则须反复修改 PLC 程序，直到模拟量输出正常为止。

九、思考题

(1) 在 PLC 中如何实现输入信号的标度变换？

(2) 如何实现风机变频控制系统的开环控制？

(3) 如何实现风机变频控制系统的定值控制？

项目五　液位串级控制系统

本项目主要讨论液位串级控制系统的组成、工作原理、组态王组态方法及统调等内容，使学生具备组建简单计算机直接数字控制系统的能力。

一、学习目标

1. 知识目标

(1) 掌握液位串级控制系统的控制要求。

(2) 掌握液位串级控制系统的硬件接线。

(3) 掌握液位串级控制系统的通信方式。

(4) 掌握液位串级控制系统的控制原理。

(5) 掌握液位串级控制系统 PID 控制的设计方法。

(6) 掌握液位串级控制系统脚本程序的设计方法。

(7) 掌握液位串级控制系统的组态设计方法。

2. 能力目标

(1) 初步具备简单工程的分析能力。

(2) 初步具备串级控制系统的构建能力。

(3) 增强独立分析、综合开发研究、解决具体问题的能力。

(4) 初步具备对 PID 串级控制系统的设计能力。

(5) 初步具备液位串级控制系统的分析能力。

(6) 初步具备液位串级控制系统的组态能力。

(7) 初步具备液位串级控制系统的统调能力。

二、必备知识与技能

1. 必备知识

(1) 检测仪表及调节仪表的基本知识。

(2) 串级控制系统的组成。

(3) 计算机控制基本知识。

(4) ADAM4017 模拟量输入模块基本知识。

(5) ADAM4024 模拟量输出模块基本知识。

(6) 计算机输入通道基本知识。

(7) 计算机输出通道基本知识。

(8) PID 控制原理。

(9) 计算机直接数字控制系统基本知识。

(10) 闭环控制系统基本知识。

(11) 组态技术基本知识。

2. 必备技能

(1) 熟练的计算机操作技能。

(2) 变送器的调校技能。

(3) 控制器的调校技能。

(4) ADAM4017 模拟量输入模块的接线能力。

(5) ADAM4024 模拟量输出模块的接线能力。

(6) 计算机直接数字控制系统的组建能力。

三、相关知识讲解

1. ADAM4017 模拟量输入模块简介

参见模块二中的项目二相关内容。

2. ADAM4024 模拟量输出模块简介

参见模块二中的项目二相关内容。

四、教学任务

理实一体化教学任务见表 4-5-1。

表 4-5-1　理实一体化教学任务

任务一	液位串级控制系统工艺流程
任务二	液位串级控制系统控制方案的设计
任务三	液位串级控制系统实训设备基本配置及接线
任务四	液位串级控制系统的控制原理
任务五	液位串级控制系统的组态

五、理实一体化学习内容

1. 液位串级控制系统工艺流程

液位串级控制系统工艺流程见图 4-5-1。

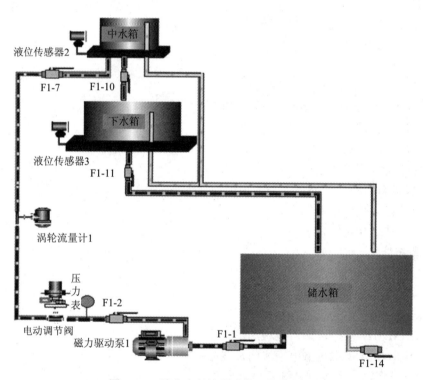

图 4-5-1　液位串级控制系统工艺流程图

　　液位串级控制系统包括两个控制器，主、副两个被控对象，下水箱液位是主对象 h2，中水箱液位是副对象 h1，两个控制器分别设置在主、副回路中。设在主回路的控制器称为主控制器，设在副回路的控制器称为副控制器。两个控制器串联连接，主控制器的输出作为副回路的设定值，副控制器的输出去控制执行元件。主对象的输出为系统的被控制量 h2，副对象的输出 h1 是一个辅助的被控变量。

2. 液位串级控制系统控制方案的设计

　　用 ADAM4017 智能模块、ADAM4024 智能模块、PID 控制软设备实现对液位的串级控制，并用组态王软件实现对各种参数的显示、存储与控制功能。

3. 液位串级控制系统实训设备基本配置及接线

1) 实训设备基本配置

液位对象(带液位变送器和电动调节阀)	一套；
ADAM4017 模拟量输入模块	一块；
ADAM4024 模拟量输出模块	一块；
RS-485/RS-232 转换接头及传输线	一根；
计算机(尽量保证每人一机)	多台。

2) 液位串级控制系统接线

液位串级控制系统接线如图 4-5-2 所示，如果没有液位对象，可用信号发生器和电流表来代替液位变送器和电动调节阀。

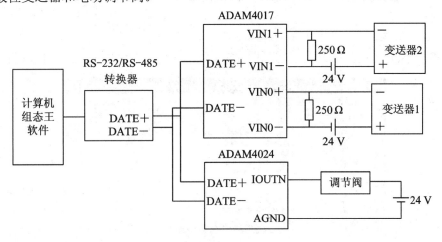

图 4-5-2　液位串级控制系统接线图

4. 液位串级控制系统的控制原理

中水箱、下水箱的液位信号经两个液位变送器的转换，将其按量程范围转换为 4～20 mA 的电流信号，经 250 Ω 的标准电阻转换为 1～5 V 的电压信号，然后传送到模数转换模块 ADAM4017 的 01、02 通道，将两路 1～5 V 的电压信号转换为数字信号，经 RS-485 到 RS-232 的转换，转换为计算机能够接收的信号传送到计算机，计算机按人们预先规定好的串级控制程序，对被测量对象进行分析、判断、处理，按预定的控制算法(如 PID 控制)进行运算，从而传送出一个控制信号，经 RS-232 到 RS-485 的转换，然后传送到数模转换模块 4024 的 01 通道，转换为 4～20 mA 的电流信号传送到电动调节阀，从而控制水箱进水流量的大小。

串级系统由于增加了副回路，因而对于进入副回路的干扰具有很强的抑制作用，使作用于副环的干扰对主变量的影响大大减小。主回路是一个定值控制系统，而副回路是一个随动控制系统。

5. 液位串级控制系统的组态

1) 新建工程

选择"文件"→"新建工程"，新建液位串级控制系统的工程文件。

2) 设备组态

在组态王工程浏览器中选择"设备"标签页中的"COM1"选项，创建如图 4-5-3 所示的设备。创建方法同模块二中的项目三。

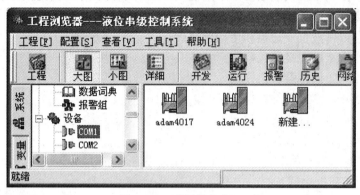

图 4-5-3 选择设备窗口

3) 液位串级控制系统数据词典组态

液位串级控制系统数据词典组态如图 4-5-4 所示。创建方法同模块二中的项目三。

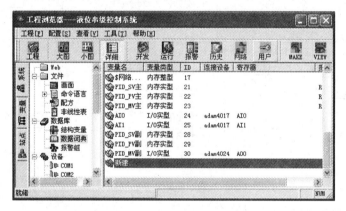

图 4-5-4 液位串级控制系统数据词典组态窗口

4) 创建画面窗口

创建画面窗口如图 4-5-5 所示。创建方法同模块二中的项目三。

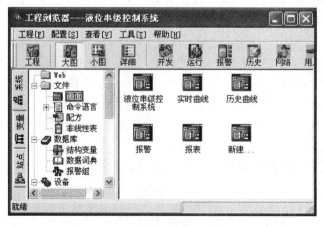

图 4-5-5 液位串级控制系统画面组态窗口

5) 用户窗口组态

用户窗口组态参考模块二中的项目四相关内容。

(1) 双击液位串级控制系统画面窗口，打开动画组态界面，绘制如图 4-5-6 所示的图形。

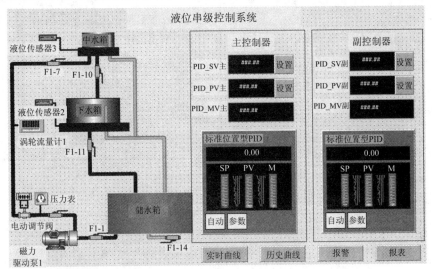

图 4-5-6 液位串级控制系统控制界面

① 主控制器的数字显示及设置按钮分别与 PID-SV 主、PID-PV 主、PID-MV 主建立连接。

② 副控制器的数字显示及设置按钮分别与 PID-SV 副、PID-PV 副、PID-MV 副建立连接。

③ 主控制器的设置如图 4-5-7 所示。

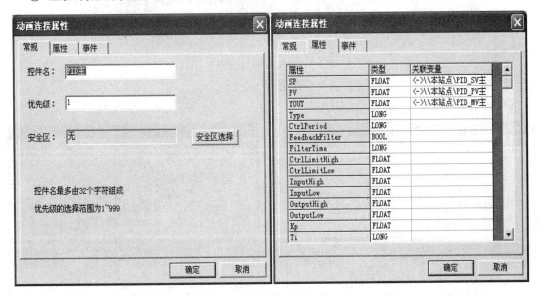

图 4-5-7 主控制器的设置

④ 副控制器的设置如图 4-5-8 所示。

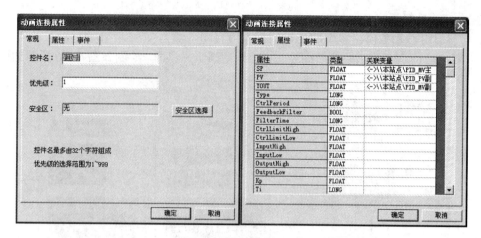

图 4-5-8　副控制器的设置

(2) 实时曲线的组态参考模块二中的项目五相关内容。

① 绘制如图 4-5-9 所示的图形。

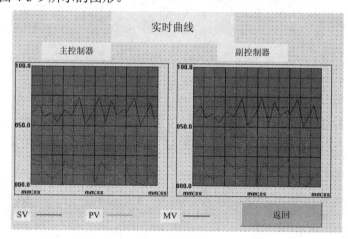

图 4-5-9　实时曲线的设置

② 主控制器实时曲线设置如图 4-5-10 所示。

③ 副控制器实时曲线设置如图 4-5-11 所示。

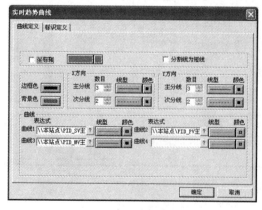

图 4-5-10　主控制器实时曲线的设置

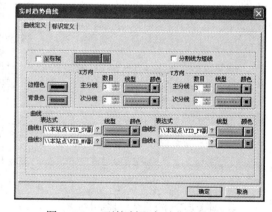

图 4-5-11　副控制器实时曲线的设置

(3) 历史曲线的组态参考模块二中的项目五相关内容。

① 绘制如图 4-5-12 所示的图形。

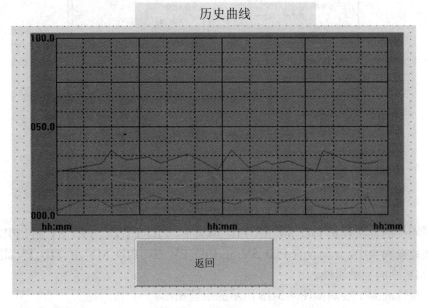

图 4-5-12 历史曲线的组态

② 历史曲线的设置如图 4-5-13 所示。

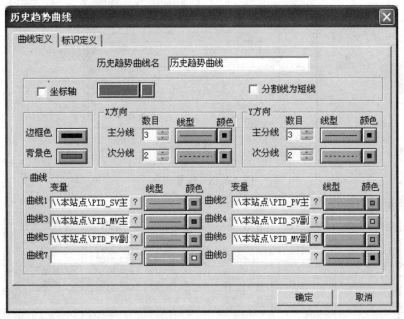

图 4-5-13 历史曲线的设置

(4) 报警的组态参考模块二中的项目五相关内容。

① 打开数据词典，双击变量"PID_PV 主"，选择"报警定义"标签页，设置 PID_PV 主的报警属性，如图 4-5-14 所示。

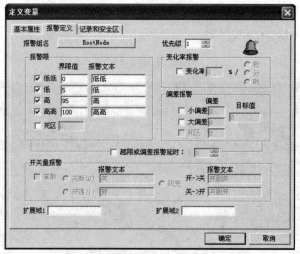

图 4-5-14　测量值报警属性设置对话框

② 用同样的方法设置 PID_SV 主、PID_MV 主、PID_PV 副、PID_SV 副、PID_MV 副。

③ 在数据词典中，分别设置 PID_SV 主、PID_PV 主、PID_MV 主、PID_PV 副、PID_SV 副、PID_MV 副的记录属性。

④ 在报警画面中绘制如图 4-5-15 所示的报警图形。

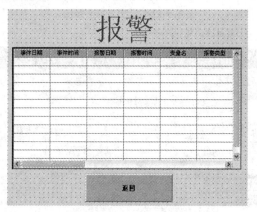

图 4-5-15　报警组态

⑤ 报警窗口的运行效果如图 4-5-16 所示。

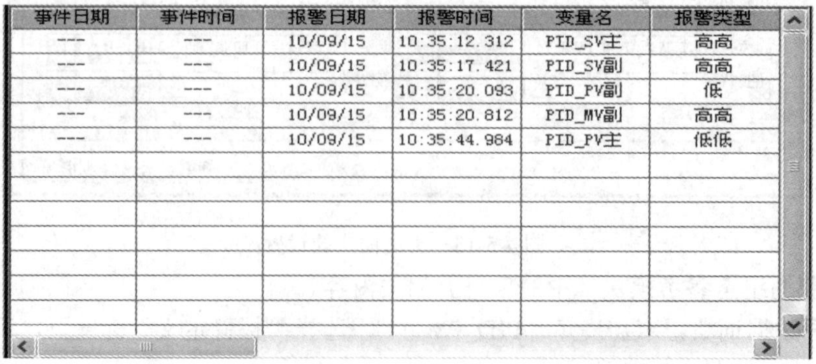

事件日期	事件时间	报警日期	报警时间	变量名	报警类型
----	----	10/09/15	10:35:12.312	PID_SV主	高高
----	----	10/09/15	10:35:17.421	PID_SV副	高高
----	----	10/09/15	10:35:20.093	PID_PV副	低
----	----	10/09/15	10:35:20.812	PID_MV副	高高
----	----	10/09/15	10:35:44.984	PID_PV主	低低

图 4-5-16　报警效果图

(5) 报表的组态。

① 在报表画面中绘制如图 4-5-17 所示的报警图形。

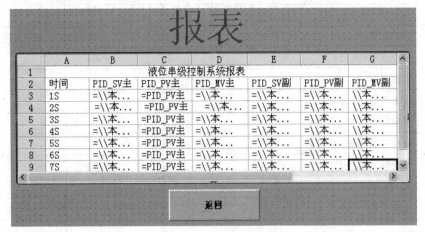

图 4-5-17　报表的组态

② 将相应的单元分别与 PID_SV 主、PID_PV 主、PID_MV 主、PID_PV 副、PID_SV 副、PID_MV 副建立连接。

③ 报表窗口的运行效果如图 4-5-18 所示。

液位串级控制系统报表						
时间	PID_SV主	PID_PV主	PID_MV主	PID_SV副	PID_PV副	PID_MV副
1S	\\本站...	\\本站...	\\本...	\\本站...	\\本站...	\\本...
2S	50.00	50.00	13.75	13.75	50.00	0.00
3S	50.00	50.00	13.75	13.75	50.00	0.00
4S	50.00	50.00	13.75	13.75	50.00	0.00
5S	50.00	50.00	13.75	13.75	50.00	0.00
6S	50.00	50.00	13.75	13.75	50.00	0.00
7S	50.00	50.00	13.75	13.75	50.00	0.00
8S	50.00	50.00	13.75	13.75	50.00	0.00

图 4-5-18　报表效果图

6) 命令语言

打开液位串级控制系统组态界面，单击鼠标右键选择"画面属性"，单击"命令语言"按钮，添加如下的命令语言：

```
//数据转换
PID_PV 主=AI0;
PID_PV 副=AI1;
PID-SV 副= PID_MV 主;
AO0=PID_MV 副;
```

六、实操考核

项目考核采用步进式考核方式，考核内容如表 4-5-2 所示。

表 4-5-2　项目考核表

学　号		1	2	3	4	5	6	7	8	9	10
姓　名											
考核内容进程分值	硬件接线(5 分)										
	控制原理(10 分)										
	数据词典组态(20 分)										
	设备组态(10 分)										
	用户窗口组态(20 分)										
	命令语言组态(10 分)										
	系统统调(25 分)										
扣分	安全文明										
	纪律卫生										
总　评											

七、注意事项

(1) 在液位串级控制系统接线时，要注意只用 ADAM4017 的两个通道。

(2) 副控制器的设定值要与主控制器的输出信号相连接。

(3) 液位串级控制系统传送到对象的输出只有一个。

八、系统调试

1. 液位串级控制系统主回路调试

(1) 开环调试：将主回路"手动/自动切换"按钮置于"手动"方式，观察控制系统测量值和输出值是否正常显示。如果显示不正常，则须检查系统接线及设备组态，直到显示正常为止。

(2) 闭环调试：将"手动/自动切换"按钮置于"自动"方式，观察控制系统的控制效果是否能达到控制要求。如果没有达到控制要求，则须反复调试，直到达到控制要求为止。

2. 液位串级控制系统副回路调试

(1) 开环调试：将主回路"手动/自动切换"按钮置于"手动"方式，将副回路"手动/自动切换"按钮置于"手动"方式，观察副回路控制系统测量值和输出值是否正常显示。如果显示不正常，须检查系统的接线及设备组态，直到显示正常为止。

(2) 闭环调试：将主回路"手动/自动切换"按钮置于"手动"方式，将副回路"手动/自动切换"按钮置于"自动"方式，观察控制系统的控制效果是否能达到控制要求。如果没有达到控制要求，则须反复调试，直到达到控制要求为止。

3. 液位串级控制系统联调

将主回路、副回路都置于"自动"方式，使控制系统进入串级控制方式。

九、思考题

(1) 串级控制系统有什么特点？

(2) 如何实现串级控制系统的投运？

(3) 串级控制系统主、副回路控制规律如何设置？

(4) 若将主控制器设为手动方式，那么副回路是随动控制系统吗？

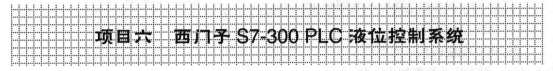

项目六　西门子 S7-300 PLC 液位控制系统

本项目主要讨论西门子 S7-300 PLC 的结构特点、工作原理、PID 模块的原理、组态王组态以及系统调试等内容，使学生具备用 S7-300 PLC 及组态王软件组建简单计算机监控系统的能力。

一、学习目标

1. 知识目标

(1) 掌握西门子 S7-300 PLC 的工作原理。

(2) 掌握模拟量输入模块/输出模块的特性。

(3) 掌握模拟量控制的相关知识。

(4) 掌握液位控制系统的控制要求。

(5) 掌握液位控制系统 PID 控制算法的设计方法。

(6) 掌握西门子 S7-300 PLC 液位控制系统的构成。

(7) 掌握简单控制系统的设计思路。

(8) 掌握西门子 S7-300 PLC 液位控制系统的硬件接线。

(9) 掌握西门子 S7-300 PLC 液位控制系统设备的连接。

(10) 掌握控制系统的组态设计方法。

2. 能力目标

(1) 初步具备简单工程的分析能力。

(2) 初步具备过程控制系统的设计能力。

(3) 增强独立分析、综合开发研究、解决具体问题的能力。

(4) 初步具备西门子 S7-300 PLC 系统的设计能力。

(5) 初步具备西门子 S7-300 PLC 系统的应用能力。

(6) 初步具备对简单控制算法 PID 的设计能力。

(7) 初步具备对西门子 S7-300 PLC 系统中 PID 模块的应用能力。

(8) 初步具备对简单过程控制系统进行组态设计的能力。

(9) 初步具备西门子 S7-300 PLC 系统的调试能力。

二、必备知识与技能

1. 必备知识

(1) 计算机控制基本知识。

(2) 计算机直接数字控制系统基本知识。

(3) 西门子 S7-300 PLC 系统基本知识。

(4) 西门子 S7-300 PLC 系统模拟量输入/输出模块基本知识。

(5) I/O 信号处理基本知识。

(6) 简单过程控制系统基本知识。

(7) 检测仪表及调节仪表的基本知识。

(8) PID 控制原理。

(9) PLC 编程的基本知识。

(10) 组态技术基本知识。

2. 必备技能

(1) 熟练的计算机操作技能。

(2) 简单过程控制系统分析能力。

(3) 西门子 S7-300 PLC 系统的搭建能力。

(4) 西门子 S7-300 PLC 编程软件使用的技能。

(5) 西门子 S7-300 PLC 简单程序调试的技能。

(6) 西门子 S7-300 PLC 硬件的接线能力。

(7) 西门子仪表信号类型的辨识能力。

(8) 西门子 S7-300 PLC PID 模块的应用能力。

(9) 计算机监控系统的组建能力。

三、教学任务

理实一体化教学任务见表 4-6-1。

表 4-6-1　理实一体化教学任务

任务一	分析水箱液位控制系统的控制要求
任务二	水箱液位控制系统控制方案的设计
任务三	水箱液位控制系统实训设备基本配置及控制接线图
任务四	水箱液位控制系统的控制原理
任务五	水箱液位控制系统 PLC 控制程序
任务六	水箱液位控制系统上位机组态

四、理实一体化学习内容

1. 分析水箱液位控制系统的控制要求

水箱液位控制系统结构图和方框图如图 4-6-1 所示。被控量为上水箱(也可采用中水箱或下水箱)的液位高度,要求上水箱的液位稳定在给定值。将压力传感器检测到的上水箱液位信号作为测量信号,通过控制器控制电动调节阀的开度,以达到控制上水箱液位的目的。系统的控制器应为 PI 控制或 PID 控制。

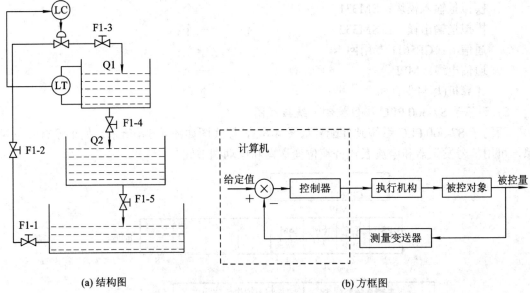

(a) 结构图　　　　　　　　　　　　(b) 方框图

图 4-6-1　上水箱液位控制系统结构图和方框图

2. 水箱液位控制系统控制方案的设计

(1) 系统 I/O 设计：

AI：2 个。

AO：1 个。

(2) 系统构成设计：用一台西门子 S7-300(CPU315-2DP)PLC、一个 SM331 模拟量输入模块和一个 SM332 模拟量输出模块，以及一块西门子 CP5611 专用网卡和一根 MPI 网线实现对西门子 S7-300 PLC 液位的控制，并用组态王软件实现对各种参数的显示、存储与控制功能。如图 4-6-2 所示为西门子 S7-300 PLC 控制系统结构图。

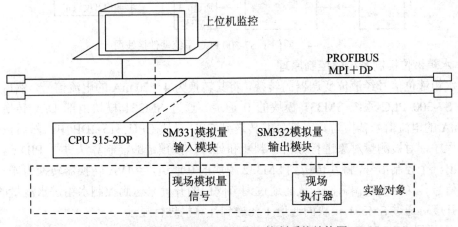

图 4-6-2　西门子 S7-300 PLC 控制系统结构图

3. 水箱液位控制系统实训设备基本配置及控制接线图

1) 实训设备基本配置

　　液位对象(带液位变送器和电动调节阀)　　　　　一套；

　　西门子 S7-300 PLC CPU：CPU 315-2DP　　　　　一个；

模拟量输入模块：SM331　　　　　　　　　一个；

模拟量输出模块：SM332　　　　　　　　　一个；

通信卡：CP5611 专用网卡　　　　　　　　一个；

通信电缆：MPI　　　　　　　　　　　　　一个；

计算机(尽量保证每人一机)　　　　　　　　多台。

2) 西门子 S7-300 PLC 液位控制系统接线图

西门子 S7-300 PLC 系统硬件配置如图 4-6-3，接线图如图 4-6-4 所示。如果没有液位对象，可用信号发生器和电流表代替液位变送器和电动调节阀。

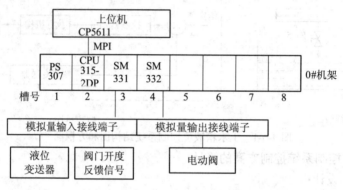

图 4-6-3　西门子 S7-300 PLC 系统硬件配置图

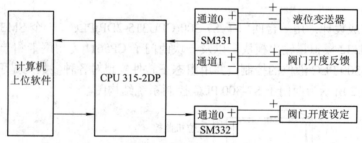

图 4-6-4　西门子 S7-300 PLC 系统硬件接线图

4. 水箱液位控制系统的控制原理

中水箱液位信号经液位变送器的转换，将其转换为 4～20 mA 的电流信号，然后传送到西门子 S7-300 PLC 系统 SM331 模块的 0 通道，通过 SM331 模块内部 D/A 转换电路将 4～20 mA 的电流信号转换为数字信号并传送到 CPU 模块 CPU 315-2DP 中，然后按照预先编写的程序，对被测量对象进行分析、判断和处理，按预定的控制算法进行 PID 运算，从而传送出一个控制信号，将其传送到 SM332 模块的 0 通道，经 D/A 转换器转换为 4～20 mA 的电流信号传送给电动调节阀，从而通过调节阀门的开度来达到控制水箱进水流量的目的；阀门的开度可通过 SM331 模块的通道 1 传送到计算机进行显示。

5. 西门子 S7-300 PLC 水箱液位控制系统 PLC 控制程序

1) 硬件的组态

打开 Step 7 编程软件，进行系统组态、CPU 的参数设置、模块的参数设置及地址分配，过程如图 4-6-5 所示。其中，西门子 S7-300 PLC 系统机架上有 8 个槽，编号为 1～8。1 号槽必须放置电源模块，2 号槽必须放置 CPU 及扩展模块，4～8 号槽可以任意放置各种 SM(信号模块)。

图 4-6-5 西门子 S7-300 PLC 系统硬件组态

2) 通信组态

西门子 S7-300 PLC 系统硬件网络连接的组态如图 4-6-6 所示。

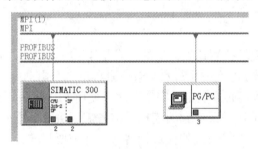

图 4-6-6 西门子 S7-300 PLC 系统硬件网络连接图

3) 符号表

符号表见表 4-6-2。

表 4-6-2 符 号 表

符 号	地 址		数据类型		注 释
CONT_C	FB	41	FB	41	连续 PID 控制
CYC_INT5	OB	35	OB	35	循环中断组织块
SCALE	FC	105	FC	105	标度变换
T_Level	PIW	256	WORD		液位采样值
F_Feedback	PIW	258	WORD		阀门开度采样值
T_Ret_Val	MW	20	WORD		液位标度变换后错误代码显示值
T_Out	DB2.DBD0		REAL		液位显示值
F_Ret_Val	MW	22	WORD		阀门开度标度变换后错误代码显示值
F_Out	DB2.DBD4		REAL		阀门开度显示值
Polar	M	0.0	BOOL		标度变换极性判断
F_InstDB	DB	1	FB	41	背景数据块
F_SP	PQW	256	WORD		阀门开度控制信号输出

4) 建立程序逻辑块

逻辑块包括组织块 OB、功能块 FB 和功能块 FC。根据控制系统要求，分别新建共享数据块、功能块 FC105(标度变换子程序)、新建 PID 控制功能块 FB41(连续控制专用 PID 模块)及对应背景数据块 DB1、插入系统组织块 OB35(默认循环周期 100 ms)。程序块的具体组成如图 4-6-7 所示。

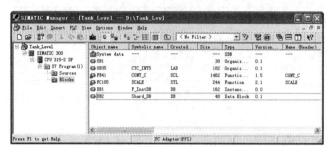

图 4-6-7　程序块的组成

5) 编写程序

水箱液位控制系统现场检测仪表发送的信号是 4～20 mA 的电流信号，因此必须经过编写子程序来实现 4～20 mA 电流信号与水箱液位量程范围及电动阀门开度 0～100 对应一致。同时，根据要求，水箱液位必须恒定，在本程序中使用 PID 算法，并由组织块来进行调用。

数据块的设置：由于现场采集到的模拟量信号需要进行标度变换，在标度变换程序设计中必须要把从模块通道上采集到的值进行转换，并需要将转换后的数据进行存储，因此需要建立共享数据块，本项目中将此数据块定义为 DB2。根据水箱液位信号和阀门开度信号的特点，可知这两个模拟量信号都是实数型数据，双字型数据。打开数据块 DB2，依次对信号通道设置如下：

"T_Out"：REAL 型，地址为 DB2.DBD0；

"F_Out"：REAL 型，地址为 DB2.DBD4。

主程序：主程序包括两个网络，由于 Step 7 软件系统函数库文件中包含标度变换子程序"SCALE"和"PID"，因此在应用中一般只需要在主程序中调用，并进行相应的参数设置即可。

(1) 网络 1：对现场采集到的模拟量信号进行标度变换，在 OB35 中断组织块内进行调用，中断时间为 100 ms。标度变换程序如图 4-6-8 和图 4-6-9 所示。

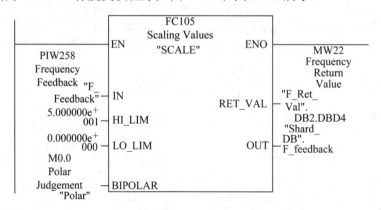

图 4-6-8　标度变换程序 1

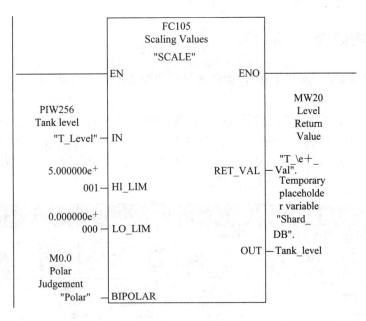

图 4-6-9 标度变换程序 2

(2) 网络 2: 调用 PID(对应背景数据块为 DB1), 进行参数设定, 并连接变量。设置中断时间为 100 ms, 如图 4-6-10 所示。

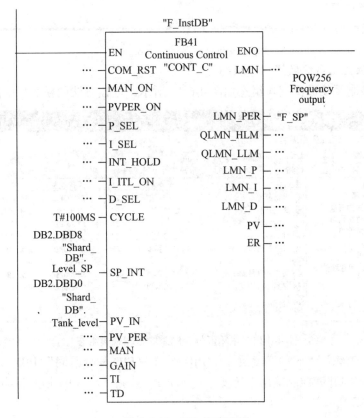

图 4-6-10 PID 程序调用

(3) 保存编译。

6. 水箱液位控制系统上位机组态

1) 新建工程

依次选择"文件""新建工程",新建水箱液位控制系统的工程文件。

2) 设备组态

在组态王工程浏览器中选择"设备"标签页中的"COM1"选项,创建如图 4-6-11 所示的设备,创建方法同模块三中的项目一。连接西门子 S7-300 系列 PLC 时设备地址格式为 A.B,其中 A 为 PLC 的 CPU 在 MPI 总线上的地址信息,取值范围为 0~126,B 为 PLC 的 CPU 在 PLC 机架上的槽号。一般选择默认地址 2.2。

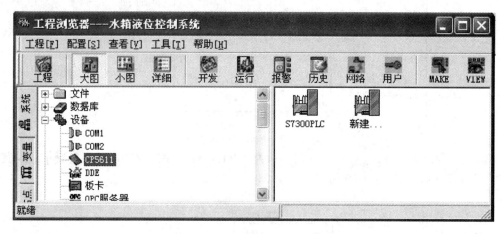

图 4-6-11　选择设备窗口

3) 水箱液位控制系统数据词典组态

水箱液位控制系统数据词典组态如图 4-6-12 所示。创建方法同模块二中的项目三。

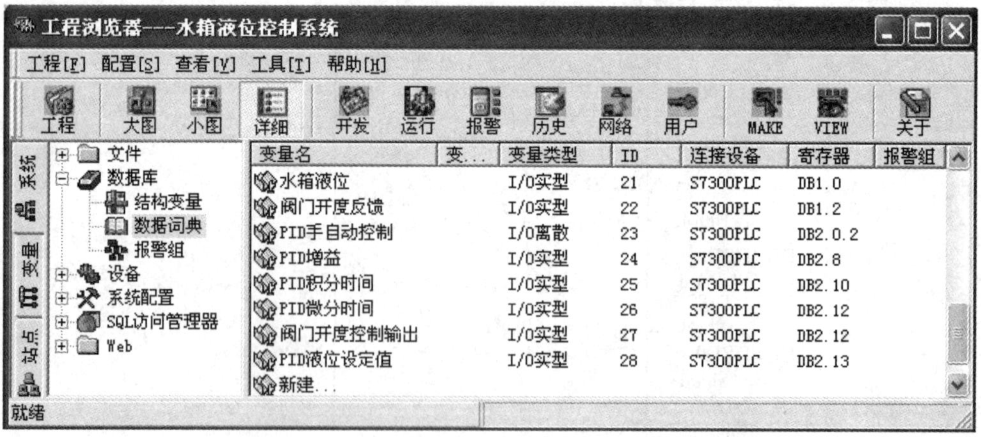

图 4-6-12　水箱液位控制系统数据词典组态

图中的"水箱液位""阀门开度反馈""PID 增益""PID 积分时间""PID 微分时间""PID 液位设定值""阀门开度控制输出"等变量定义方式相同。以"PID 增益"为例,定义过程如图 4-6-13 所示。

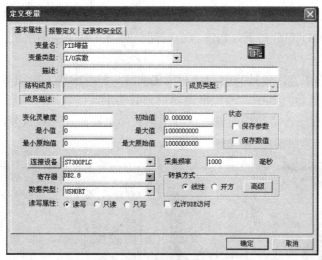

图 4-6-13 PID 增益的定义

4) 创建画面窗口

创建画面窗口如图 4-6-14 所示。创建方法同模块二中的项目三。

图 4-6-14 液位串级控制系统画面组态窗口

5) 用户窗口组态

用户窗口组态参考模块二中的项目三相关内容。

(1) 双击液位控制主画面窗口,打开动画组态界面,然后再打开工具箱,绘制如图 4-6-15 所示的图形。

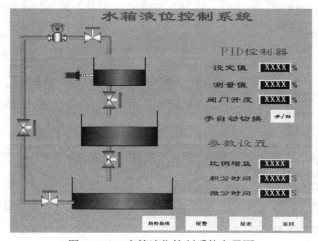

图 4-6-15 水箱液位控制系统主界面

其中，PID 控制子窗口中的数值显示，小窗口及操作按钮分别与水箱液位、PID 液位设定值、PID 增益、PID 积分时间、PID 微分时间、阀门开度控制输出及 PID 手动/自动控制等变量建立连接。

(2) 趋势曲线的组态，包括实时曲线和历史曲线，参考模块二中的项目五相关内容。组态画面如图 4-6-16 所示。其中，液位值是以百分数的形式出现，因为在 Step 7 软件编程中通过调用标度变换程序，将检测的输入信号根据实际量程都转换成百分比形式。

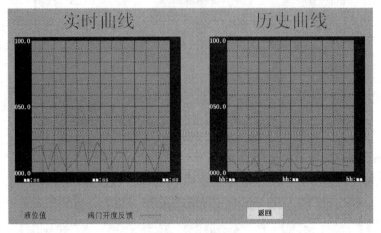

图 4-6-16　趋势曲线显示

通过双击"实时曲线"和"历史曲线"控件，在弹出的窗口中进行参数和变量的设置，设置过程如图 4-6-17、图 4-6-18 所示。

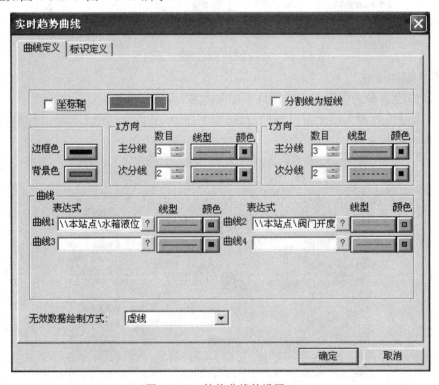

图 4-6-17　趋势曲线的设置 1

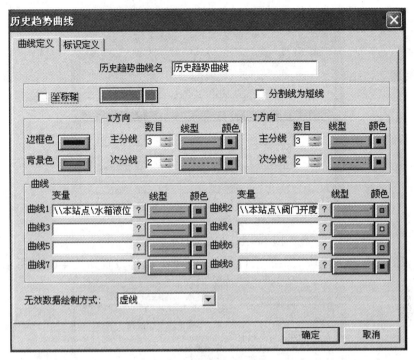

图 4-6-18 趋势曲线的设置 2

(3) 报警的组态参考模块二中的项目五相关内容。

打开数据词典，双击变量"水箱液位"，选择"报警定义"标签页，设置变量"水箱液位"的报警属性，如图 4-6-19 所示。

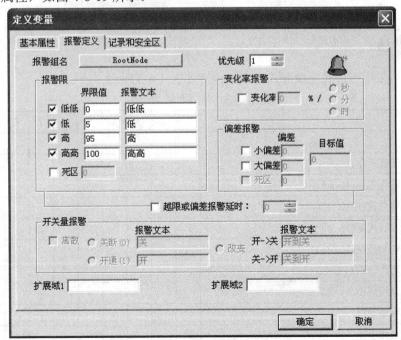

图 4-6-19 测量值报警属性设置

在报警画面，利用工具栏中的报警控件来绘制如图 4-6-20 所示的报警信息图形。

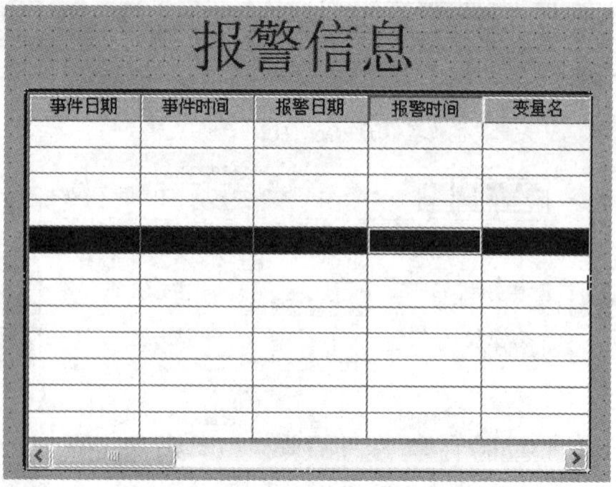

图 4-6-20 报警信息画面组态

(4) 报表的组态参考模块二中的项目五相关内容。具体设置如图 4-6-21 所示。

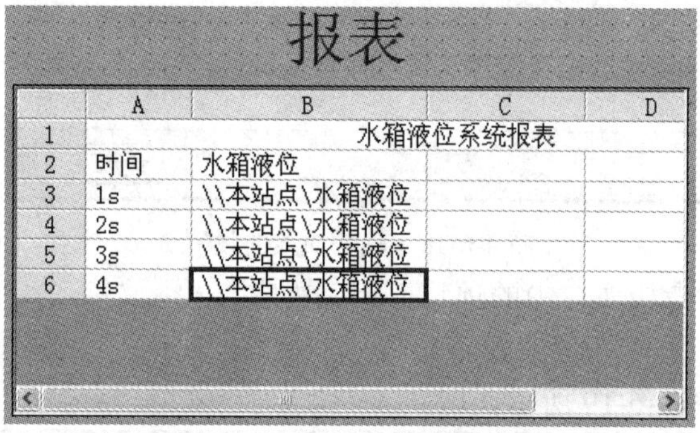

图 4-6-21 报表的组态

五、实操考核

项目考核采用步进式考核方式，考核内容如表 4-6-3 所示。

表 4-6-3 项 目 考 核 表

	学 号	1	2	3	4	5	6	7	8	9	10
	姓 名										
考核内容进程分值	硬件选型(10)分										
	硬件组态(10 分)										
	硬件接线(10 分)										
	编写程序(15 分)										
	控制算法(10 分)										
	用户窗口组态(20 分)										
	系统统调(25 分)										
扣分	安全文明										
	纪律卫生										
	总 评										

六、注意事项

(1) 水箱液位控制系统在硬件组态时，要注意与实际选择的硬件模块型号一致。

(2) 选择水箱液位控制系统模块时，要注意与检测仪表、变送仪表的信号类型一致。

(3) 水箱液位控制系统在硬件组态时，要注意模块起始地址的分配。

(4) 水箱液位控制系统组态时，注意西门子 S7-300 PLC 与上位机之间网络通信方式的设置。

七、系统调试

1. 水箱液位控制系统 PLC 电源系统的检测

(1) 用 MPI 通信电缆线将西门子 S7-300 PLC 连接到计算机 CP5611 专用网卡，并按照图 4-6-3 所示进行系统硬件接线。

(2) 接通总电源空气开关和钥匙开关，打开 24 V 开关电源，给西门子 S7-300 PLC、压力变送器及电动调节阀上电，测量各模块的供电电源是否为 24 V。

2. 水箱液位控制系统 PLC 硬件模块上电测试

(1) 模拟量输入模块的参数设置。8 通道 12 位模拟量输入模块(订货号为 6ES7 331-7KF02-0AB0)的参数设置如图 4-6-22 所示，"2DMU"是 2 线式电流测量信号，"R-4L"是 4 线式热电阻信号，"TC-I"是热电偶信号，"E"表示测量种类为电压信号。未使用某一组的通道应选择测量种类中的"Deactivated"(禁止使用)。

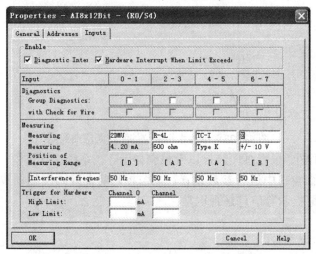

图 4-6-22 模拟量输入模块的参数设置

SM 331 采用积分式 A/D 转换器，积分时间直接影响到 A/D 转换时间、转换精度和干扰抑制频率。为了抑制工频频率，一般选用 20 ms 的积分时间。

(2) 模拟量输出模块的参数设置。CPU 进入 STOP 时的响应：不输出电流电压(0CV)、保持最后的输出值(KLV)和采用替代值(SV)。

3. 水箱液位控制系统 PLC 程序调试

打开 Step 7 软件，然后打开"S7-300/TANK_LEVEL1"程序进行下载调试。

(1) 建立在线连接。通过硬件接口连接计算机和 PLC，然后通过在线的项目窗口访问

PLC。管理器中执行菜单命令"View→Online""View→Offline"进入离线状态。在线窗口显示的是 PLC 中的内容，离线窗口显示的是计算机中的内容。如果 PLC 与 STEP 7 中的程序和组态数据是一致的，那么在线窗口显示的就是 PLC 与 STEP 7 中数据的组合。

(2) 下载。编译好要下载的程序，令 CPU 处于"STOP"模式，然后再进行下载。

在保存块或下载块时，STEP 7 首先要进行语法检查，应改正检查出来的错误。下载前应将 CPU 中的用户存储器复位。可以使用模式选择开关复位，CPU 将进入"STOP"模式，再使用菜单命令"PLC→Clear/Reset"复位存储器。

(3) 系统诊断。快速浏览 CPU 的数据和用户程序在运行中的故障原因，用图形方式显示硬件配置、模块故障、诊断缓冲区的信息等。

4. 水箱液位控制系统组态王监控界面调试

将西门子 S7-300 PLC 置于运行状态后，运行组态王组态软件，打开"水箱液位控制系统"工程，然后激活运行环境，即进入水箱液位控制系统监控界面。

(1) 上位机与西门子 S7-300 PLC 之间的通信。为了保证画面中正常显示各模块采集到的现场信号，必须在调试前确保组态王软件"设备"标签页中的"COM1"连接西门子 S7-300 PLC 的设备地址为 2.2。

(2) PID 控制画面。待液位稳定于给定值后，将控制器切换到"自动"控制状态，在画面窗口中设置液位给定值，给出 PID 算法各调节参数 K_P、T_I、T_D 的参考值进行调节。经过系统调节，检验水箱液位的响应过程是否接近如图 4-6-23 所示的响应规律，如果不是，须适当调节这些参数或者修改控制方案。

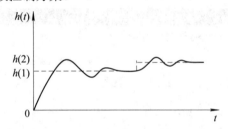

图 4-6-23　单容水箱液位的阶跃响应曲线图

(3) 趋势曲线画面、报表画面监控以及报警显示。在系统运行过程中，可以通过在水箱液位控制系统主画面窗口中进行参数设置，来监控趋势曲线画面的曲线显示结果、报表中的数据显示以及报警提示等信息是否正常。

八、思考题

(1) 西门子 S7-300 系列 PLC 的模拟量输入模块信号类型有哪几种？

(2) 水箱液位控制系统中采用 PID 算法，PID 算法的作用是什么？

(3) 组态王软件中寄存器与西门子 S7-300 PLC 程序中所用寄存器的对应关系是什么？如何建立变量？

附录　百特仪表操作指南

1. 百特仪表在自动工作状态(常态)的操作如附表 1 所示。

(1) 这是控制器上电复位后的稳定工作状态，主显示屏显示测量值(PV)，副显示屏显示 PID 控制输出值(MV)，MAN 灯常灭。

(2) 主显示屏显示 broʊ：表示输入传感器断线。

(3) 主显示屏显示 HoFL 或 L.oFL：表示输入信号超出量程的上、下限。

(4) 按"A/M"键可无扰切换到手动工作状态(MAN 灯亮)。

(5) 按"SET"键可进入参数设定菜单。

2. 设置时间程序控制给定曲线、启动时间程序控制如附表 1 所示。

3. 取消时间程序给定功能如附表 1 所示。

附表 1　百特仪表操作 1

菜　　单		出厂设置	参数说明
ɫ.5P 5Eɫ	● 时间程序曲线设置菜单入口 ● 按 SET 键确认 ● 按△、▽键退出		时间程序曲线
ɥE5 ɫ.5P	● 时间程序给定功能确认菜单 ● 按 SET 键确认 ● 按△、▽键取消		
xxxx SP.00	● 时间程序给定曲线的段端点值设置 ● 按△、▽键修改段时端点设置值 ● 按 SET 确认	SP.00：00 SP.01：80% SP.02：50% SP.03：00%	时间程序给定曲线的段端点值
xxxx ɫ.nn	● 时间程序给定曲线的每段时间设置 ● 按△、▽键修改段时间设置值（分）。 ● ɫ.nn≠00 继续下端点设置 ● ɫ.nn=00 结束设置，回到自动工作态 ● 按 SET 键确认	t.01：02 t.02：02 t.03：02 t.04：00	时间程序给定曲线的每段时间 注：每段最长时间为 6000 分钟
no ɫ.5P	● 取消时间程序给定功能确认菜单 ● 按 SET 键确认 ● 按△、▽键取消		取消时间程序给定功能

4. 启动 PID 参数自整定程序如附表 2 所示。

5. 常规 PID 参数设置如附表 2 所示。

6. 其他控制参数设置如附表 2 所示。

附表 2　百特仪表操作 2

菜　　单		出厂设置	参数说明
PI d SEt	● PI d 参数设置菜单入口 ● 按 SET 键确认 ● 按 △、▽ 键取消		
RdPt PI d	● PI d 参数自整定功能入口 ● 按 SET 键启动 PI d 参数自整定程序 ● 按 △、▽ 键取消		PI d 参数自整定
USL PI d	● 常规 PI d 参数设置菜单入口 ● 按 SET 键确认 ● 按 △、▽ 键取消		常规 PI d 参数设置菜单
xxxx PI d.P	● 比例带参数 P 设置菜单 ● 按 △、▽ 键修改 P 参数 ● 按 SET 键确认	10 *%	比例带参数 P P =1～1000(%)
xxxx PI d.I	● 积分时间 I 设置菜单 ● 按 △、▽ 键修改 I 参数 ● 按 SET 键确认	300 秒	积分时间 I I =1～3600（秒） 注：I ≥3600:取消积分作用
xxxx PI d.d	● 微分强度 d 设置菜单 ● 按 △、▽ 键修改 d 参数 ● 按 SET 键确认	02	微分强度 d d =0～20（秒） 注：d =0:取消微分作用
cntr. PI d	● 其它控制参数设置菜单入口 ● 按 SET 键确认 ● 按 △、▽ 键取消		
RCt/r.RCt cntr	● PI d 正反作用设置菜单 ● 按 △、▽ 键修改设置 ● 按 SET 键确认	r.RCt	PI d 正反作用 RCt.：　正作用 r.RCt.：反作用
xxxx out.H	● 控制输出上限幅值设置菜单 ● 按 △、▽ 键修改设定值 ● 按 SET 键确认	100%	控制输出上限幅值 10.0(%) ≤ out.H ≤100.0(%), out.L < out.H
xxxx out.L	● 控制输出下限幅值设置菜单 ● 按 △、▽ 键修改设定值 ● 按 SET 键确认	0%	控制输出下限幅值 0.0(%) ≤ out.L ≤ 90.0(%), out.L < out.H
xxxx Punt	● 时间比例控制周期设定菜单（秒） ● 按 △、▽ 键修改设定值 ● 按 SET 键确认	40 秒	时间比例控制周期 Punt = 30～60 秒
L.dSP SEt	● 附屏显示设置菜单入口 ● 按 SET 键确认 ● 按 △、▽ 键取消		
RLr.1/.../t L.dSP	● 自动工作态，附屏显示内容设置菜单 ● 按 △、▽ 键修改设置 ● 按 SET 键确认	out	RLr.1：报警 1 设定值 RLr.2：报警 2 设定值 SP：显示给定值 SP out：显示控制输出值 MV t：显示室温值

7. 功能菜单上锁操作如附表 3 所示。

8. 功能菜单开锁操作如附表 3 所示。

附表 3 百特仪表操作说明 3

菜　　单		出厂设置	参数说明
LocY / SEE	● 参数上锁菜单入口 ● 按 SET 键确认 ● 按△、▽键取消		
ALL/SEL/CAL / Loct	● 上锁级别设置 ● 按△、▽键修改设置 ● 按 SET 键确认	CAL	ALL：全部菜单上锁 SEL：除给定值和PID参数和tsp 参数以外的菜单全部上锁 CAL：同 SEL
xxxx / Loct	● 上锁密码设置 ● 按△、▽键修改密码 ● 按 SET 键确认	18	上锁密码 注："00" 为无效密码，加锁操作无效
xxxx / unLc.	● 开锁密码输入菜单 ● 按△、▽键输入开锁码 ● 按 SET 键确认	18	开锁密码

9. 报警参数设置如附表 4 所示。

附表 4 百特仪表操作说明 4

菜　　单		出厂设置	参数说明
ALAr. / SEE	● 报警菜单入口 ● 按 SET 键确认 ● 按△、▽键取消		
xxxx / ALr.1	● 报警1报警值设置菜单 ● 按△、▽键修改设定值 ● 按 SET 键确认	20%.*FS	报警1报警值
LoAL/HI.AL / ALr.1	● 报警1报警方式设置 ● 按△、▽键修改设置 ● 按 SET 键确认	LoAL	报警1报警方式 LoAL：低报警 HI.AL：高报警
xxxx / ALr.2	● 报警2报警值设置菜单 ● 按△、▽键修改设定值 ● 按 SET 键确认	80%.*FS	报警2报警值
LoAL/HI.AL / ALr.2	● 报警2报警方式设置 ● 按△、▽键修改设置 ● 按 SET 键确认	HI.AL	报警2报警方式 LoAL：低报警 HI.AL：高报警
xxxx / HYSt	● 报警回差设置 ● 按△、▽键修改设置 ● 按 SET 键确认	01	报警回差

10. 输入分度号设置，显示量程设置，输出量程设置如附表 5 所示。

附表5　百特仪表操作说明5

菜　　单		出厂设置	参数设置
`rAng SEt`	● 分度号和量程设置菜单入口 ● 按 SET 键确认 ● 按△、▽键取消		分度号和量程设置菜单
`0-10/.../t StP.`	● 传感器型号（分度号）设置 `0-10`：　0~10mA 输入，线性显示 `4-20`：　4~20mA 输入，线性显示 `0-5u`：　0~5V　输入，线性显示 `1-5u`：　1~5V　输入，线性显示 `0-100`：　特规输入，线性显示	按订货	传感器型号（分度号）选择
	（信号量程可设定，显示量程可设定） `0.-10.`：　0~10mA 输入，开方显示 `4-2.0`：　4~20mA 输入，开方显示 `0.-5.0`：　0~5V　输入，开方显示 `1-5.0`：　1~5V　输入，开方显示 `0.-10.0`：　特规输入，开方显示 （信号量程可设定，显示量程可设定） `P100`：　Pt100 输入　-200~600℃ `P100.`：　Pt100 输入　-50.0~600.0℃ `Pt10`：　Pt10 输入　-200~850℃ `C100`：　Cu100 输入 –50.0~150.0℃ `Cu50`：　Cu50 输入 –50.0~150.0℃ `3-35`：　远传压力传感器输入， （信号量程可设定，显示量程可设定） `b`：　B 型电偶输入　700~1800℃ `r`：　R 型电偶输入　0~1760℃ `S`：　S 型电偶输入　0~1600℃ `n`：　N 型电偶输入　0~1400℃ `k`：　K 型电偶输入　0~1300℃ `E`：　E 型电偶输入　0~800℃ `J`：　J 型电偶输入　0~600℃ `t`：　T 型电偶输入　-200~400℃ ● 按△、▽键修改设置 ● 按 SET 键确认	按订货	
`0.0.0.0 POin`	● 小数点位置设置 ● 按△、▽键修改设置 ● 按 SET 键确认	按订货	小数点位置
`xxxx L.cut`	● 小流量切除值设置（按工程单位） ● 按△、▽键修改设置 ● 按 SET 键确认	`00`	小流量切除值
`xxxx r.9.00`	● 量程零点设置 ● 按△、▽键修改设置 ● 按 SET 键确认	按订货	量程零点
`xxxx r.9.FS`	● 量程满度设置 ● 按△、▽键修改设置 ● 按 SET 键确认	按订货	量程满度
`0-10/.../PUn out`	● 输出量程设置 （如：时间比例输出，可控硅触发输出） ● 按△、▽键修改设置 ● 按 SET 键确认	按订货	`0-10`：　0~10mA 输出 `4-20`：　4~20mA 输出 `0-5u`：　0~5V 输出 `1-5u`：　1~5V 输出 `0-100`：　0~100%输出 `PUn`：PWM 脉冲调宽输出

11. 去除冷端补偿如附表 6 所示。

附表 6 百特仪表操作 6

菜　单		出厂设置	参数说明
coL.t SEt	● 去除冷端补偿菜单 ● 按 SET 键确认 ● 按△、▽键取消		去除冷端补偿 停电后重新上电将恢复冷端补 偿功能

12. 通信参数设置如附表 7 所示。

附表 7 百特仪表操作 7

菜　单		出厂设置	参数说明
conu SEt	● 通讯参数菜单入口 ● 按 SET 键确认 ● 按△、▽键取消		
01.254 C.Adr.	● 本机通讯地址码设置 ● 按△、▽键修改设置 ● 按 SET 键确认	01	本机通讯地址码 设置范围 01～254
1200/.../9600 C.bPS	● 通讯波特率设置； ● 按△、▽键修改设置 ● 按 SET 键确认	9600	1200:1200bps; 2400:2400bps; 4800:4800bps; 9600:9600bps;

13. 非标准信号(一次传感器误差)修正算法如附表 8 所示。

附表 8 百特仪表操作 8

菜　单		出厂设置	参数说明
corr SEt	● 非标修正菜单入口 ● 按 SET 键确认 ● 按△、▽键取消		量程迁移用于输入信号和显 示值的偏差的修正和消除
xxxx oLd1	● 修正前显示值 1#设置菜单 ● 按△、▽键修改设置 ● 按 SET 键确认	00	修正前错误显示值 1
xxxx nEU.1	● 修正后显示值 1#设置菜单 ● 按△、▽键修改设置 ● 按 SET 键确认	00	修正后正确显示值 1
xxxx oLd.2	● 修正前显示值 2#设置菜单 ● 按△、▽键修改设置 ● 按 SET 键确认	1000	修正前错误显示值 2
xxxx nEU.2	● 修正后显示值 2#设置菜单 ● 按△、▽键修改设置 ● 按 SET 键确认	1000	修正后正确显示值 2
xxxx SEC	● 滤波时间设置菜单 ● 按△、▽键修改设置 ● 按 SET 键确认	00秒	注：滤波时间用户可自由设 置，其值越大，仪表显示越 稳，对信号响应越慢

● 传感器为标准传感器时，请不要改变修正菜单的出厂设置值。
● 由于传感器误差造成测量精度不够时可修正菜单进行线性修正。
● 当传感器为非标准传感器时，可将量程菜单中的「9.00」和「9.FS」设置成"00"和"5000"(小数点请按实际位置设置)，先测得两个已知工程量与显示的对应点后，再用修正菜单进行修正。这样可实现不借助信号源和其它标准仪表而进行本机现场校正。为用户现场调试提供极大方便。

14. 取消校表操作。

15. 输入信号零点、满度校正。

16. 室温校正。

17. 输出零点满度校正操作。校正操作需外接标准信号源和标准仪表，没有这些设备请不要进入校正菜单，否则将会损坏控制器。

参 考 文 献

[1]　周少武. 大型可编程序控制器系统设计. 北京：中国电力出版社，2001

[2]　龚仲华. S7-200/300/400 PLC 应用技术. 北京：人民邮电出版社，2008

[3]　廖常初. PLC 基础及应用. 北京：机械工业出版社，2007

[4]　杨劲松，张涛. 计算机工业控制. 北京：中国电力出版社，2003

[5]　吴坚. 计算机控制系统. 武汉：武汉理工大学出版社，2003

[6]　西门子(中国)有限公司，自动化与驱动集团. 深入浅出 S7-300 PLC. 北京：北京航空航天大学出版社，2004

[7]　廖常初. S7-300/400 PLC 应用教程. 北京：机械工业出版社，2010

[8]　刘艳梅. S7-300 可编程控制器(PLC)教程. 北京：人民邮电出版社，2007

[9]　边春元. PLC 梯形图与语句表编程. 北京：机械工业出版社，2009

[10]　覃贵礼. 组态软件控制技术. 北京：北京理工大学出版社，2007

[11]　亚控公司. 组态王 Kingview 6.53 使用手册. 2007

[12]　袁秀英. 计算机监控系统的设计与调试——组态控制技术. 2 版. 北京：电子工业出版社，2010

[13]　向晓汉. S7-200 SMART PLC 完全精通教程. 北京：机械工业出版社，2013

[14]　陈忠平. 西门子 S7-200 SMART PLC 完全自学手册. 北京：化学工业出版社，2020

[15]　陈忠平，胡彦伦，张金菊，等. 西门子 S7-200 SMART PLC 从入门到精通. 北京：中国电力出版社，2020